有出息的孩子要克服的10大性格弱点

文天行◎编著

台海出版社

图书在版编目（CIP）数据

有出息的孩子要克服的 10 大性格弱点 / 文天行编著. —北京：
台海出版社，2013.9
ISBN 978 - 7 - 5168 - 0285 - 4

Ⅰ. ①有… Ⅱ. ①文… Ⅲ. ①儿童—性格形成—通俗
读物 Ⅳ. ①B844.1 - 49

中国版本图书馆 CIP 数据核字（2013）第 211138 号

有出息的孩子要克服的 10 大性格弱点

编　　著：文天行

责任编辑：王　萍　　　　　　　责任印制：蔡　旭

出版发行：台海出版社
地　　址：北京市朝阳区劲松南路 1 号　邮政编码：100021
电　　话：010—64041652（发行，邮购）
传　　真：010—84045799（总编室）
网　　址：www. taimeng. org. cn/thcbs/default. htm
E-mail：thcbs@126. com

经　　销：全国各地新华书店
印　　刷：北京联兴华印刷厂
本书如有破损、缺页、装订错误，请与本社联系调换

开　　本：710×1000　　1/16
字　　数：246 千字　　　　　　　印　　张：19
版　　次：2014 年 1 月第 1 版　　印　　次：2014 年 1 月第 1 次印刷
书　　号：ISBN 978 - 7 - 5168 - 0285 - 4

定　　价：36.80 元

　　孩子无疑是父母在这个世界上最关心的人。孩子在成长过程中，除了给父母带来许多快乐，也让不少父母费尽心思。因为，几乎所有的父母都希望自己的孩子，在做人方面不要失败，在事业方面取得成功。总而言之，就是希望自己的孩子成为有出息的人。

　　那么，到底应该用什么样的方法去教育自己的孩子，到底应该用什么样的观念去启迪孩子的人生，就成了父母们最关心的问题。而对于那些渴望成功的孩子来说，缺少正确的人生指导，做起事情来往往事倍功半，甚至一不小心就会误入歧途，这也是他们心里最苦恼的问题。

　　罗曼·罗兰说："一个人的性格决定他的际遇。如果你喜欢保持你的性格，那么，你就无权拒绝你的际遇。"狄更斯也曾说过："一种健全的性格，比一百种智慧都更有力量。"

　　所以，在孩子人生开始的时候，就要让他们养成良好的性格，克服自己性格中的种种弱点，从而为自己未来人生的成功，打下坚实的基础。性格并不是偶然出现在孩子身上的心理特征，孩子的性格是家长和孩子自己慢慢培养的产物。而一个孩子的性格一旦形成，就会从此稳定下来。对于希望孩子有出息的家长来说，孩子的童年时期是孩子克服性格弱点、培养良好习惯的最佳时期。

　　《有出息的孩子要克服的10大性格弱点》这本书，可以说是一份帮助孩子培养良好性格的礼物，我们愿意送给所有希望孩子有出息的父母，以及对自己未来的人生充满憧憬的孩子。书中各章从不同的性格弱点出发，分析了这些性格弱点的害处，给出了如何克服这些性格弱点的方法。书中的每一个小故事都具有丰富的教育功能和深刻的人生含义。这些故事不仅可以激发孩子对人生和自己性格的多角度思考，还可以点燃他们内心深处的智慧火花，使他们在完善自己性格的道路上见微知著，从一滴水里看见整个大海，由一缕阳光中洞悉无穷色彩。

 **目 录**

CONTENTS

 克服冷漠：让孩子拿到成功的入场券

 克服浮躁：让孩子用耐心写出完美的结局

第五章　克服平庸：让孩子除去人生中的藩篱

第六章　克服冲动：让孩子战胜性格中的魔鬼

第七章　克服肤浅：让孩子活出生命的深度

第八章　克服懦弱：让孩子成为杰出的领袖

第九章 克服狭隘：让孩子把世界装入胸中

第十章 克服忧虑：让孩子享受乌云背后的阳光

第一章

克服自卑：
让孩子成为命运的主人

当父母把孩子带到这个世界上，不仅希望孩子能够健康地生活下去，更希望孩子成为自己命运的主人。那么，家长就一定要让孩子相信自己，相信自己是幸运的。而不幸就像一条小狗，你害怕它，它就会龇着牙向你大叫；如果你藐视它，他就会温顺地向你摇尾巴。这样的孩子才能克服自卑的性格，主宰自己的命运。

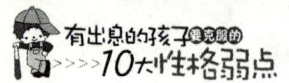

1. 自卑是孩子永远的敌人

你有信仰就年轻，疑惑就年老；有自信就年轻，畏惧就年老；有希望就年轻，绝望就年老；岁月使你皮肤起皱，但是失去了热忱，就损伤了灵魂。

——戴尔·卡耐基

每个家长都希望自己的孩子有出息，希望他们能够积极乐观地面对这个世界，希望他们能够做出一番成就，希望他们能够获得爱情。但是，每个孩子都有自己的人生路要走，在他们的人生路上，难免会遇到各种各样的坎坷。

家长们常常会错误地以为，孩子人生中最大的敌人是环境的不如人意，或者遇不到合适的机会。其实，每个人的最大敌人不是别人，而是他们自己。只有一个人自己内心的自卑，才能阻止他获得人生的成功。所以，每个有出息的孩子人生中要走的第一步，就是要有自信，而每个孩子找到自信的关键，就是要学会相信自己。

在古罗马的时候，一位将军带着自己的儿子去打仗，年轻人一到军营就希望自己能够有机会建功立业，像父亲一样成为优秀的将军。可是做将军的父亲却总是劝儿子不要着急，说他还有些东西没有学会。儿子心想，自己自幼习武，又精通兵法，所以对父亲的说法很不同意。

一天，儿子再次向父亲请命出战，态度十分坚决。父亲见他执意要证明自己，只好答应。临行前，做将军的父亲庄严地托起一个箭囊，郑重地对儿子说："这是我们家的传家宝箭，带在身边，可以弥补你还没学会的东西，但千万不可将里面的这支箭抽出来，切记，切记。"

儿子定睛一看，只见一个极其精美的箭囊：牛皮打制，镶金错玉，里面只插着一支箭。再看露出的箭尾，一眼便能认定是用上等的孔雀羽毛制作。儿子喜上眉梢，告别了父亲，翻身上马，直奔敌营而去。

佩带宝箭的儿子果然英勇非凡，所向披靡。故军被杀得丢盔卸甲，四散溃逃。眼看胜利在望，年轻人再也禁不住得胜的喜悦，一股强烈的欲望驱使着他拔出了箭囊里的宝箭。

赫然显现在年轻人眼前的，竟然是一只断箭。儿子怎么也想不明白，父亲为什么要给自己的箭囊里装着一只折断的箭，想到自己现在孤军深入敌军，不禁吓出了一身冷汗。没有了家传宝箭保护的儿子，仿佛顷刻间失去支柱的房子，意志轰然坍塌，一下子从马上摔了下来。

本来已经溃散的故军见对方主帅坠马，又杀了回来，结果先前那一支勇猛的军队全军覆没，将军的儿子也惨死于乱军之中。

在打扫战场时，做将军的父亲看着儿子的尸体，拣起旁边那支断箭，沉重地说道："看来你还是没有学会自信，所以永远也做不成将军。"

故事中一心想要建功立业的儿子，是个非常杰出的孩子，之所以失败，只是因为他缺少了自信。他不知道，自己之所以能够孤军深入，所向披靡，完全是自己的气势压倒了敌人。最后，终于在知道真相之后对自己产生了怀疑，因为不自信而马革裹尸。由此可见，当一个人拥有自信时，自然能够在人生路上勇不可挡；而当这个人失去自信时，眼前的一切成功都会轰然坍塌。

在生活中，人们也常常因为自卑而错失良机。在工作的挑战面前，在爱情的表达方面，自卑的孩子无法拾取本属于自己的幸福。所以，每一个家长都应该鼓励自己的孩子，放下自卑心理，相信自己的能力，大胆地去尝试，努力去做被成功青睐的人。

DNA（脱氧核糖核酸）双螺旋结构假说的提出，标志着生物时代的开端，人类的这一发现，要从1951年说起。那一年，一位叫做弗兰克林

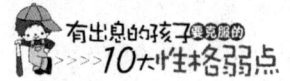
的英国人，发现了 DNA 的螺旋结构，但是我们今天对于 DNA 结果的认识却是来自两个叫做霍森和克里克的人那里，他们也因此获得了 1962 年度的诺贝尔医学奖。

事情还要从弗兰克林的性格说起。弗兰克林生性自卑多疑，总是怀疑自己论点的可靠性。当他从自己拍得的 DNA 的 X 射线衍射照片上，发现了 DNA 的螺旋结构时，他感到欣喜若狂，并决定就此举行一次报告会。然而报告会上，很多人提出了质疑，弗兰克林的自卑开始作祟，他不停地怀疑自己的发现，后来竟然放弃了自己先前的假说。

可是就在两年之后，霍森和克里克也从照片上发现了 DNA 分子结构，他们同样感到欣喜若狂，同样提出了 DNA 的双螺旋结构的假说。面对外界的怀疑，他们没有放弃，而是继续进行试验，证明这一假说的可靠性。最终，这一假说被学术界所接受，两个人也因此而获得 1962 年度的诺贝尔医学奖。

同样的发现，却让自信的人捧得诺贝尔医学奖，让不自信的人一无所获。假如弗兰克林能够克服自己的自卑，坚信自己的假说，并继续进行深入研究，那么历史将被改写，关于 DNA 的发现，就将永远记载在他的英名之下了。

如果你们想要让自己的孩子获得成功，想要让孩子成为一个有出息的人，那么，就必须让他学会充满自信，勇于迎接命运中的挑战。

乔治六世是带领英国民众取得二战胜利的英国国王。他的小名叫伯蒂，从小跟父亲和哥哥生活在一起的他，因性格怯弱而养成了口吃的毛病。在日常生活中，说话对他来说都是一件很困难的事，更别说在公共场合演说了。

当时，还是约克公爵的国王乔治六世，在一次演讲中，由于扩音器被放大，顿时有千千万万个声音在空中回旋。一时间，台下人们的脸上表情各异，有的按捺着想笑又不敢笑，有的故作正经下泄露出几丝轻蔑，也有发自内心的关怀和焦急，这令他相当丢脸。

从那之后，乔治六世没有一蹶不振，而是勇敢地接受治疗。在经过一次次失败的演讲，一次次失控的爆发，他从结结巴巴让全国人民"无语凝噎"，到最后可以发表振奋军心的演讲，从而战胜了自己的弱点。

乔治六世不愧是一位伟大的国王，他在自己天生的缺陷和世人轻蔑的嘲笑面前，不但没有被自卑打倒，而且终于战胜自己，领导英国人民取得了第二次世界大战的胜利。

相信我们的孩子也都像儿时的乔治六世一样，因为种种原因，在自己的内心深处产生过或深或浅的自卑。但是，如果我们让自卑感占据着孩子的内心，那么他们的人生一定会四处碰壁。只有战胜了自卑，这个人生中最大的敌人，孩子们才可能为自己开辟出一条平坦的成功之路。希望所有的家长谨记，成功其实一直在孩子们的身边，只要我们能够让自信生长在孩子们的心里。

2. 让孩子正确地认识自己

不要忘记，快乐并非取决于你是什么人，或你拥有什么，
它完全来自于你的思想。你的未来大半由你今天的思想所决定。
所以，让你的心中注满希望、信心、真爱与成功的想法。

——戴尔·卡耐基

对于一个处于成长过程中的孩子来说，最难的不是看清这个世界，而是真正地认识自己，哥伦比亚大学的教育学教授亚瑟·T·杰西尔博士曾在他的新书《当教师与自己面对面的时候》中写道："自我接受对一名老师来说尤为重要，因为老师的生活和工作中充满奋斗、欣慰、希望和

5

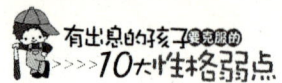
苦痛。"

　　其实，需要自我接受的何止是老师，每个孩子的人生中都充满着奋斗、欣慰、希望和痛苦，而那些有出息的孩子最终的成功往往来自于对自己有了十分深刻的认识。所以，为了让每个孩子都能在自己未来的人生中收获幸福，家长必须教会他们正确地认识自己。

　　从前，有一个小男孩，每天生活在自卑里。因为他从小就被父母抛弃，在孤儿院里长大，所以他总是觉得自己是一个多余的人。

　　一天，他忧伤地问院长："院长先生，像我这样没人要的孩子，是不是一文不值啊?"

　　院长没有回答他的问题，而是交给男孩一颗石头，对他说："在回答你的问题之前，我想请你帮我做一件事情。明天早上，请你拿这颗石头到菜市场去卖，只有一个条件，就是别人可以随意出价，但是无论他们出多少钱，你都不要把这颗石头卖掉。"

　　第二天，男孩按照院长的吩咐，蹲在菜市场的角落，叫卖着那颗石头。人们都觉得这个孩子一定是疯了，石头怎么会有价值呢。因此，直到天黑，也没有人出价。男孩很沮丧地回到了院长那里，对院长说："根本就没有人愿意买这颗石头，它根本一文不值。"

　　院长听着男孩的抱怨，只是笑了笑，说："那么，还得麻烦你明天拿这颗石头到珠宝市场去卖，还是原来的条件。"

　　男孩无奈，只好拿着昨天的石头到了珠宝市场。出乎意料的是，他刚一拿出石头，就被那些珠宝商们围住了，他们都愿意出很大的价钱买这颗石头，其中一个人竟然出到100个金币。男孩几乎要忍不住成交了，但是他没有忘记院长的话，晚上把石头拿了回来，并且欣喜若狂地对院长说："院长，这一定是一块宝石，因为那些珠宝商人们愿意出100个金币买它。"

　　院长听了男孩的话，笑笑说："这的确是一块宝石，在石头的表面之下，藏着我们用肉眼看不到的价值。但是，我们的游戏还没有结束，明天，请你把这颗石头拿给我的一个朋友看，它会告诉你这颗石头真正的价值。”

男孩对院长的话半信半疑。第二天，他跟随着一个老仆人，来到了博物馆馆长的家里，献上了那颗石头。博物馆馆长的眼里露出了无比激动的光芒，非常热情地款待了这个男孩。当男孩问起他这颗石头的价值时，博物馆馆长说：“这颗石头的价值根本无法用金钱来衡量，因为它是这个地球上绝无仅有的一颗陨石，它代表了宇宙的文明和历史。”

男孩对博物馆馆长的话似懂非懂，晚上又回到了院长的身边，向院长汇报了自己白天的经历。院长对他说道：“现在我可以回答你之前的问题了，作为这个世界上绝无仅有的一个孩子，你的价值完全取决于你自己。”

男孩听懂了院长的话，再也没有自卑过。

同样的一颗石头，或者一文不值，或者值 100 个金币，或者是无价之宝，这完全是取决于人们对于这颗石头的认识。而同一个孩子，或者一无是处，或者小有作为，或者前途不可限量，则完全取决于家长怎样引导孩子看待自己的价值。

罗伯·W·怀特是一位知名的哈佛大学心理学家，他在名为《进步的生活：性格自然成长的研究》一书中写道：“很多人觉得，自己要通过自我调整来适应周围的环境。而这种观念也容易使人们错误地认为：最完美的人，就应该尽自己的最大努力来适应原来的生活方式、规则以及限制，甚至是屈从于舆论的压力。然而，这样做的后果往往让人迷失了方向，丧失了独立成长、不断创新的潜力。”

对于那些不能正确认识自己的孩子，他们在成长的道路上很容易陷入完美主义的误区，把精力过度集中于自己的错误和缺点上，失去了成功和卓越的机会。其实，一个人或者一件艺术品的失败，往往都不是因

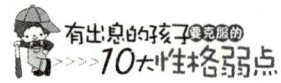
为缺点，而是因为它没有找到自己的优点。

在文坛巨擘莎士比亚的戏剧中，我们也经常见到历史或者地理上的错误，在著名作家狄更斯的小说里，我们也照样可以发现某些段落存在着瑕疵。但是，这些并没有阻碍他们的作品受到人们的喜爱。因为，人们更在意的是它们的优点而非缺点。

所以，想要让孩子取得人生上的进步，突破平凡的自我，那么就要学会抛开孩子们的缺点，努力引导他们发挥自己的长处，展现自己最好的一面。

在孩子们的成长道路上，一定要拒绝自卑感这种消极心态，因为，一旦孩子的心灵被自卑心态所占据，那么他们就不可能喜欢、尊重自己。当然一个连自己都讨厌自己的人，更别指望得到别人的喜欢了。

几年前，我曾经参加过一个提高人们自信能力的组织，在学习过程中，我遇到了一位堪称"完美主义"的女士。她对自己所做的每一件事，都要求必须分毫不差；她对别人的工作和态度，也往往求全责备。然而，不论她多么努力，别人总是不认为她的工作是成功的。比如，一份简短的报告，交到她手里，总要字斟句酌几个小时之后才能打印；在发表演讲的时候，她也总是不顾听众是否已经劳累，自顾自地没完没了展开话题；在举办宴会时，她从不欢迎不速之客，甚至对宴会上的每一件小事，都要事无巨细地亲自过问。

结果，这位"完美主义"女士，不但被一些小事搞得筋疲力尽；而且她的力求完美，也让她付出了不受欢迎的昂贵代价。所有人都在背后议论她说：其实，像她这样的"完美"，真的是无聊透顶。

所以，家长们在引导孩子正确认识自己的过程中，一定要让他们学会接受自己的缺点，慢慢喜欢上自己的一切。对于那些追求完美的孩子来说，你必须告诉他们：这个世界上没有完美的人，没有人可以做任何事都能做到最好。强求别人完美显然有失公允，苛求自己完美也会让自己陷入失败的人生。当然，这不代表孩子们可以对自己放松要求，没有原则地放任和懒惰，或者得过且过。

其实，那些心怀自卑的孩子，也是一种无情的自负。他们不能容忍自己和别人一样，存在缺点。他们总是力求自己比所有人都好，以此赢得众人的瞩目。可是，他们不知道，只有自己放下对自己的怀疑和谴责，尽自己最大的才能和努力去做好每一件事，做最真实的自己，才能最终超越别人，达到完美。

所以，希望所有的孩子都可以正确地认识自己的价值，不要太苛求自己。毕竟人生的旅途很长，要时不时地停下来休整一番，这样才能让自己越来越喜欢自己。

3. 每个孩子都是独一无二的

为了成功地生活，少年人必须学习自立，铲除埋伏各处的障碍，家庭要教养他，使他具有为人所认可的独立人格。

——戴尔·卡耐基

当我们走进一片树林的时候，我们会发现，一棵树上的叶子成千上万。而这些叶子看上去好像都是一样的，并没有什么区别。但是，如果我们仔细辨别，就会发现，叶子与叶子之间虽然相像，但是仍然存在细微的差别。所以，哲学家们早就提出过：在这个世界上，根本没有两片完全相同的叶子。

而作为一个成长中的孩子，他们虽然只是世界上芸芸众生中的一个，但是，这个世界上没有一个人可以完全替代他。每个孩子的指纹、声音、相貌和个性都不可能完全相同，所以，每个孩子都是这个世界上独一无

9

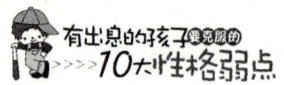
二的，家长如果能够让孩子在自己的意识和潜意识里强调这个事实，并最终发挥出自己独一无二的特性，那么孩子在长大后就能够成为一个有出息的人。

意大利著名影星索菲娅·罗兰，一生拍过六十多部影片，曾获得1961年的奥斯卡最佳女演员奖。

但是她的从影生涯并非一帆风顺。当她16岁来到罗马开始她的演员梦时，总是有许多刺耳的声音：要么说她个子太高，要么说她臀部太宽，要么说她鼻子太长，要么说她嘴太大，总之就是不像一个意大利式的女演员。

后来，制片商卡洛看中了索菲娅，并对她说，如果你真想干这一行，就得把鼻子和臀部"动一动"。索菲娅完全明白自己的价值，自信地说："我为什么非要长得和别人一样呢？我知道，鼻子是脸庞的中心，它赋予脸庞以性格，我就喜欢我的鼻子和脸保持它的原状。至于我的臀部，那是我的一部分，我只想保持我现在的样子。"

后来，索菲娅决心不靠外貌而是靠自己内在的气质和精湛的演技来赢得观众，当她成名之后，当年的那些"缺点"，反倒成了美女的标准，索菲娅也被评为20世纪的"最美丽的女性"之一。

索菲娅·罗兰之所以能有之后的成绩，除了努力和机遇，最重要的还是她能够认清自己的价值，没有盲目地听从别人的意见，而是坚持着自己的个性，最后，走出了一条属于自己的演艺之路。但是，今天的很多孩子却无法认清自己独一无二的价值。而且，由于社会的评定归类，给很多孩子带来了顺应群体的巨大压力。在他们的内心深处，不但看不到自己宝贵的个性，甚至希求自己能与他人保持一致，扼杀了自己的个性和特质。

那么，家长应该如何引导孩子挖掘自己身上的宝贵特质呢？孩子们又应该如何做一个独一无二的个体呢？这里有两条建议：

第一，家长们可以鼓励孩子在独处中进一步认识自己的内心世界。

由于学习的压力和心灵的紧张，家长们留给孩子的时间愈来愈少。其实，在这个世界上，孩子们最需要交流的是他们自己的心灵，所以，我们一定要每天给孩子留出固定的时间，让他们可以充分地面对自己、认识自己的内心世界。

许多人喜欢到教堂去寻求片刻的宁静，在神圣而又安静的环境里，我们可以安定神经，恢复精神，同时使自己的心灵变得清澈起来。此外，独自到门前花园或者绿地里走走，这样短暂的独处也可以让心灵得到极好的休息。当然，还有些人比较喜欢待在安静的室内独处，用瑜伽或者打坐的方式来让自己放松，进行深层次的冥想。历史上许多哲学家、思想家都坚持时时的独处静修，如笛卡儿、蒙田、班扬等等，他们也都从中获益匪浅。

虽然，不同的人通常有不同的独处方法。但是，不论用什么样的方式，只要坚持每天抽出一小段时间来，在不受干扰的环境中，让自己进入心灵安静的状态，好好体验进入自己内心世界的感觉，无论孩子还是家长，都将对自己的身体和心灵有一个全新的认识。

第二，家长要让孩子在生活中，摆脱不良习惯的枷锁。

让孩子的人生变得平庸的不是别人，而是他们时常把自己深埋在无聊的琐事中。试着回忆一下孩子每天的生活，我们会发现，很多孩子每天都不断重复相同的行为，对他们的人生毫无意义。如果要让孩子重新发现自己的价值，就必须从改变不良他们的习惯开始。成功学大师卡耐基曾讲过这样一个故事：

我曾经有一位年轻的女学员，她对我抱怨说："像我这样一个没有美貌，没有好的身材，没有好工作的已婚女人，凭什么去获得自信呢？"

我于是问她平时都做些什么。她回答说："也没什么，我先生和我每天一下班回家，就开始打开电视，然后一面吃速食餐，一面看电视，直

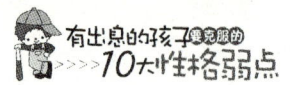
到该上床睡觉为止。我们不去拜访亲朋好友，也从来不阅读书报，到外面去活动的几率也很小。因为我们不想因此错过某些电视节目。"

我于是告诉她，如果她想找到真正的自己，获得强大的自信，那么必须得想办法把这个习惯改掉。她表示非常同意，便开始按照我给她的计划去做。她首先报名参加了一些成人教育的晚间课程，同时开始练习打保龄球；每周都要抽时间到朋友家拜访，或到图书馆借些有意义的书来看。

一个月之后，她很兴奋地跑来跟我说："我实在太高兴了！因为，我终于摆脱了坏习惯，这无论是对工作还是婚姻都大有帮助。现在，我们的生活变得更丰富了，我们与他人的关系也变得更亲密了，我觉得自己更有价值了。"

于是，我回答了她第一次问我的那个问题："之前你不是问我自己凭什么获得自信吗？我告诉你，有一种女孩，她们没有出色的外表，没有姣好的身材，但是她们却能够得到人们的喜欢。原因很简单，她们有好的习惯，所以身上散发出一种迷人的气质，让人无法抗拒，而你现在正处于这种状态之中。"

所以，在生活中，一个人的迷人气质来自于他的的自信和聪明。只要一个孩子能够发现自己的独一无二，愿意相信自己是最好的，那么，他就是这个世界上最有价值的人。

吉尼斯世界纪录大全上所认可的、世界上最成功的推销员，乔·吉拉德回忆自己的成功经历时说道："直到今天，我已年逾半百，我依然清晰地记得，是我的母亲，让我成就了今天的一切。我是一个出生在意大利西西里岛的小孩，我的工作就是沿街卖报纸，在酒吧擦鞋。所以，我曾经觉得，除了街上所学的之外，我一无是处。于是，我开始变得有些自暴自弃。这个时候，幸好我的母亲给了我鼓励和支持，她几乎花了一辈子的时间，向我保证我可以成为第一流的人物，她总是向我强调做人要自尊自重。我记得母亲曾握着我的手，微笑着说：'乔伊，世界上没有任何一个人和你一样。'"

乔·吉拉德的另一句名言是："在你能够成功地把自己推销给别人之前，你必须先百分之百地把自己推销给自己。"所以，我们每个家长都应该让自己的孩子相信，他们是这个世界上独一无二的，让他们对自己的未来充满信心。只有那些充分认清自我价值的孩子，才能在这个世界上成就自己的价值。

4. 生命的奇迹源于平凡

那些有着丰功伟业的人，多半是那些在看来毫无希望的处境下仍然努力不懈的人。

——戴尔·卡耐基

在我们看似平凡的生命中，处处充满了奇迹：沧海可以变为桑田，高山能够化作平川。贫苦的小人物可以通过自己的努力赢得地位和尊敬，看似离谱的梦想也可以通过坚持来获得实现。

所以，家长不要让孩子抱怨自己的人生太过平凡，而要鼓励孩子坚持自己的梦想，拿出足够的毅力，那么，孩子终将可以见证自己生命的奇迹。当然，生命的奇迹不是海水在一夜之间干枯，也不是高山在瞬间被夷为平地，更不是穷人的一夜暴富，或者神仙、精灵帮助我们把梦想实现。生命的奇迹就在最平凡的生活之中，而有出息的孩子因为相信生活，才能够让这些奇迹出现在自己的眼前。

从前有一位伟大的魔术师，他立志要在全世界巡回表演自己的魔术，让全世界都看到他所创造的奇迹。

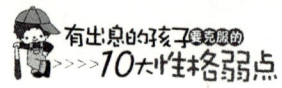

　　巡回演出的其中一站，是加拿大北部的一个小镇。当时已经是冰天雪地的冬天，当地居住的主要是一群爱斯基摩人。这位伟大的魔术师坚信，魔术的奇迹是没有国家和种族的区别的。可是，在他表演了几个拿手节目之后，台下的爱斯基摩人只是穿着毛皮大衣，静静地坐在那儿。全场观众没有人笑，甚至没有人发出任何声音。直到表演结束，也没有任何人鼓掌。

　　魔术师十分沮丧，他问一个当地人："你们是不是不喜欢我的节目？"

　　那个爱斯基摩人回答说："我们每一个人都十分喜欢你。"

　　魔术师又问："那么，你们喜欢我变的魔术吗？"

　　另一个爱斯基摩人反问道："可是，你干嘛要变魔术呢？这个世界本身就充满了奇迹啊。"

　　魔术师说道："但是，我可以凭空变出动物来，或者把一个活人从台上变没，你们难道不觉得这很神奇吗？"

　　爱斯基摩人不解地问道："可是，你干嘛要做那种事情呢？春天的时候，北极到处都会出现海豹，冬天的时候，它们又全都不见了，谁也不知它们是从哪里来的，这不就是魔术吗？"

　　魔术师为了征服这里的爱斯基摩观众，又拿出一个道具球，对他说："我能让这个球在空中飞来飞去，这才是魔术！"

　　不料，爱斯基摩人却说："可是，每天都会有一颗巨大的火球在空中飞起来，又落下。它不但照亮了世界，还给我们带来温暖，这难道不比你变的魔术更神奇吗？"

　　魔术师心里还是想要证明自己是奇迹的创造者，却想不出更好的办法。这时，刚才的爱斯基摩人凑在一起，用当地话小声交谈了好一会儿。然后，其中一个人，笑着对魔术师说："尊敬的魔术师，我们经过刚才的讨论，终于知道你为什么要表演魔术了。你是想通过自己的表演，让那些已经忘记了魔术的人重新看到奇迹。你所做的事情是在提醒人们，这个世界处处都是魔术的奇迹，对吗？"

听了爱斯基摩人的话，魔术师已经泪流满面了。他点头对爱斯基摩人说："是的。谢谢你们教给了我什么是真正的魔术，我以前竟然对此一无所知。"

不论人类的魔术师如何伟大，在自然的魔术面前都显得如此平凡。但是无论人类的魔术还是自然的魔术，都需要我们有足够的耐心去等待。因为，只有不抱怨命运的孩子，才能看到生命的奇迹。

所以，家长永远不要让孩子对自己的人生绝望，不论一个孩子的世界陷入了怎样的痛苦深渊，只要家长可以鼓励他们坚持向上攀爬，那么，我们的孩子终究会有出头之日。而那时，我们会和孩子一起发现，生命的奇迹一直就在我们的眼前。

他的父亲是一个鞋匠，所以，他从一出生就生活在社会的最底层。他的童年生活总是与贫困和饥饿为伍，还要每天受到那些富家子弟的奚落和嘲笑。但这一切并没有让他对生活失去信心，他相信，总有一天他能够通过自己的努力改变自己的生存环境和别人对自己的看法，最终成为一个受人尊敬的人。

伙伴们都觉得他是个不切实际的幻想狂，所以没有人愿意跟他玩。他的大部分时间都是一个人度过的，陪伴他的是慈祥的父亲和《一千零一夜》的故事。他很喜欢跟父亲聊天，向他倾诉自己的梦想。当他告诉父亲自己想成为一名演员或作家的时候，父亲总是笑着说，生活一定会让这个奇迹实现的。

11岁时，唯一支持他梦想的父亲去世了，他的处境更加艰难。14岁时，他的母亲要求他去做裁缝工的学徒，好赚钱养家。他哭着向母亲述说着自己的梦想，并哀求母亲允许他去哥本哈根，因为那里有著名的皇家剧院。他说："我梦想可以创造自己生命中的奇迹，成为一个受人尊重的名人。但是，我知道，要想创造奇迹，先要历尽千辛万苦。"

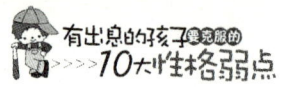
于是，母亲被他的梦想打动了，拿出了家里仅有的三个丹麦银元，给了赶邮车的马夫，并乞求他让自己的儿子搭车到哥本哈根去实现梦想。14岁的他穿着一身旧衣服离开了故乡，独自踏上了自己的哥本哈根之旅，希望在那里可以实现自己的梦想。

但是，奇迹并没有出现，他在哥本哈根依然被人们所歧视。人们不但嘲笑他的梦想，还嘲笑他的长相。说他的脸像纸一样苍白，眼睛像青豆般细小，根本不可能成为出名的演员，只能演一个小丑。

但是他从没有放弃自己的梦想，几经周折，终于得到了一个扮演侏儒的机会。当他的名字第一次被印在了节目单上时，他望着自己的名字，兴奋得夜不能寐。

之后，他还在皇家剧院扮演过男仆、侍童、牧羊人等角色，但是，这并没有让他走上成名之路，反而让他觉得自己创造奇迹的希望越来越渺茫。

于是，他改变了自己的梦想，开始把精力投身到写作中。两年后，他出版了自己的第一本小说集。由于身份卑微，他的书无人问津。他特意写了一封信给当时的名人贝尔，希望自己可以把这本书献给自己尊敬的先生。不料却遭到贝尔的拒绝，并讽刺他说："如果你真的尊重我的话，你只要不再把书献给我，就是对我最好的尊重了。"这使他再次成为了人们嘲笑的对象。

面对着梦想的不断破灭，他抱怨命运的不公，内心抑郁甚至试图自杀。但父亲的话总是萦绕在耳边，他一遍又一遍对自己重复着：生活一定会实现我的奇迹。

终于，在他来哥本哈根饱尝了人生苦楚的十五年后，他的小说《即兴诗人》一举成名。当时，他只有二十九岁。后来，他又出版了一本童话故事集，叫做《讲给孩子们的童话》，里面包括《打火匣》、《小克劳斯和大克劳斯》、《豌豆上的公主》和《小意达的花儿》。他的梦想终于实现了，他成为了一名世界级童话作家，从此受到王公大臣的欢迎和世人的尊敬，并且经常收到国王的邀请并被授予荣誉勋章。

他就是著名的丹麦作家安徒生。他用梦想创造了奇迹，用童话征服了世界。

从安徒生的童话中，我们似乎可以看到他追寻自己人生奇迹的身影：从《打火匣》里的士兵，到《丑小鸭》里的美丽天鹅，安徒生没有被人生的苦难打倒，而是用自己的双手编织了自己梦想的奇迹。

安徒生的母亲也许想不到，当年那个远行的儿子，竟然创造了童话世界中如此众多的奇迹。而每个孩子的人生，也像是一场追梦的远行：远离家乡和父母，独自走上人生的舞台，对着命运的苦难和嘲笑，他们需要坚持自己的梦想。只有从不抱怨、相信奇迹的孩子，他生命中一天呆板的二十四小时才会变得丰富多彩，他人生中未来的境遇才会产生千变万化的可能。

相信生命奇迹的心灵，是保持人生旅途愉快的倚仗，是让生命之水保持澎湃的波浪，是对抗人生苦难的希望，是见证生命奇迹的源泉。有了这股源泉，孩子们就可以在自卑中走向自信，从平凡中走向非凡。

5. 告诉孩子，困难并不意味着不幸

如果在你一心向往的事上，尚未能成功，千万不要放弃。成功者多半都有这个信念，要知道，挫折是难免的，重要的是怎么样去克服它。坚持并战胜挫折，世界就在你的脚下了。

——戴尔·卡耐基

很多孩子在遇到挫折时，喜欢向别人强调自己的不幸，来赢得同情，

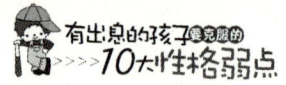
或者替自己找借口，来推脱责任。其实，每个孩子口中的"不幸"往往是人生中不可避免的一些困难，而真正的不幸，则是他们还未曾体会到的，而且他们也无法理解不幸的痛苦的经历，正是他们未来有出息的台阶，他们人生中最大的财富。

回顾许多伟人的人生，我们可以发现，他们都是在经历了苦难的洗礼之后，才变得沉甸厚重；他们都是在找到了自信的心态之后，才变得强大坦然。所以，对于每一个孩子来说，困难都是命运的恩赐，人生的财富。因为，困难让他们在痛苦中学会了成熟，在挣扎中找到了自信。

他曾经在监狱服刑一年，狱中的生活苦涩无聊，而且食物难以下咽。他亲眼目睹了自己身边的人由于食物匮乏而身患各种疾病。

但是，狱中的苦难并没有让他每天生活在抱怨之中，而是萌发了一种新鲜的想法：用绿色植物做成汤料来补充人体的营养。于是，他在狱中开始着手这方面的研究。

当结束了自己的监狱生活之后，他在美国巴巴拉岛建立了一个小小的实验室，继续自己在狱中的研究。经过无数次的失败与无数次的尝试之后，他终于研制出了全球第一项维生素补充食品——纽崔莱，并使之成为享誉全球的营养补充食品。

这就是维生素之父卡尔·宏邦的人生故事。他在实验笔录中写道：一个人的经历就是一种财富，任何一种经历，都可能成为一个让你创造非凡成就的关键条件。

卡尔·宏邦如果没有艰苦的狱中生活，没有亲身经历食物匮乏的痛苦，那么也就不会有艰辛的研究和他日后的成就。所以，他最后懂得了珍惜自己那一笔苦难的财富。

那么，当自己的孩子遭遇困难的时候，家长也应该鼓励他们选择坚定地迎接挑战，而不是纵容他们应付了事。有时候，家长的一句鼓励，就是一个孩子平庸与有出息的致命区别。

下面的年表记述了一个人的人生，而他的一生可谓波折不断：

1816 年，他的家人被赶出了居住的地方，他必须为生计奔波。

1818 年，他的母亲离开了这个世界。

1831 年，他试图经商，以失败告终。

1832 年，他试图从政，竞选州议员，以失败告终。

1832 年，在失业后，他试图到法学院进修，以失败告终。

1833 年，他再次试图经商，年底破产。接下来他花了 17 年时间，才把债还清。

1834 年，他再次竞选州议员，这次终于当选。

1835 年，他走进了新婚的殿堂，妻子很快离开了这个世界。

1836 年，他因为精神崩溃，卧病在床六个月。

1838 年，他想成为州议员的发言人，以失败告终。

1840 年，他想争取成为选举人，以失败告终。

1843 年，他参加了国会大选，以失败告终。

1846 年，他再次参加国会大选，这次终于当选。前往华盛顿特区，表现可圈可点。

1848 年，他寻求国会议员连任，以失败告终。

1849 年，他想在自己的州内担任土地局长，以失败告终。

1854 年，他想竞选美国参议员，以失败告终。

1856 年，他在全国代表大会上争取副总统的提名，以惨败告终，得票不到 100 张。

1858 年，他再度竞选美国参议员，以失败告终。

1860 年，他当选美国总统，成为了美国最伟大的总统之一。

他就是美国的第 16 任总统——林肯。

林肯的一生，是困难不断的一生，也许，这是一个贫民之子为了实现人生梦想而不得不支付的代价。但是，如果我们换一个角度的话，这

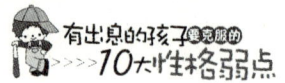
些困难何尝不是林肯此生的最大财富？

所以，孩子们所遇到的困难并不一定就是他们人生中的不幸。只要家长能够引导孩子转变自己的观点，重新找回心中的自信，那么成功一定会属于那些愿意积极迎接困难的孩子。

我曾经听到过一个真实的故事：在一个家庭里，生活着两兄弟，哥哥爱弹琴，弟弟爱画画。哥哥的梦想是成为一名出色的音乐家，而弟弟则希望自己能够成为一名优秀的画家。然而，命运总是爱愚弄人，一次意外事故使爱弹琴的哥哥两耳失聪，再也听不到任何声音；爱画画的弟弟则双目失明，完全看不见任何色彩。从此，两兄弟失去了往日的梦想，每天抱怨命运的残忍与不公。有时，他们想着，如果能够跟对方交换身体上的残疾就好了。哥哥想，就算我双目失明，只要耳朵能够听见，我也照样可以弹琴；弟弟想，哪怕我双耳失聪，只有眼睛能看见，我就依然能够作画。

后来，他们的父母知道了他们的想法，就对他们说："孩子，当命运关上了它的门时，一定会为你在别处开一扇窗。你们虽然不能交换彼此身上的缺陷，但是你们可以交换双方心中的梦想啊。"

兄弟二人顿时心中一亮，从此，耳聋的哥哥开始努力学画画。他发现，自己虽然没有绘画基础，但是由于耳朵听不见外界的喧嚣，反而很快入门，越画越好。目盲的弟弟开始用心练习弹琴。他发现，自己虽然从没弹过琴，但是由于自己只能用耳朵感受这个世界，反而对声音很敏感，马上弹得很好。原本的缺陷，现在反而成了兄弟两个的长处，他们互相激励，每天练习，终于在音乐和绘画领域取得了非凡的成就，实现了各自的梦想。

当人们问他们为什么能够在遭受如此的不幸之后，还可以取得如此杰出的成绩，兄弟两人不约而同地说道："当命运关上了它的门时，一定会为你在别处开一扇窗。"

故事中的两兄弟虽然遇到了很多的困难，但是，他们并没有把这些困难当作自己的不幸，而是说服自己面对现实，用自信来面对崭新的人生，最终找到了命运为他们打开的那扇窗子。

所以，不论我们的孩子遇到怎样的挫折与失败，学习环境不如意，考试成绩不理想，甚至是家庭的变故，身体的残疾，家长都应该鼓励孩子重新找回自信。因为，这些都只是孩子人生路上一时的困难，并不是不可逆转的不幸。毕竟当命运关上了它的门时，一定会为孩子们在别处开一扇窗。在困难面前，只要孩子坚持自信，不被打倒，那么困难就会成为他们向上的台阶，成为他们人生中最宝贵的财富。

6. 让孩子摆脱生活中的不幸

生命是一条单程路，不论你怎样转弯，都无法回头。一旦明白和接受这一点，你的人生就会变得简单得多。

——戴尔·卡耐基

托尔斯泰曾经说过："世界上只有两种人：一种是观望者，一种是行动者。大多数人都想改变这个世界，但没人想改变自己。"但事实上，当孩子们遇到生活中的不幸时，很少有家长懂得鼓励孩子做一个快速改变的行动者。而孩子们也总是要自我折磨一段时间，才能够慢慢地平复自己，忘记生活中的不幸。这样的孩子有可能在自怨自艾中耽误了自己的前程，而有出息的孩子应该学会快速地摆脱生活中的不幸。

第二次世界大战期间，有一位名叫伊丽莎白·康黎的女士。她在庆祝盟军北非获得胜利的那一天，接到了一份来自国防部的电报——她最疼爱的侄子，也是她在世间的唯一的亲人牺牲在战场上了。面对这个突

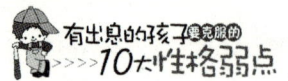

如其来的严酷事实,她根本无法接受。在此之前,她的侄子一直是她生活中的希望和快乐的源泉。听到这个消息,她的整个精神都临近崩溃了,她心灰意冷,痛不欲生,甚至影响到了她正常的生活。于是,她决定放弃优厚的工作,远离家乡,把自己永远藏在孤独和眼泪之中。

就在她整理行囊,准备辞职的时候,翻出了一封几年前的信,那是她侄子在她母亲去世的时候写给她的慰问信。信上这样写道:"我相信你会撑过去的,也知道你一定会撑过去的。我永远也不会忘记你曾经对我的教导。不论走到哪里,也不论遇到什么样的灾难,我都会勇敢地去面对生活。因为我永远记着你的微笑,像男子汉那样能够承受一切的微笑。"

看完这封信,伊丽莎白·康黎忍不住流下了眼泪,她把这封信读了一遍又一遍。此时,她仿佛觉得侄子就在她身边,他正用一双炽热的眼睛在望着她说:"您为什么不按照您教导我的那样去做呢?"这使得伊丽莎白·康黎打消了辞职的念头,她不想再生活在痛苦的回忆中,她一再告诉自己说:"我应该放下悲痛,把悲痛藏在微笑后面。因为事情已经发生了,虽然我没有能力去改变这个事实,但我有能力好好地生活下去。"

所以,要想引导孩子摆脱生活中的不幸,首先要让他们承认这个不幸的事实。然后告诉孩子:面对我们无法改变的不幸时,我们至少还可以改变自己。

19世纪初期,法兰西与欧洲发生了连绵数年的大规模战争。拿破仑大军横扫整个欧洲战场,迫使其余欧洲国家结成欧洲同盟,一同来对付拿破仑。当时,指挥同盟军的是一位年轻的将军。

可是,这位将军指挥的同盟大军,在拿破仑大军面前一败再败,吃了败仗的他,只好率领一小股军队冲破包围,躲进一家农舍的草堆里。在那里,将军又痛苦又沮丧,甚至想到一死了之。正在这时候,将军忽然发现墙角处有一只蜘蛛在风雨中拼命结网。也许是因为风大的缘故,再加上丝线太细，蛛丝一次次被吹断。

将军望着这只失败的蜘蛛，禁不住又想起自己的失败，更加伤感了。出乎意料的是，他发现蜘蛛并没有因为一次失败而放弃，而是决然地开始了第二次。将军在一旁默默地看着，心想：蜘蛛啊，别白费心思了，还是省省力气吧。正如将军所料，这一次蜘蛛还是失败了。可是，执著的蜘蛛根本没有放弃的意思，又开始了新的忙碌，它就这样来回地忙碌着。

就这样，蜘蛛继续了六次，也失败了六次。将军开始为蜘蛛的这点执著感动了，心想："这下你该放弃了吧？有些事是注定了的。"但是，蜘蛛非但没有放弃，反而回到原处，不紧不慢地吐出丝，然后又爬向另一头。在第七次的时候，蜘蛛终于把网结成了。

将军看到这一切，深受激励。后来，他又重整旗鼓，终于在滑铁卢之役打垮了拿破仑，取得了决定性的胜利。这位将军就是历史上赫赫有名的威灵顿。

威灵顿这个名字让我们意识到：在生活中，我们遭遇的每一次不幸，都会使一个勇敢的人更加坚定，让一个坚强的人更加自信。因为，只有经历了失败的痛苦，一个人才能找到真正的自我，感受到自己真正的力量。

每个孩子每天都要经历很多事情，因为幸运而开心的也好，由于不幸而悲伤的也罢，这些都不能决定他们的人生。因为，每一个自信的孩子都应该明白，自己的人生永远掌握在自己的手中。当孩子们遇到可以改变的困难时，家长要鼓励他们竭尽全力去争取最好的结局；当孩子们遇到无法改变的不幸时，家长要鼓励他们勇敢地去面对人生中的一切。

如果一个孩子因为一时的不幸而痛苦不堪，失去自信，那么，他的前途从此就会一片黑暗。如果一个孩子能够找回自己的自信，将面前的不幸化为前进的动力，那么，他的世界将从此一片光明。衷心地祈祷：

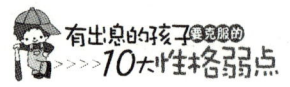

让自信带领每一个孩子穿过忧伤，变得强大。

7. 有出息的孩子不应该锯木屑

　　冷静分析过去的错误，设法从中获益，再忘掉它，这是唯一让过去有建设性意义的做法。

——戴尔·卡耐基

　　当牛奶被打倒时，不对着地上的牛奶哭泣；对于那些锯木头剩下的木屑，我们也不能用锯子再锯。对于每一个家长来说，这些都是老生常谈的道理。但是，这两句老话却是每一个家长都应该让孩子学会的人生态度。因为，在人类的历史上，好像没有什么时代比现在的孩子更加习惯于忧虑和自卑。如果家长们能够让自己的孩子记住这些老生常谈的道理，让他们不再为已经发生的损失而自卑，学会高兴地找出办法来弥补自己的悲伤。那么，各个时代的伟大学者所写的关于克服忧虑和自卑的书籍，也都不过如此。

　　雷德·富勒·谢德先生是费城《告示报》的编辑，同时也是一位非常成功的演讲家。

　　有一次，他在大学的毕业班演讲。在演讲过程中，他向所有人问道："在座的有多少人锯过木头？请举手。"这时，大多数学生都举起了手，表示自己曾经锯过木头。接着，谢德先生又问："那么，你们之中有多少人曾经锯过木屑？"结果，全场鸦雀无声，没有一个举手。

　　"当然，你们不可能去锯木屑，"谢德先生说，"因为木屑是已经锯下来了的。过去了的事情也一样，当你为那些已经做过的事情忧虑重重时，你只不过是在锯木屑而已。"

说得多好！不要去锯木屑。

雷德·富勒·谢德先生用一个简单的例子证明了，对于过去的错误，它唯一的价值就是让孩子们能够平静地去分析自己的错误，并从错误中吸取教训，然后把这次痛苦的经历彻底忘记。

关于这方面的人生态度，我们应该向黑人科学家乔治·华盛顿·卡佛尔学习。因为，当他被银行没收了五万美元，面临完全破产的境况时，有人问他是否知道他已经破产了，他回答说："是的，我听说了。"然后继续教书。

对于乔治·华盛顿·卡佛尔来说，虽然那被没收的五万美元是他毕生的全部积蓄，但是他很快把这笔损失从脑子里抹涂干净，以后再也没有提过。对于那些遇到一点麻烦，就几个月精神恍惚、失眠厌食的孩子来说，乔治·华盛顿·卡佛尔是个了不起的榜样。同样了不起的还有纽约的乔治·华盛顿高级中学的保罗·布兰德温老师。

保罗·布兰德温老师曾教过住在纽约市布朗士区的亚伦·桑德斯。桑德斯先生回忆说，布兰德温博士给他上了人生当中最有价值的一课。

当时桑德斯先生只有十几岁，可是他那时已经开始为很多事情发愁，经常感到自卑。他说："我常常为自己犯过的各种错误而自责，交完考试卷以后，我常常会在半夜里睡不着，咬着指甲，担心不能及格。我总是在想我所做过的那些事情，觉得自己简直愚蠢透顶，希望当初没有那样做；我总是在想我所说过的那些话，觉得自己拙嘴笨舌，希望我当时能把那些话说得更完美些。"

直到有一天早上，亚伦·桑德斯先生和他的同学们走进实验室上实验课，发现自己的老师保罗·布兰德温博士将一瓶牛奶放在桌子边上。他们都坐下来，心想：这瓶牛奶和今天所教的生理卫生课有什么关系呢？这时，保罗·布兰德温博士突然站了起来，一下将面前的牛奶瓶打碎，牛奶全部洒在了水槽里。正当所有的学生都大吃一惊的时候，布兰德温

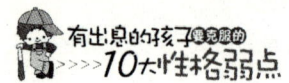

老师大声叫道："不要为已经打翻的牛奶哭泣！"

随后，老师叫所有的学生亲自来到水槽边，仔细看看那瓶被打翻的牛奶，并对他们说："好好看着，因为我要你们这一辈子都记住这一课。这瓶牛奶已经没有了！你们看到它都泼光了，无论你多么着急，多么抱怨，都无法挽回了！但是，如果我们先用一点大脑，提前加以预防的话，这瓶牛奶就可以保住。可是现在太迟了！我们现在所能做的，就是把它忘掉，抛开这件事，一心关注下一件事。"

这次小小的表演，让所有的同学都记忆深刻。因为，这件事教给他们实际的生活经验，比每个人在学校里所学到任何事情都更加宝贵。

保罗·布兰德温博士的课堂试验教会孩子们一个道理：只要可能的话，就不要打翻牛奶；万一弄翻了牛奶，就要彻底忘记这件事。其实，忘记昨天的忧虑，让自己只活在今天里，并不是毫无计划的目光短浅，相反，活好今天正是对自己的心灵最好的安慰。

也许，家长们会觉得以上的道理并没有什么新鲜和深奥之处。但是，本书的目的并不是想告诉孩子们什么新的知识，而是要提醒他们那些人生中经常遇到的麻烦，并且鼓励他们把已经学到的知识应用到实践当中。希望每一位正在阅读本书的家长或孩子，都可以马上采取行动，停止自己的焦虑，找回内心的自信。

8. 解开孩子自卑的办法

　　除了你自己，没有人可以减轻你的自卑意识。我还没有看到过有比这个更简单的处方——忘掉你自己。当你觉得羞怯、别人似乎都在看你时，你只要立刻把你的心思转移到其他事情上去。不要管别人对你或你的表达有什么想法；忘掉你自己，只管向前。

　　　　　　　　　　　　　　　　　　——戴尔·卡耐基

　　要想让孩子有出息，首先要彻底消除人生中那些不必要的忧虑，把孩子从自卑中解放出来。家长除了不让孩子的思维被过去的错误捆绑之外，还要采取一些行之有效的办法，让他们的头脑变得清醒起来，这样孩子的思想才会变得敏锐。

　　成功学大师卡耐基曾经与耶鲁大学的菲尔普教授畅谈过一个下午，讨论关于什么才是解开忧虑和自卑的有效办法。这篇文章就是根据他们谈话的资料整理而来。希望以下克服忧虑和自卑心态的四个技巧可以对每个孩子有所帮助。

　　技巧一：当孩子为某件事而感到忧虑时，家长可以尝试把孩子的注意力集中到其他事情上。

　　在我二十四岁的时候，我的视力曾经突然变得很差。每次我看书不到三四分钟，眼睛就觉得像扎满了针一样，疼痛难耐。就算我不看书的时候，眼睛也会十分敏感，我的眼睛那时都不敢面对开着的窗户。

　　为了改变这一状况，我曾经找到纽约市最出色的眼科大夫，希望他可以让我重新恢复健康。但是，在医院的治疗收效甚微。我变得每天无

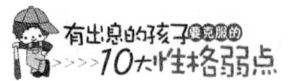

所事事，下午四点以后，只开始坐在房间最暗的角落里，等着上床睡觉。我开始变得十分忧虑和自卑，害怕自己不得不放弃教师职业，去做一名伐木工人。觉得自己再也无法像其他人一样，拥有光明的人生。

但是，我的境况很快得到了逆转。就在那个悲惨的冬天，我的眼睛已经差到了极点的时候，一个大学执意邀请我去做演讲。当时，演讲厅的灯光刺得我的眼睛疼痛难忍，当我准备上去演讲之前，只能被迫盯着地板。然而，当演讲进行了三十分钟后，我的眼睛已经完全感觉不到疼痛了，我甚至可以直接盯着演讲厅里的那几盏灯，而不用眨眼。但是，在演讲结束之后，我的眼睛又开始了之前疼痛。

这件事给了我一个启示：如果我能专心致志地做某件事，不是短短的三十分钟，而是一个星期的话，也许我的眼睛就可以痊愈。于是我开始把自己的精力都集中到学习和写作上，这不但让我治好了自己的眼疾，而且开启了我人生的崭新篇章。

这次人生经历使我深深领悟到，一个人心里的忧虑和自卑，都可以通过将注意力集中在其他事情上而克服掉。当孩子们找到自己内心深处感兴趣的事情，让自己的人生重新获得意义时，那么一切难题都将迎刃而解。

技巧二：用阅读和运动来赶走内心的负面情绪。

在我的人生中，曾经多次被忧虑和自卑所困扰。但是，每一次我都没有被自己的负面情绪所打败，而是通过自己的努力，找到了战胜它们的办法。我发现，最行之有效的办法之一，就是通过一本吸引人的好书，或者强迫自己进行剧烈的运动。这样不仅可以将烦恼抛弃，而且可以让自己重拾自信。

在我五十九岁那年，曾经遭遇了人生的不幸，在相当长的一段时间里，精神几近崩溃。在那段日子里，为了战胜内心的负面情绪，我开始阅读大卫·威尔逊所写的《克莱尔传》。正是这部伟大作品给了我极大的精神帮助，同时也因为我十分专注地阅读，所以忘记了自己精神上的消沉。

还有一次，另一个不幸遭遇让我的精神十分沮丧。为了走出这种负面情绪，我每天强迫自己必须进行一个小时的剧烈运动。那段时间，我每天早上都要打五六场激烈的网球，然后洗澡，吃中午饭。接下来再到高尔夫球场，打十八洞的高尔夫球。每周的星期五晚上，我还会一直跳舞跳到凌晨一点。这不仅保持了我的身体健康和精力旺盛，而且也让我的自卑和忧愁全随着汗水一起流走了。

技巧三：不要让孩子为了小事而抓狂，家长应该适当地引导孩子进入放松状态。

在一次讲课中，我认识了一位生物学教授，给我讲了一个让我十分震撼的事情：

原来，传说中的吸血蝙蝠，不过是一种不起眼的小动物。它生活在非洲草原上，靠吸取动物的血生存。人们之所以对吸血蝙蝠心怀恐惧，是因为它虽然身体极小，却是野马的天敌。吸血蝙蝠在攻击野马时，首先附在马腿上，同时，用锋利的牙齿极敏捷地刺破野马的腿，然后用尖尖的嘴吸血。但是吸血蝙蝠所吸的血量，对于强健的野马来说是微不足道的。而导致野马死亡的原因，正是野马自己的愤怒。

被吸血蝙蝠叮咬的野马常常表现为暴怒、狂奔。然而，无论野马怎么蹦跳、狂奔、都无法驱逐吸血蝙蝠。他们可以从容地吸附在野马身上，悠然地吸血，直到吸饱才满意地飞走。而暴怒的野马越是奔跑，越是增加自己血液的流出，最后就在愤怒中无可奈何地死去。

所以，我决定吸取这个自然界的教训，尽量去避免生活不必要的忧虑和自卑。因为我有时候会同时处理很多工作，所以难免感到自己能力不足，心情烦躁。但是，每当这个时候，我就会先坐下来，放松一会儿，喝一杯咖啡或者看看窗外的景色。让自己放松一个小时，之后反而可以

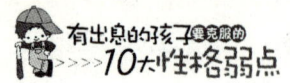

快速把工作做完。

技巧四：让孩子明白，要想改变世界，就要从身边的小事开始着手。

很多家长都知道，耐心和时间能解决我们的忧虑和自卑。但是，当孩子为了某件事而忧虑或者自卑时，他们往往就忘记了自己所处的现实环境，陷入了不切实际的幻想当中。所以，家长应该把他们及时地拉回到现实世界中，不要让他们在自卑的路上越走越远。其实，一切伟人的成就都是从找到自信开始，一切伟大的事业都是从身边的小事做起。

在英国威斯敏斯特教堂的地下室，圣公会主教的墓碑上写着这样的一段话：

当我年轻的时候，我梦想改变这个世界。

可是当我成熟以后，我发现我无法改变这个世界。于是，我将目光缩短了些，决定只改变我的国家。

可是当我进入中年以后，我发现我无法改变我的国家。于是，我将目光缩短了些，决定只改变我的家庭。

可是当我进入暮年以后，我发现我无法改变我的家庭。于是，我将目光缩短了些，决定只改变我自己。

现在，我躺在床上，行将就木，已经没有时间改变自己了。

但是，我突然意识到：如果一开始我只是努力改变我自己，然后，我就可以改变我的家庭；然后，在家人的帮助和鼓励下，我就可以改变我的国家；然后，靠着国家的力量，我就可以改变这个世界了。

以上四个技巧是我和菲尔普教授毕生经验的总结，现在记录在这里，希望帮助更多的孩子早日解开自己心中的忧虑和自卑，快速进入辉煌灿烂的人生大道之中。

9. 自信是孩子走向成功的基石

只要你不认为不可能，你就不会被打败。

——戴尔·卡耐基

美国国会的参议员爱尔默·托马斯先生，他在自己还是个孩子的时候，曾经因为衣服不合身而十分自卑，但是，当他进入美国参议院之后，却被选为了着装最佳的先生。

爱尔默·托马斯的成功绝不仅仅体现在他的着装上，关于自己的人生经历，托马斯先生讲述说："我在十五岁的时候，常常因为自己的处境而感到自卑。当时我的身高相对我的年龄来说，实在是太高了：那时我有6.2英尺，而体重却只有118磅。所以别人都嘲笑我，叫我"瘦竹竿"。为此我十分忧愁，非常自卑，几乎不敢见人。每一天的每一小时，我总是在忧虑自己那高瘦虚弱的身体，我为此而无法想到其他的事情。"

如果爱尔默·托马斯先生完全被这些烦恼和自卑打败的话，那么，他可能终生都是一个无用的人。但是，他那位曾经当过学校老师的母亲，及时纠正了他的消极心态，对他说："孩子，你应该去接受高等教育。你应该靠你的大脑生活，因为你的身体状况不好。"但是，由于爱托马斯的父母并没有能力送他去读大学，所以他知道自己的人生必须通过自己的努力奋斗去改变。

成功后的爱尔默·托马斯先生回忆说："在我五十岁那年，我终于实现了自己一生中的最大愿望：从俄克拉荷马州被选入美国参议院。自从俄克拉荷马州和印第安区合并成为俄克拉荷马州之后，我一直获得俄克拉荷马州自由党的提名。先是进入州参议院，然后进入州议会，最后进

31

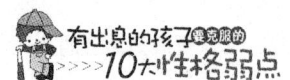

入美国议院。我讲这些，绝不是为了吹嘘自己的成就，而是希望它能带给那些贫穷子弟一些新生的勇气与信心。也许他们正像我小时候那样，穿着父亲的旧衣服，生活在苦恼、害羞与自卑的消极心态之中。的确，那些天生缺陷或处于贫穷处境的孩子，很容易感到害羞或自卑。但是，我希望他们能够看到自己光明的一面，并做出一番成绩，这样才能够彻底战胜你的自卑与忧虑。"

与爱尔默·托马斯先生的出身不同的艾莉洛小姐，也有着十分相似的遭遇。

艾莉洛出身于名门，受过良好的教育，长得也很美丽。但是她总觉得自己毫无长处，因为在她的家里美女如云：她的母亲、姊姊都是社交名媛。所以艾莉洛总是生活在她们的光环之下，整日郁郁寡欢，充满自卑。

一次在圣诞舞会上，艾莉洛像往常一样坐在角落里，看着舞池中一对对金童玉女偏偏起舞。这时，忽然有一位风度翩翩的青年走上前来，深鞠一躬，对她说："能请你跳支舞吗？"

艾莉洛受宠若惊，当她与青年跳完一支舞后，邀请她共舞的人络绎不绝。原来，第一位邀她共舞的青年就是美国政坛知名的人物，富兰克林·德拉诺·罗斯福，也就是后来的美国总统。而艾莉洛则成了罗斯福的总统夫人，在很多社交场合中充满自信，光彩照人。

事实上，艾莉洛在嫁给罗斯福总统前后的容貌、装扮几乎没什么变化，她的人生之所以由黯淡无光变得光彩夺目，完全是由于她找回了自信。我们可以说，一个女孩子脸上的自信，才是她身上最引人注目的饰品。

我们相信，在读了爱尔默·托马斯先生和艾莉洛小姐的故事之后，每一位家长和孩子都会有自己的见解。在这里要提醒大家的就是，一个孩子的自卑与自信，往往只有一念之隔。改变这一念，便可以改变孩子的整个人生。当一个孩子自我怀疑的时候，家长不妨帮助他深挖一下自己的价值，进而从积极的方面肯定自己，让孩子的人生焕发出应有的光彩。

有一个黑人女孩，从小患有小儿麻痹，所以每天坐在轮椅里。由于不像其他孩子那样有一个正常的身体和童年，她每天生活在自卑里。她拒绝跟所有人交往，唯一的例外，就是邻居家那个只有一只胳膊的老人。老人在战争中失去一只胳膊，和小女孩同病相怜。所不同的是，老人非常乐观，经常讲一些有趣的故事给女孩听。

一天，在老人的怂恿下，一老一小两个来到了他们附近的一所幼儿园。老人用轮椅推小女孩，他们俩同时被操场上孩子们的歌声吸引了。孩子们稚气的和声格外能够打动人心，一曲终了，老人对轮椅里的女孩说："让我们一起为他们鼓掌吧！"

女孩吃惊地看着老人，问道："我的胳膊动不了，而你只有一只胳膊，我们怎么鼓掌啊？"

老人对她笑了笑，解开了衬衣扣子，露出自己胸膛，用手掌在上面用力地拍着，顿时发出了啪啪的掌声。老人对轮椅里的女孩说："你看，只要努力，一只巴掌也可以拍响。所以，你也可以通过自己的努力站起来的！"

女孩被老人的举动感到得泪流满面，身体涌动起一股暖流。从那之后，她开始积极配合医生的治疗，坚持每天做运动。父母不在时，她扔开支架，试着走路。

蜕变是痛苦的，这痛苦牵扯到筋骨，一直渗透到骨髓里。但是她咬牙坚持着，因为她相信自己能够像其他孩子一样行走，奔跑。

功夫不负有心人，在女孩 11 岁的时候，她终于扔掉了支架，可以像正常人一样行走。但是她没有停下自强的脚步，而是开始尝试田径运动。

1960 年，当年那个坐在轮椅里的女孩参加了罗马奥运会女子 100 米

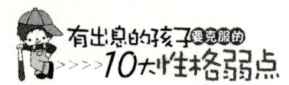

的决赛。当她以 11 秒 18 的成绩第一个撞线后，看台上的观众纷纷起立，为她鼓掌喝彩，齐声喊着这个美国黑人的名字：威尔玛·鲁道夫。

那一届奥运会上，威尔玛·鲁道夫成为当时世界上跑得最快的女人，她共摘取了 3 枚金牌，也是奥运史上第一个黑人女子百米冠军。

故事中的老人，用自己的一只手臂拆掉了女孩心中的自卑之墙，所以才有了奥运史上的威尔玛·鲁道夫。一个患有小儿麻痹的孩子尚且能够通过努力成为奥运冠军，那些身体健康的孩子们又怎能够屈服在人生的苦难之下呢？

现实中，谁也无法保证自己的孩子一帆风顺。但是家长可以教育孩子在遇到困难的时候，一定不要被自卑压垮，而是要找回自己心灵深处的自信。如果每一个孩子都能够战胜自卑，让自己变得足够强大，那么困难就会因为自信而变成他们脚下成功的基石。

10. 让孩子相信自己

面对看似巨大的打击，不要逃避。你将惊讶地发现，恐惧正在节节消退。

——戴尔·卡耐基

家长在教育孩子时，往往把谦虚视为美德，但却忽略了谦虚并不是自卑。谦虚与自卑的区别就在于，谦虚的孩子虽然从不强调自己的优点，但是他们很清楚地知道自己的价值；而自卑的孩子往往被别人的意见遮住了双眼，看不清自己的价值。如果家长无法教会孩子肯定自己的价值，那么这个世界也不会给孩子立足之地。

所以，聪明的家长应该在让孩子学会谦虚的同时，也要学会相信自己的能力，甚至要学会相信自己的命运。研究表明，很多伟人的成功不仅仅是因为他们的机遇和努力，更重要的是他们天生具有一种自命不凡的自信，相信自己的人生与众不同。正是在这种信仰的支持下，让他们从一个平庸的孩子成为了盖世的伟人。

当然，没有哪个英雄是天生的，几乎所有成功人士都曾经感到过自卑。比如法国伟大的启蒙思想家、文学家卢梭就出身孤儿，在他没有战胜自卑、取得成功之前，就曾经因为自己从小流落街头而自卑；而法国第一帝国皇帝、政治家、军事家拿破仑则身材矮小，当拿破仑没有战胜自卑，只是一个懦弱的年轻人时，他曾经为自己的身材和家庭的贫困而自卑；再比如法国著名作家，存在主义哲学家萨特，他两岁丧父，左眼斜视，右眼失明，经常受到小伙伴的嘲笑，没有成功之前的萨特曾产生了极重的自卑心理；而美国英雄总统林肯则出身农庄，九岁时失去了母亲，只在学校读了一年书就被迫辍学，在林肯走向自己坎坷的政治之路之前，他也曾深深为自己的身世而感到自卑；又比如日本的"经营之神"，著名企业家松下幸之助，他四岁时家里因为生意上出了问题而倾家荡产，九岁时不得不辍学谋生，十一岁时他的父亲又离开了他，这些都让他一度抬不起头来，深深感到自卑。

但是，这些人最终都获得了成功，成为了世界知名的成功人士。那是因为自卑并没有把他们打到，反而成了他们前进的动力。也正是因为找到了自信，才有了他们日后的成功。每一个希望孩子有出息的家长，都应该从小在孩子的心中埋下一颗自信的种子。随着岁月的不断推移，这颗种子一定会生根发芽，最终结出丰硕的果实。

小泽征尔是日本著名的交响乐指挥家。他生于中国沈阳，在音乐界的地位举世闻名。有一次，小泽征尔参加了世界优秀指挥家大赛。他一路过关斩将，最终来到了决定胜负的决赛环节。

当小泽征尔按照评委会的乐谱指挥演奏时，他发现了乐队里发出的

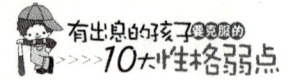

不和谐音符。刚开始，他以为是乐队的乐师在演奏时出了错误，于是他就停下来，耐心地重新演奏。但是，不和谐的音符还是一再出现。这时，小泽征尔觉得是乐谱出了问题。当他把自己的意见告诉评委会时，在场的作曲家和评委会的权威人士都显得十分诧异，他们一边坚持说乐谱绝对没有问题，一边对这个异国选手表示质疑，他竟然敢怀疑评委会给的乐谱。面对这些音乐大师和评委会的权威人士，小泽征尔一时也失去了自信。当他思考再三之后，他终于再次鼓起勇气，斩钉截铁地对大家说："我很肯定，一定是乐谱错了！"

出乎意料的是，小泽征尔的话音刚落，评委席上的评委们就纷纷起立，用热烈的掌声祝贺小泽征尔取得了这次比赛的冠军。原来，这本错误的乐谱正是评委们精心设计的，他们想通过这样的环节，检验指挥家在发现乐谱错误并遭到权威人士质疑和反对的情况下，能否拥有足够的自信，坚持自己的正确主张。

在这次世界优秀指挥家大赛中，小泽征尔因为相信自己而摘取了赛事的桂冠。其他进入决赛的指挥家，虽然也发现了乐谱的错误，在指挥技巧和音乐知识上并不比小泽征尔逊色，但是却因为不够自信，随声附和权威们的意见而最终被淘汰。可见，在人生的关键时刻，知识和技巧有时候只排在第二位，孩子是否拥有强大的自信才是决定他们人生成败的关键。

所以，面对不如意十常八九的人生，家长必须教会孩子相信自己的能力。哪怕质疑和失败摆在孩子的面前时，家长也不应该怀疑孩子的能力；哪怕孩子自己让自卑占据了自己的心灵时，家长也不能放弃对孩子的希望。因为，家长的支持可以让孩子再次找回对人生、对自己的信心，当一个孩子懂得用自信为自己的人生开路时，他才能够真正地看清自己，真正地看清这个世界。

第二章

克服骄纵：
让孩子学会去欣赏别人

　　并不一定只有伟大的父母才能培养出伟大的孩子，但可以肯定的是，只有懂得欣赏别人的孩子才能有出息。无论是在寸草不生的沙漠，还是冰天雪地的北极，只要有人懂得欣赏，那么沙漠里也会涌出甘甜的泉水，北极上空也会出现灿烂的极光。所以，明智的家长要懂得帮助孩子克服骄纵的性格，充满诚意地去为别人的成功喝彩。

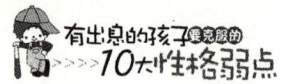

1. 聪明的孩子应该学会低头

我们应该表现得谦逊，因为你我都是凡人，也许百年后，你我将完全被人遗忘。生命太短促了，我们实在不堪以自己渺小的成就去惹人厌烦。

——戴尔·卡耐基

作为一个有出息的孩子，首先应该获得自信，自信让孩子可以保持着抬头挺胸的姿势，但是同时，家长更应该让孩子学会谦逊做人，因为有出息的孩子还必须懂得低头。抬头仰望星空，孩子可以看见满天星斗，感叹宇宙的壮阔与无穷。但是只有记得低头看路，才能保证他们不被一块石头或者一口枯井结束自己美好的遐想，拥有美好的人生。

这个世界并不缺少胸怀大志的孩子，几乎每个孩子都不甘于平庸和寂寞，都想做一番事业，立功立名。但是，几乎每个孩子都不懂得低头看路的道理，结果往往因为自己的骄纵而让自己的人生败在了一些不起眼的小事上，让我们这些过来人看了，悲叹不已。

莱克斯是一位动物学家，曾经亲自拍摄过许多野外的生物。当回忆起他最难忘的拍摄经历时，他说，自己最难忘记的是西伯利亚的一头长颈鹿。

那时，莱克斯要拍摄一组长颈鹿喝水的镜头，用来做研究。最终他选择了一条水很浅的小溪，架好了摄像机准备拍摄。

这时，刚好有一只长颈鹿因为口渴得厉害，来到这条小溪边喝水。这条小溪的水又清又浅，还不到长颈鹿的脚踝，溪边是一颗颗光滑的鹅卵石。

就在长颈鹿刚刚走下小溪，准备用自己的长脖子喝水时，让莱克斯终生难忘的一幕发生了：那只长颈鹿突然脚下一滑，庞大的躯体轰然摔倒在了小溪里。摔倒的长颈鹿拼命挣扎着，想要再次站起来，但是它的腿太长，身体太重，外加一条长长的脖子，所以，无论它怎么挣扎，都只能躺倒在地。

一旁的莱克斯心里着急，但又毫无办法。因为凭他一个人的力量是无法帮助这个庞然大物站起来的，而在茫茫的西伯利亚大草原上，要想找到其他人，至少也要一周时间。就这样，莱克斯眼睁睁地看着那只可怜的长颈鹿，它用尽自己最后的一点力气之后，便不再挣扎，垂下头淹死在了浅浅的溪水中。

原来，杀死长颈鹿的罪魁祸首是一颗小小的鹅卵石。当这只长颈鹿低头喝水时，它没有注意自己的脚下，前脚不小心踩到了一颗鹅卵石。而鹅卵石因为长期泡在水里，表面长了一层滑滑的青苔，所以才导致了这个庞然大物最终的死亡。

莱克斯所拍到的那只长颈鹿，因为自恃庞大，所以只顾喝水，没有注意脚下，结果被一颗小小的鹅卵石滑倒。最后，正是因为它的庞大，让它在倒下之后无法再次站起，只能做着无谓的挣扎。所以，与其说是鹅卵石害死了长颈鹿，不如说是它自己的心态害死了自己，一种骄纵的、不肯低头的心态，足以害死任何庞大的动物或团体。

翻开任意一个民族的历史，我们总会发现，历史的账面记得清清楚楚。人类总是因为处境艰辛而发愤图强，因为发愤图强而有所成就，因为有所成就而谦虚谨慎，因为谦虚谨慎而保有富贵，因为长期富贵而骄奢淫逸，因为骄奢淫逸而终究回到艰辛的处境。所以有一位中国的伟人就曾经说过：历览古今多少事，成由谦虚败由奢。

那么，在历史上这么多的教训面前，一个胸怀大志的孩子不但不应该表现出骄纵，反而应该更加谦逊；一个聪明的孩子不但不应该趾高气

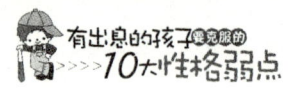
昂，反而应该主动低头向别人学习，这样才能让他们避免错误，不断接近完美。

曾经有一个学生问苏格拉底："先生，有一个问题困扰我很久了，我一直找不到答案。不知道您的智慧是否能够解开我心中的疑惑。"

苏格拉底说："是什么样的问题呢？"

学生说："您能否告诉我，天与地之间的高度到底是多少？"

听了学生的问题，苏格拉底微笑着回答道："这个问题简单得很。天与地之间的高度，不多不少，正好三尺！"

学生听了苏格拉底的回答，大笑道："先生您糊涂了，我们每个人的身高尚且有四五尺高，天与地之间的高度又怎么会只有三尺。如果真是这样的话，那天空还不早就被我们给戳出许多窟窿了？"

苏格拉底却笑着说："天与地之间的高度确实是三尺。所以，天地之间的每一个人，都要时时懂得低头的道理呀！"

苏格拉底的教育方法在今天仍然可以让家长们有所借鉴。两千多年前，他用智慧的回答，巧妙地教育了一个不知天高地厚的学生。21世纪的今天，家长也可以用苏格拉底的话教育自己的孩子，让他们时刻记得低头做人的道理。

当然，谦逊不是一种虚伪和做作，而是发自内心的一种尊敬和随和。就像自然界的植物，越是果实饱满的枝条，越是努力俯下自己的身子；越是腹内空空的果子，越是拼命在枝头摇晃。当一个孩子在内心放下自己的骄纵时，就不会时时提起自己的不平凡；当他们能够放下子自己的身段时，就可以处处学到别人的优点。只有一个放下骄纵、懂得低头的孩子，才能用自己平静的内心去迎接人生辉煌的成就。

所以，要想让孩子拥有幸福的人生，首先要让他们拥有健康的心态和习惯。只有孩子学会低头看路，懂得谨慎谦虚，最终才能拥抱灿烂的星空，成为一个有出息的人。

2. 尊重比争论更能征服别人

从争论中获胜的唯一秘诀，就是避免争论。

——戴尔·卡耐基

有些骄纵的孩子总是喜欢用各种各样的方式来指责别人的错误，有时用一个眼神，有时用一种说话的声调，有时用一个手势，有时干脆直接指出对方的错误。每当遇到这样的孩子，都让人为他们捏着一把汗，因为他们直接打击了对方的智慧、判断力、荣耀和自尊心，这代表着一场激烈的争论即将开始。

而有出息的孩子应该明白，如果一个孩子在争论中输了，那么当然他就是输了；但是如果一个孩子在争论中赢了，结果他还是输了。因为他的胜利，已经证明了对方的一无是处，就在这个孩子洋洋自得的时候，对方已经开始怨恨他的胜利了，争论的结果并不重要。因为当一场争论开始时，已经没有人在乎事情的真相了，他们唯一关心的就是争论的输赢和自己的面子。所以，十之八九的争论是没有真正的赢家的。

所幸这个世界上还是有真正的聪明人在的，比如歌剧男高音皮尔斯先生。他的婚姻已经差不多有五十年之久了，但是他和妻子的感情依然很好。他说："我太太和我在很久以前就订下了协议，不论我们对对方如何愤怒不满，我们都一直遵守着这项协议。这项协议是：当一个人大吼的时候，另一个人就应该静听。因为当两个人都大吼的时候，就没有沟通可言了，有的只是噪音和震动。"

根据皮尔斯先生和他的妻子所订立的那条有趣的婚姻协议，家长们同样可以为孩子总结出关于争论的一条原则：从争论中获胜的唯一秘诀，就是避免争论。

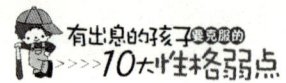

因为，在这个世界上，包括我在内的多数人都具有固执、骄纵、恐惧和傲慢的缺点。詹姆士·哈维·罗宾森教授就清楚地认识到了这一点，于是在他的《下决心的过程》一书中写下了这段很有启示性的文章：

"有的时候，我们会在毫无抗拒或者被热情淹没的情形下，轻易地改变自己的想法。但是，有些时候，尤其是有人指出我们的错误时，我们反而会迁怒于对方，变得更加固执己见。我们会毫无根据地形成自己的想法，即使有人提出对我们来说十分珍贵的意见，我们的自尊心受到很大的威胁。所以，我们愿意继续相信以往惯于相信的事，而当我们所相信的事遭到怀疑时，我们就会找尽借口为自己的信念辩护。如此导致的结果就是，我们所谓的多数推理，都变成了为了继续相信早已相信的事物而找来的借口。"

詹姆士·哈维·罗宾森教授的文章清楚地说明了，为什么一个人的心里对我们有所抵抗时，即使搬出各家各派的逻辑学，也没法使他信服。因此尤其要建议那些天生骄纵的孩子，和他们的父母来了解一下詹姆士·哈维·罗宾森教授的文章。这样就可以使他们知道：人们并不喜欢改变自己的看法，他们不可能被强迫或被威胁而同意你我的观点，但他们会愿意接受我们友善和尊重态度的开导。

林肯在一百年前就说过："一句古老而真实的格言说：'一滴蜜比一加仑胆汁，能捕到更多的苍蝇。'人也是如此。如果你要别人同意你的原则，就先使他相信你是他忠实的朋友。用一滴蜜赢得他的心，你就能使他走在理智的大道上了。"

而生活中的"一滴蜂蜜"，就是我们友善的表情和尊重的态度。这将比任何争论和暴力的"胆汁"更易改变别人的心意。因此，一个有出息的孩子在做任何事情时都要从友善和尊重开始，避免与别人发生直接的争论，这样才能真正地征服别人。

艾伯特是一名会计，他因为一项账目发生了问题，而与一位税收稽查员争论了一个上午。艾伯特先生认为这这笔钱实际上是应收账款中的一笔死账，永远不会收上来，所以不应该征税。"胡说！"那位稽查员反驳说，"这税非征不可。"

艾伯特先生认为这这位稽查员冷漠、傲慢，而且很固执，他觉得自己无论怎样跟他讲道理、摆事实，都没有用。所以，艾伯特先生明智地决定不再和他辩论，而是改变话题，转而对这位稽查员表示了自己的尊重，说道："我相信您的工作一定非常辛苦，而您对于税务的了解一定比我深刻得多。"

于是，那位税务稽查员舒适地在椅子上伸了伸腰，靠在椅背上开始激动地讲起他的工作来。他甚至告诉艾伯特先生，他发现过许多在税务上作弊的花招。这位稽查员的口气逐渐变得友善起来，接着他又谈起他的孩子来。临走时，稽查员告诉艾伯特先生，他会仔细考虑他的问题，并在几天之内给出答复。

三天之后，这位稽查员来到艾伯特先生的办公室，并告诉他说自己已经决定不征收那笔不应该收的税了。

其实，这位稽查员要的是一种被人认可的感觉。艾伯特越和他争论，他越要强调自己职务上的权威。而当艾伯特给了他应得的尊重，承认了他的权威时，争论自然也就偃旗息鼓了。更重要的是，这位税务稽查员马上成了艾伯特的朋友，而且还是一位有宽容态度和同情心的朋友。

由此可见，真正赢得胜利的方法不是表现自己优于别人的争论，甚至连最不露痕迹的争论也要不得。因为，喜欢争论就是骄纵的表现，如果一个孩子老是与人抬杠、反驳，那么，即使偶尔获得胜利，也永远得不到对方的好感。静下心来衡量一下，口头上一时的表面胜利，远没有赢得别人的好感重要。

所以，如果有人说了一句错误的话，我们可以谦虚而尊重地说："是这样的！我倒另有一种想法，但也许不对。我常常会弄错，如果我弄错了，我很愿意被纠正过来。我们来看看问题的所在吧。"用这样的句子往往会得到神奇的效果。

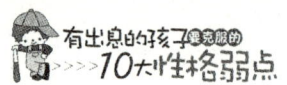
当一个孩子愿意放下自己的骄纵，承认自己也许会弄错时，他就绝不会惹上争论的麻烦。同时，也可以使对方像他一样的宽宏大度，承认自己也可能弄错。这就是为什么尊重比争论更能征服别人的道理。

3. 优秀的孩子把赞美送给他人

> 与人沟通的诀窍就是：谈论别人最为愉悦的事情。
>
> ——戴尔·卡耐基

没有人愿意在集体中遭受冷落。不管在什么场合，每个人都希望自己能够受到尊重。无论是牙牙学语的孩子，还是历尽世事的老者，无论市井之中的百姓，还是高高在上的权贵，人人都希望得到别人的肯定与赞扬。

所以，真正优秀的孩子又何必因为自己的骄纵而吝啬于赞美他人呢？在赞美的面前，无论是油盐不进的老古板，还是铁板一块的陌生人，都会瞬间接纳我们，与我们成为莫逆之交。

著名电影明星奥黛丽·赫本的美貌世人皆知，但是她却拥有比美貌更让人倾心的东西，她说："美丽的双眼是用来发现别人的优点的，魅力的双唇是用来表达对他人的赞美的。"如果一个孩子的眼里只容得下自己，认为自己才是最美丽、重要的，那么，如此的骄纵只会让他的美貌变得平凡。因为每个人都想要得到别人的重视和赞美，所以，只有懂得把赞美送给他人的孩子，才有可能赢得别人的好感，获得人生的成功。

1921 年的美国正处在经济快速增长的时代，那时候一个普通工人每个月的工资只有十几美元，可当时的"钢铁大王"卡耐基却用一百美元的超高薪酬，聘请一位执行长官。这在当时是令世人震惊的。许多记者问卡耐基："为什么给他那么高的薪酬？"

卡耐基回答："因为他懂得欣赏别人的优点，会赞美别人，这是他最值钱的优点。"对"赞美他人能够给自己带来好处"这句话，卡耐基是深信不疑的，甚至连他自己的墓志铭都这样写道："这里躺着一个人，他懂得如何让比他聪明的人更开心。"

赞美不但是一种能力，更是一种艺术。愿意把赞美送给别人的孩子，能够将自己的眼光放开，学会欣赏别人的长处，肯定别人的优点。而且，赞美还可以让别人获得成就感的同时得到进步。

美国著名心理学家罗森塔尔在美国一所学校随意拟订了一份"具有优异能力"的名单。并煞有介事地将这份名单交给老师。老师得到这份名单后，自然对这些学生另眼相看，并且赞美有加。不久，令人惊讶的事情发生了，但凡名单上列出来的学生，他们的成绩都得到了提高。由此罗森塔尔得出，鼓励、赞扬和肯定能开发出人的巨大潜能。这就是著名的罗森塔尔效应。

虽然赞美有如此强大的力量，但是，只有发自内心的、真诚的赞美才能起到正面的效果。真诚的赞美是发自内心的对别人的欣赏和尊重，与为了满足自己的利益而口是心非、夸大其词的奉承有着本质的区别。

美国第三任总统托马斯·杰斐逊就是一个时刻不忘赞美别人的人。在没有成为总统之前，他曾担任美国的驻法大使。一天，托马斯·杰斐逊到法国的外长公寓拜访，受到了外长的热情款待。寒暄过后，外长忽然向杰斐逊问道："现在，是您代替了富兰克林先生?"

杰斐逊马上回答说："不是代替，而是接替了他的职位。因为没有人能够代替得了富兰克林先生。"

杰斐逊总统这种在一句话上也不肯马虎带过，将"代替"改为"接替"的行为，不但表现了自己对富兰克林总统的尊重，更表现了自己谦虚的品格。所以，不论是叱咤风云的政界要员，还是正在成长的孩子，凡是能够取得优秀成就的人，一定是懂得谦虚和赞美别人的人。就像浩瀚的大海，它之所以能够引来江河的归附，是因为它懂得谦逊地把自己

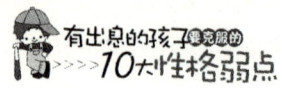
放在地势最低的地方。

所以，家长让孩子学习赞美别人并不是把孩子变得圆滑世故，而是为了让他们克服自己的骄纵，成为真正优秀的孩子。把赞美送给别人，可以帮孩子们赢得别人的友谊和自己的成功，最终成为一个了不起的人物。

4. 教会孩子从对方的立场看问题

> 始终挑剔的人，甚至最激烈的批评者，都会在一个有忍耐和同情心的倾听者面前软化降服。
>
> ——戴尔·卡耐基

这个世界之所以如此精彩，是因为世界上的每个人都是完全独立的个体，而每一个人都有自己的思考和行为方式。但是，这些千差万别的人性特点，也给很多孩子带来了交际的障碍，因为他们不懂得从对方的立场上去看待问题，一味地保持骄纵，固执己见，最后失去了所有人的好感，无法完成家长希望孩子有出息的心愿。

杜威教授曾说"自重感是人类本性中最强烈的冲动和欲望。"所以，卓越的孩子懂得尊重别人不同的意见或行为，而且能够让对方得到一份愉快的心情体验。因为，当一个孩子学会从对方的立场上去看问题时，不仅表达了他对别人的尊重，而且还可以成为别人前进的动力，让这个世界变得更加美好。

一天，一位作家打算寄一封信，于是他来到一家邮局。在排队等候的时候，他发现一个职员一副无精打采的样子，满脸烦躁地为窗口前的人服务。

原来，这位工作人员脾气有点急躁，对工作也很挑剔，他经常会因为顾客的邮票贴得有点歪，或者地址写得太潦草而发怒。所以整天都是一副不耐烦的架势，让人觉得不舒服。这位作家心里想，邮局里的这些工作人员，每天做着这种单调重复的工作，难免会产生厌烦心理，感觉工作乏味，所以才出现这样的情绪。一定不能因为职员的恶劣态度影响顾客的心情，更重要的是，影响自己的心情。他开始思考如何让这位工作人员改变咄咄逼人的态度。

略加思索，这位作家想出了一个办法。他一边排队，一边仔细地留意这个职员的表情，观察他的外貌，终于轮到他了。在这位烦躁的年轻职员低着头为作家的信件称重的时候，作家热情地说："我真希望有您这样一份工作。"年轻人听了抬起头，脸上马上露出了笑容，回答道："是吗？你觉得我的工作很不错？""当然，每天要面对这么多顾客，为他们传递信件，光想想就很辛苦。"作家赞叹道。这时，这位烦躁的年轻人已经显得非常高兴。作家就趁机跟年轻人聊了聊他的工作，并夸他的工作认真和有意义。年轻人也变得高兴起来，跟刚才的样子相比，简直判若两人。

就这样，仅仅用了几分钟，这位作家就得到了他想要的好心情，而年轻的职员也改变了当初的态度，愉快地继续为别人服务。

这位作家之所以能够成功，是因为他站在了邮局工作人员的立场上思考了问题，对年轻人的工作给予了尊重和谅解。所以，在为人处世中，家长需要告诉孩子去遵循一个原则：永远从对方的立场看问题。

由于孩子往往有骄纵的弱点，所以他们经常觉得自己比别人重要，觉得自己比别人卓越。对这样的孩子，聪明的家长会让他们学会尊重别人的意见和看法，这样不但能够避免引起争论，而且能够引导对方也同我们的孩子一样，拥有宽大的胸怀。

怀特一直想把自己的苹果派推销给当地的一家大饭店。连续两年来，怀特几乎每个星期都要去拜访这家饭店的大堂主管，并且一场不落地参加这位主管举办的各种聚会。为了促成这笔生意，怀特甚至经常光顾这

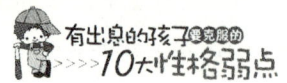
家饭店，希望能做成这笔业务。但是，尽管怀特用尽了各种方法，还是没能让这位主管答应让他的苹果派出现在餐厅的菜单上。

某天，怀特在跟朋友聊天的时候说到这件事，朋友给他出了一主意：下次去找这位主管的时候，可以事先了解一下他喜欢什么，有哪些爱好。真是一语惊醒梦中人，经过一番研究，怀特发现那位主管是美国饭店业协会的会员。不仅如此，由于这位主管对饭店这个行业抱有浓厚的兴趣和热情，使他被推举为饭店协会的主席。每次这个协会举行活动，他都会抽出时间赶去参加。

于是，当怀特再次去拜访饭店主管的时候，他改变了策略，不再谈论自己的派有多么好吃，而是谈论一些与饭店业协会有关的事情。这个办法终于让怀特看到了希望，他觉得自己的苹果派也许能出现在饭店的菜单上了，因为这次主管没有不耐烦，反而花了半小时和怀特谈论饭店业协会的事情，整个谈话过程中，他都充满了热情。没过几天，怀特就接到这家饭店管理人员的电话，让他把苹果派的样品和报价送过去。

所以，一个孩子想要获得别人的好感，让他人对自己产生兴趣，就要从对方的立场出发，谈论对方感兴趣的话题。因为，只有找到别人感兴趣的话题，我们才能把话说到他的心坎上，这是最高明的交谈技巧。建议所有的孩子在与别人谈话时，都不要以自我为中心，不要把"我"当成重点；把"我想"改成"你认为呢"。

心理学家研究发现，人都有一个共同的特点：在自己所喜欢的人身上寻找优点，在不喜欢的人身上寻找缺点。所以，一旦一个孩子的骄纵给对方留下了不好的印象，让对方失去了好感，那么想要弥补就会非常困难，因为对方怎么看这个孩子都不会顺眼。那么，怎样成为一个卓越的孩子，给别人留下一个好的印象呢？答案就是让对方觉得这个孩子对自己足够的尊敬和重视，那些愿意放下自己的意见、从对方的立场看待问题的孩子，永远是离成功最近的人。

5. 让孩子学会承认错误

> 如果你能勇敢承认自己的错误，那么你一定能从这个错误中获益。因为承认错误，不仅可以赢得别人的尊敬，更可增加你的自尊。
>
> ——戴尔·卡耐基

如果有人在我们需要帮助的时候，及时给予我们帮助，我们就会发自内心地对他们感激；如果有人在我们需要安慰的时候，及时给予我们鼓励和肯定，我们就会发自内心的对他们赞美。可是，如果有人在我们犯错的时候，大胆给予我们一些否定或建议的时候，我们能否克服骄纵的心态，依然心存感激呢？

每个孩子在成长的过程中，都免不了会犯这样或者那样的错误。但是，当别人指出错误时，能够虚心接受并且及时改正的孩子，则十分少见。这是因为骄纵的心态让这些孩子容不下别人的指责，不知道成长就是在不断"犯错"中进行的。有出息的孩子应该学会感谢批评自己的人，并坦诚地承认自己的错误。其实，犯错误并不代表失败，而是帮助他们成长的机会。

麦当娜是全球最成功的歌手之一，她用全新的方式演绎了摇滚音乐。当有记者采访这位天后级人物"成功的秘诀是什么时"，她的回答是："我犯了很多错误，因此从错误中我学会了很多。"一句话总结了自己的成功，同样也是让人称赞的回答。麦当娜是全美国一半人爱又有一半人恨的女星，但她最终还是得到所以美国人的敬重和爱戴，很大一部分原因是她勇敢地承认了自己的错误。

正所谓"人无完人"，所以无论是在为人处世还是生活技巧方面，孩子们都有很多需要学习和改进的地方，而犯错也是在所难免。重要的是

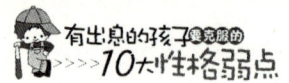

意识到自己的错误之后能勇敢地承认和改正。如果知道自己做错了，却仍然竭力掩饰，试图推脱责任。这样的孩子虽然暂时能保住自己的一份面子，但是却会给他们的人生留下永远抹不掉的阴影。

卢梭出生在一个贫穷的家庭，为了生计，他曾经为一个伯爵当佣人。伯爵家有很多佣人，其中一个女佣有一本精致的图书，卢梭一直想拿来欣赏一番。一天，机会终于来了。卢梭趁没人的时候，从女佣床头拿走了图书，坐在院子里欣赏。

正在这时候，有个仆人从他身后走过，发现了卢梭手中的图书，他知道这是那个女佣的，于是立刻报告了伯爵。伯爵有些不悦，就把卢梭叫到身边，厉声追问起来。卢梭紧张极了，心想，如果承是自己拿的，一定会被辞退，那样就有可能连饭都吃不饱了。

他想了一会儿，最后决定撒谎，说书是厨娘偷偷给他的。伯爵半信半疑，就让厨娘过来对质。善良、老实的厨娘听完伯爵的话，一边哭一边说："不是我，绝对不是我！"可卢梭却一口咬定就是厨娘，并把事情的所谓的"经过"绘声绘色地描述了一番。

这下子伯爵更恼火了，索性将卢梭和厨娘同时辞退了。当两人离开时，伯爵意味深长地说："你们之中必有一个是清白的，而说谎的人则会受到良心的惩罚。"

果然，这件事让卢梭痛苦了一生。多年后，他在自传《忏悔录》里坦白说："这份沉重的负担一直压在我的心上……"

一个在成长中进步的孩子，就好比在黑暗中行走，难免会偶尔踩到"坑"里去。倘若对自己的错误能懂得及时发现、承认，那么，他们的人生就拥有了一半的成功。

所以，当别人指出一个孩子的不足时，他们也许会因此感到羞愧、满心的不服和反复无常的抱怨。但是，家长一定要帮助他们在事后仔细一想，别人的批评总是有一些道理和依据的。或许，别人在给孩子们指出错误时，可能没有考虑到说话的场合，当着朋友和同学的面指出了孩子的缺点；也可能说话的语气不够委婉，让他们在情绪上一时难以接受。如果在生活中发生了这样的情况，家长应该马上提醒孩子思考以下三点：

第一，不论别人在指出我们的错误时，选择了什么样的场合和说话方式，我们都要感谢他们的好意。因为，他们完全可以看着我们犯错误而不提醒，那样的话，至今我们也不会知道自己的错误所在。

第二，让自己少些缺点，尽可能地去完善自我，因为完善自我对每个孩子来说都是非常重要的。当然，一个杰出的孩子完全可以忽略别人的说话语气和方式，只接受他们的批评，然后勇敢地改正错误就是了。

第三，没有人会为我们的错误买单，所以，一个杰出的孩子必须自己承担一切的后果。那些乐于指出我们错误的人，是在想办法帮助我们，让我们尽快走出误区。为了不辜负他们的一番好意，我们也要马上采取行动，改正自己的错误。

中国人常说：当局者迷，旁观者清。意思是说，一个孩子对别人的认识总会比对自己的认识要深透得多，彻底得多。孩子往往可以看到别人的缺点，却很少能够认清自己的不足。所以，在这样的社会氛围中，那些愿意承认自己错误的孩子就显得格外可贵。所以，当别人指出孩子的错误时，家长一定要让孩子像感谢给自己带来帮助的人一样，对他们表示真诚的谢意。

6. 有出息的孩子会虚心听取别人的劝告

如果你能勇敢承认自己错了，那你一定能从这个错误中获得好处。因为承认错误，不仅可以赢得别人的尊敬，也可以增加你的自尊。

——戴尔·卡耐基

在成功学大师卡耐基的书架上，有一个特别的档案柜，这个档案柜

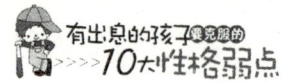
里面存放着对他来说最珍贵的资料。他把自己所做过的傻事都记下来，放在一个写有"我做过的傻事"的文件夹里。有时，他会口述一些事情，让他的秘书记录下来。

每当卡耐基拿出"我做过的傻事"文件夹，重读对自己的批评时，都会马上获得继续前行的力量与勇气。无论一个人如何深思熟虑，都难免有疏漏和考虑不周之处。大人们对发生在自己身上的事情都不一定能保持理智，更何况是孩子们，只有旁边的人才能把我们的处境看得明明白白。所以，建议所有希望自己有出息的孩子，把虚心听取别人的劝告当作自己成功的第一美德。

有些性格骄纵的孩子，喜欢刚愎自用、妄自尊大，他们的耳朵听不进别人意见的人，所以他们的脚步不可能走得太远。只有那些不断追求进步，虚心听取他人意见的孩子，才能培养自省的态度和勇气，通过不断的反思来重新认识自己，从而获得不断进步的动力。

曾经有一个年轻人不顾朋友的劝告，只身一人闯进了一片原始森林，他打算做一次探险。但不幸的是，由于准备不足，他在这片深邃又广阔的原始森林里迷了路。他在森林中不停地穿行、奔跑，拿着指南针辨别方向，但就是找不到走出森林的路。

不知不觉，年轻人已经走了一整天，眼看着随身带着的食物就要吃光，还是没找到出路。最后他垂头丧气地靠在了一棵树干上无奈地说："上帝，请你告诉我，到底应该怎么办？难道我真的要丧命于此吗？如果再找不到出路，我就会被森林里的野兽吃掉了。"

"嗨，你知道要怎么才能离开这座森林吗？"一个声音在年轻人的耳边响起，他循声望去，看到了另一个"探险者"。看他的样子，年轻人猜测肯定对方肯定也是在森林里迷了路，但是这个突然出现的同伴，却给他增加了不少希望。

"很抱歉，我没有办法告诉你正确的方向，因为我也迷路了。这里的环境比我想象中的要糟糕多了。但是，我相信，如果我们两个互相扶持，就一定会走出这片森林的。"年轻人信心满满地回答道。

对方认真地点了点头。于是，两个迷路的人坐在地上开始寻找方向，研究怎样才能走出这片可怕的森林，他们仔细分析了这里的环境和森林特点后，不久终于找到了一条出去的路，他们安全地走出了这片原始森林。

故事中的年轻人因为不听劝告而迷路，又因为愿意接受别人的意见而走出了森林。这说明一个人的智慧和精力都是有限的，只有虚心听取他人的意见和劝告，才能与别人一起齐心协力，共渡难关。

这个世界上，最刺耳的声音不是无缘无故的谩骂，而是入木三分的批评。因为这些批评往往针对孩子们身上最致命的缺点，也是他们心里最敏感的神经。突然被别人毫不客气地直接指出，心里自然一触即发，暴跳如雷。但是，也有很多孩子对于露骨的批评不但能够泰然处之。这些孩子能够放下自己的骄纵，虚心接受别人的劝告。唯有如此，才能改正自己的错误，在人生路上不断进步。

曹禺先生，可以说是中国现代戏剧创作的泰斗，在他年逾古稀的时候，美国戏剧家阿瑟·米勒曾经到他家做客，两个人相谈甚欢。

在吃午饭前之前，曹禺先生从书架上拿来一本装帧讲究的册子，打开一看，里面是画家黄永玉写给他的一封信，装裱得极其工整。

曹禺先生捧起这封信，逐字逐句地把它念给阿瑟·米勒和在场的朋友们听，信中这样写道："我不喜欢你解放后的戏，一个也不喜欢。你的心不在戏剧里，你失去了伟大的灵通宝玉，你为势位所误！命题不巩固、不缜密，演绎分析也不够透彻，过去数不尽的精妙休止符、节拍、冷热快慢的安排，那一箩一筐的隽语都消失了……"

大家越听越觉得茫然，因为这信对曹禺先生的批评，用字不多却措词激烈，还夹杂着明显羞辱的意味。然而曹禺念着信的时候，满脸的感激之情，仿佛这封信是对他的褒奖和鼓励。

阿瑟·米勒问曹禺先生，为什么要保留这样一封信，还当众把他念

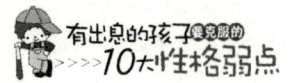

出来？曹禺先生微笑着说，这封信是一笔鞭策自己的珍贵馈赠，他终生感谢写这封信的黄永玉先生。

相信曹禺先生一生收到的信应该数以万计，而其中自然不乏溢美之词。但是，他只将这封批评他最严厉的信装裱了起来，终生收藏。因为他懂得，那些真正能够好好批评自己一顿的人，才是真正的知己。而他们的评判，则是自己的财富，因为只有一个人知道了自己哪里存在着不足，才能够改过和进步。

所以，家长一定要教会孩子学会虚心听取他人的劝告和建议，同时还要感谢别人的批评。因为，生活中的事情并不是一眼就可以看出其背后隐藏的深意的，甚至是错综复杂的。孩子们因为受自身知识、经历等因素的局限，难免在一些事物在见解上存在偏颇，如果把不同的意见集中起来，进行综合鉴别，才能够做到去伪存真。

在生活中，每一个愿意对孩子提出劝告的人，都是他们真正的良师益友。这些劝告除了可以教给孩子们生活的智慧之外，更可以帮助他们克服自己的骄纵，拓宽他们的心胸。

7. 决定孩子人生成败的往往是小事

一个不注意小事情的人，永远不会成就大事业。

——戴尔·卡耐基

骄纵的孩子，往往自命不凡，生活中不重视规范自己的行为，学习中忽略细小的知识点。如果有人给他们指出，他们反而将"成大事者不拘小节"挂着嘴边，用以应付塞责。直到有一天，这些孩子发现自己忽略的小节往往决定了大事的成败，才从自满的睡梦中惊醒过来。

只有能够克服骄纵的孩子，才能够明白差之毫厘，谬之千里的教训，才能对生活和学习中的一切细节都坚持一种严谨和认真的态度。任何一人要想获得非凡的成绩，都是以一些小事作为基础的。细节在我们的人生中起着举足轻重的作用。

曾经有一艘满载货物的商船，在准备扬帆起航时，却发现船上有一只小老鼠。发现老鼠的正是管理货仓的水手。水手立即把这一情况报告给了船长，并建议船长，先不要开船等抓住那只老鼠后再重新起锚。

船长当然不会把一个水手的建议放在心上，大笑着说："年轻人，你这么大的个子，怎么会害怕一只小小的老鼠呢?"

水手回答说："船长先生，我不是怕老鼠，而是担心这只老鼠咬坏了我们的船，所以还是建议您命令全船抓住这只老鼠。"

船长听了水手的话，恼怒地说道："一只小小的老鼠怎么可能咬穿我的船底?"同时看了水手一眼，接着说道，"年轻人，我有四十年的航海经验，我在海上待的时间，比你的人生还要长呢!"

"可是，我还是觉得应该先抓住老鼠，然后再开船。这样我们的船才能够安全。"水手再一次请求道。

"不要再说了! 我是绝不会为了一只老鼠耽误我们起航的时间的。"船长坚决地说道，"再说，要想抓住那只老鼠，我们必须要先卸掉所有的货物，船上的人还不笑话我小题大做!"说罢，船长下令起锚，水手们也只好扬帆起航了。

两个多月过去了，这只商船还在海上航行着。有一天，海上起了巨大的风浪，那位管理仓库的船员知道大事不好，赶紧把一个救生圈绑在了自己的身上，而且建议其他船员也这样做。

船长看见了，一面嘲笑他贪生怕死，一面呵斥他动摇军心。正在这时，船长突然发现自己的船舱里已积满了水，船身同时开始下沉。原来，起航时的那只小老鼠，早已把船底咬穿，海水灌进船舱里来了。

最后自负的船长和他的货船自然以悲剧结尾，而那位管理货仓的水手，成了这次事故中唯一的幸存者。

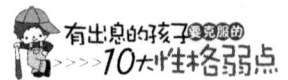

　　故事中的船长因为只想到船只的坚固和巨大，所以忽视了货仓里的老鼠，最后正是这只老鼠让他船毁人亡。由此可见，因为自负而忽视细节的孩子，往往会尝尽人生失败的苦果。

　　而那些不放过生活中每一个细节的孩子，常常想：事情虽小，只要是对人有帮助的事情就没有理由不去好好做。结果，一件微不足道的小事，也能够让他们成就一番伟大的事业。

　　日本狮王公司的员工加藤信三就是一个注重小事的例子。有一次，加藤信三起床晚了点，为了不迟到，急急忙忙地刷牙洗脸。没想到刷牙力气过大，导致了牙龈出血。他为此非常恼火，上班的路上仍是非常气愤。

　　到公司之后，加藤信三为了集中精力工作，便强迫自己平息心头的怒气。他和几个要好的伙伴提及此事，并相约一同设法解决刷牙容易伤及牙龈的问题。

　　加藤信三和他的伙伴们想了很多解决刷牙时牙龈出血的办法，比如，刷牙前先用热水把牙刷泡软，多用些牙膏，把牙刷毛改为柔软的软毛，放慢刷牙速度等，但效果都不太理想。为了研究出不伤害牙龈的牙刷，他们在放大镜下进一步仔细检查牙刷毛。这次，加藤信三和伙伴发现一个细节，刷毛顶端并不是圆形的，而是四方形的。他想："把它改成圆形的也许就能减少对牙龈的伤害！"于是他们立刻着手将牙刷的刷毛进行改良。

　　经过多次实验后，加藤信三正式向公司提出了改变牙刷毛形状的建议。他的建议得到了公司领导的肯定，于是欣然接受，把生产的所有的牙刷毛全都改成了圆形。改进后的狮王牌牙刷因为效果显著，销量一路攀升，销售额甚至占到了全国同类产品的 40%。加藤信三也由普通职员晋升为课长，最后成为公司的董事长。

　　在我们看来，刷牙时牙龈受到了牙刷的伤害，只需要换一把牙刷就好了。很少有孩子会在生活上的一些小事上浪费时间，去想办法解决自己遇到的问题，因此机遇也悄悄从身边溜走。而加藤信三却在小事中发现了问题，而且对这个小问题进行了细致的分析，从而使自己和所在的公司都取得了成功。所以，只要做好身边的每一件小事，认真对待生活的每一个细节，那么，有时微不足道的一个细节，却足以改变孩子们的人生轨迹。

对于那些天性骄纵的孩子来说，他们的心里总认为有更多更重要的事情等着自己去做，对那些微不足道的细节往往觉得不足挂齿，没必要在一些小事上浪费时间和精力。而家长应该知道，从小事中就可以看出孩子的内心，从而判断出他一生的成败；从一个细节中就可以看出孩子的性格和习惯，从而推断出他的整个人生。希望那些对孩子抱有厚望的家长，能够帮助孩子克服自己内心的骄纵，别让孩子的人生败在细节上。

8. 教孩子学会保住别人的面子

> 与人相处时，切记人并非都是理性的，我们所面对的是一位充满情绪与偏见的人，只有给他尊严与面子才能打动他的心。
>
> ——戴尔·卡耐基

有很多心直口快的孩子，他们常常不顾及地点场合对别人提出意见，或询问一些使人难堪的问题。作为真正的朋友，指出对方的错误是应该的。但是，应注意一下自己所采取的方式和方法，不能让自己的骄纵性格，伤害了别人的面子和彼此的友谊。

弗兰克在一家经纪公司已经工作了三年，算是公司的元老了，他做出了很多漂亮的策划，也深受公司重用。由于他熟谙公司的运作规律，再加上积累了很多工作经验，工作上简直是驾轻就熟。与他共同负责策划任务的盖里则正好相反，他原先在一家百货公司做文案，刚跳槽过来

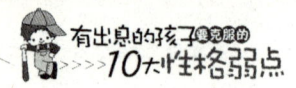
不久，论经验、谈资历，他都比弗兰克逊色许多。

不久，公司要在一家公园举办一场鲜花展，于是策划的重任便落到了弗兰克和盖里的身上。上司为充分调动大家的积极性，做到集思广益，要求每位策划专员都要拿出一份详细的报告，并宣布，谁的方案入选，将会有奖金。结果，弗兰克不出意外地拿到了奖金。

拿到奖金，弗兰克也没有忘记跟大家一起分享这份喜悦，邀请大家去酒吧放松一下。谁知三杯酒下肚，弗兰克就得意洋洋起来，开始大言不惭地说："自从上司派下任务的那一刻起，我就认为胜利非我莫属！因为我在这呆了几年，太了解我们的头儿了。什么方案最合领导的心意，什么方案不招上司待见，我能猜得八九不离十。老实说，盖里那方案的确是好，但太不切合实际了，所以他最终只有出局。"

弗兰克这番豪言壮语让盖里心里有些不舒服，本来他刚跳槽到这家公司不久，一直没拿出让人眼前一亮的业绩，正在焦急呢，又被弗兰克嘲笑一番，让自己在同事面前颜面失尽。于是盖里对弗兰克怒目而视："你最好闭嘴，否则我会教训你！"一旁的同事见状及时劝阻才避免他们发生争执，但从此以后盖里就和弗兰克成了"冤家"。

弗兰克让盖里在同事面前面子"挂不住"，恼羞成怒的盖里差点做出伤害对方的事情来，想必今后的弗兰克会克制自己的骄纵，懂得在表现自己时也给别人留点面子。

其实，自以为有见解、有能力，一有机会就长篇大论，述说自己成功的孩子，往往不够成熟。这样做虽然使自己的内心得到了满足，却无法赢得别人的尊重。毕竟，让别人尊重自己，不是光靠提高嗓门就能够办到的。真正懂事的孩子会藏起自己的得意，在心里为自己暗暗喝彩，而不是把自己的成功整天挂在嘴边上。

曾经有一位表演大师，在即将上场前，他的一位弟子看见他的鞋带松了，就及时提醒了他。大师点头致谢，然后蹲下身子仔细地将鞋带系好。等到那个弟子转身离开时，大师又蹲下来将鞋带松开了。

大师的这一举动恰巧被另一位弟子看到了，于是很不解地问："师父，您刚刚才把鞋带系紧，为什么现在又将鞋带解松呢？"大师微笑着回答道："因为我现在饰演的是一位旅者，长途跋涉让他的鞋带松开，我们可以通过这个细节来表现他的劳累憔悴。"

"那你刚才为什么不把这一切直接告诉我师兄呢？"另一位弟子追问道。"他能够细心地发现我的鞋带松了，并且热心地告诉了我，我怎么能一口拒绝他呢？我一定要保护他这种热情的积极性，及时地给予他鼓励。至于为什么将鞋带解开，以后将会有更多的机会教他表演，可以等到下一次再说啊。"另一位弟子听完师父的话，这才恍然大悟。

故事中的大师，正是因为他能够保护指出他缺点和错误的人的积极性，所以他成为了大师。时刻记得让别人保住面子，对敢于批评自己的人充满感激，这的确需要孩子具有一定的胸怀。

有些孩子的能力确实比别的孩子突出，但家长切记不能让他们把得意挂在嘴上，而忽略了别人的心情，而要顾及对方的面子。只有懂得尊重别人的孩子，才能得到别人的敬佩与欣赏。只有懂得给别人留足面子的孩子，才能在生活中建立良好的人际关系。不论是指出别人的错误，还是接受别人的批评，该照顾他人的情绪和脸面的时候，就要委婉含蓄，如此才能让孩子成为一个受欢迎的人。

9. 永远不要让孩子自视过高

一个人真正的伟大之处就在于他能够认识到自己的渺小。

——戴尔·卡耐基

家长要让孩子找到自信，但是不要过分夸大孩子的能力，因为这样

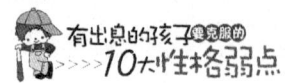

很容易让孩子觉得自己的能力足够在短时间达到自己的期望值，结果对自己自视过高，变得骄纵起来。其实，家长真正应该做的，是让孩子在这个世界上找准自己的位置，既不自卑，也不自傲。自卑是对自己评价过低，而自傲则是对自己自视过高，这会造成孩子在未来的生活中目空一切、不自量力，甚至不切实际，最终为此付出惨重的代价。

在人际交往中，骄纵的孩子从来不以互相尊重、互相平等为原则，而是表现出一种优越感，只强调自己的感受，全然不顾别人的态度和情感，总是在梦想自己有多么得了不起，而不知道用实际行动去成就自己，对身边的小事也是不屑一顾。

澳大利亚某大学有一名学生，曾被称为"天才学生"。在他读中学的时候，他的每门课程成绩都很优秀，还曾获得全国竞赛大奖。在大学期间也是一帆风顺，学习成绩依然十分优秀。就是因为太优秀，他从来看不到自己的不足之处，渐渐养成了骄傲自大、自以为是的缺点。毕业前他还向同学们宣称："以我现在的能力以后我要做比尔盖茨肯定没问题！"但是，毕业后不到一年，他在所在的工作单位中却到了几乎混不下去的地步。刚开始他觉得自己无所不能，不把任何人放在眼里。屡次受到挫折后，他又开始怀疑自己的能力。到最后，他失去了自我，整天郁郁寡欢、闷闷不乐，逐渐发展成为忧郁症，住进了精神病院。

事例中的这个"天才学生"就因为自视清高，最后落得这样的下场。可见，在社会生活中，我们每个人都离不开与其他社会成员打交道，只有健康的心理才能够与他人友好相处，并且在事业上取得进步。一个人对自己怎么看，就决定了我们与别人如何相处。如果自认为高人一等，这样的人是要处处碰壁的。因此，与人相处，为人要谦虚一点，千万不要狂妄张扬，这也是提高自身气质的一种方式。

首先，要正确认识自己。能否正确认识和评价自己，对于我们树立正确的自我意识具有非常现实的意义。古人曰："人贵有自知之明"也是这个道理。一个人不仅要知道自己的长处和短处，更要知道如何发展自己的长处，克服自己的短处。这就需要我们自我审视、自我反省画出自己的真实形象。

其次，做谦虚的自我。谦虚是一种美德，谦虚者往往一鸣惊人，让世人敬仰；自以为是的人处处宣传自己，却从未有谁会记起他。例如：

有一次，著名作家玛格丽特被邀请参加一次世界笔会。她向来衣着简朴，态度谦逊，一点也不张扬。坐在她身旁的一位匈牙利作家不认识她，以为她是一个名不见经传的小人物。于是，他傲慢地问道："小姐，你是一位职业作家吧？""是的，先生！""哦！你有什么大作，可否告知一下？""谈不上大作，只是偶尔写写小说而已。""噢！你也写小说！看来我们算得上是同行了。我已经出版了 138 部小说……你写过多少部呢？小姐！""我只写过一部，它的名字叫《飘》。"这位匈牙利作家张着嘴，不知道说什么好。因为他那 138 部小说加起来，名气都抵不过一部《飘》，他还好意思再说什么呢？

大多数情况下，有真才实学的人往往虚怀若谷，肯接受批评；而不学无术、一知半解的人，常常自以为是、骄傲自满。要知道，即使再成功的人也需要别人的帮助和提携，没有人愿意帮助那些自以为是、骄傲跋扈的人。

10. 越是谦虚的孩子，越是成功

在人生的道路上能谦让三分，即能天宽地阔，消除一切困难，解除一切纠葛。

——戴尔·卡耐基

孩子的人生道路需要自己去走，但是，家长确实是孩子人生路上最重要的向导。因为，孩子的人生观和价值观有很大一部分直接来自自己

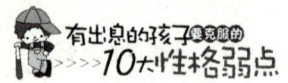

的家庭，不可避免地要受到家庭的影响。所以，家长给孩子所指示的方向，决定了孩子未来能达到的境界。

但是，很多家长往往不是一位明智的向导，他们因为自己的追求，而在孩子幼小的心灵中埋下了醉心名利的种子，让孩子在日后的成长中因为得到而变得骄纵，因为失去而变得自卑，最终走上人生的歧途。

其实，家长真正应该教给孩子的，是成功者应该具备的品格，而不是成功本身。因为，一个懂得谦虚的孩子，能够包容未来人生中的一切荣辱得失与喜怒哀乐，这不仅能让孩子在成功之路上永无止境，而且能够帮助他们的内心永远保持平和。

洛克菲勒是美国一位富翁和慈善家。年轻时候的他，总是忙忙碌碌，几乎很少有空闲的时间。所以，他总是将一个可以收缩的运动器，也就是一种手拉的弹簧带在身边。每当他空闲的时候，他就用手去拉扯，活动一下自己的筋骨。忙碌的时候，便把它放在随身的口袋里。

有一天，洛克菲勒去自己的一个分行做一些筹备工作。当他走进去的时候，因为他平时外出的机会少，那里的人都不认识他。行里的职员都在忙着自己手中的活儿，没有人理会他。这时候，一个神色傲慢的职员注意到了他，见他衣着随便，就随口问了句："你是什么人？来这儿有什么事吗？"洛克菲勒说："我有事要见你们经理。"这个职员冷笑了一下后，回答道："我们经理很忙，没有时间见你。"洛克菲勒便说："没关系的，我可以坐在这儿等他闲下来。"于是，洛克菲勒便坐在客厅里等候，无意之中，他看见墙上有一个钩子，洛克菲勒便把口袋里的运动器拿了出来，很起劲地拉着。不料，弹簧的声音再次引来了那个职员，那个职员走过来，恶狠狠地瞪着他，然后冲着洛克菲勒大声吼道："喂，你在干什么呀？你以为这里是什么地方啊？这里不是健身房，你赶快把东西收起来，否则就滚出去，听懂了吗？"

"哦，好的，我现在就收起来。"洛克菲勒和颜悦色地回答着，然后急忙把他的东西收了起来。过了一会儿，经理从办公室走了出来，一眼便看到了洛克菲勒，还很客气地请他进去坐。那个职员看经理对洛克菲勒毕恭毕敬，猜想肯定是个大人物。那个职员有点坐立不安了，心想：我在这里肯定是待不下去了，刚才我那样对待经理的朋友，如果他向经理告我的状，我肯定会被开除的。

可没想到的事，当洛克菲勒离开的时候，还客气地冲那位职员点了点头，而那位职员则是一副不知所措的样子。因为公司每周六都要召开会议，然后就要针对公司职员的工作状况进行裁员，他觉得自己肯定是被裁的对象。于是他怀着不安的心等待周末，但到了周末什么也没有发生。又过了一星期，再过一星期，也还是没有事发生。过了两个月之后，他忐忑不安的心才慢慢平静下来。

洛克菲勒在取得了富可敌国的财富之后，仍然衣着朴素，言语随和。而且，对于冒犯自己的小职员也没有任何怨恨，而是采取了宽容的态度。所以，他能够取得如此的成功，并且让自己的商业帝国屹立不倒。

所以，家长如果真的想让自己的孩子成功，那么就应该叫他们成为谦逊的君子，而不是成为势利的小人。因为，只有以君子为榜样的孩子，才能看透名利的虚幻本质，不被名利所束缚。

居里夫人是世界科学史上一位不朽的女科学家，是世界上第一个两度获得诺贝尔奖的人。她还发现了两种新的化学元素钋和镭，成为了放射性化学和物理的奠基人。居里夫人之所以能够取得这样的成绩，主要是因为她不追逐名利。爱因斯坦曾经对她有过这样的评价："在世界的所有著名人物中，玛丽·居里是唯一没有被盛名宠坏的人。"

1903年12月，居里夫人因为发现了镭而获得了诺贝尔物理文学奖，这件事情震动了整个世界，接着居里夫人就接到了无数的邀请、宴会和采访等。为了这些无聊的应酬，居里夫人忙得晕头转向，她觉得自己最近的生活好像完全被来自各界的敬意和拥有的荣誉破坏了。为了避开人们好奇的目光，她开始深居简出，家门只用来接待朋友，而她和她的丈夫依旧在一间破旧的房子里做试验。

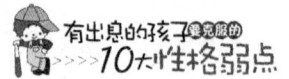
　　一向过着简朴生活的居里夫人，对于诺贝尔奖的巨额奖金根本没有那么在乎。她将大量奖金都赠送给了大学生、实验室的助手、贫困的朋友以及教师等等。她只是怀着一颗热爱科学事业的心，一门心思扑在了研究上，从没想过要用自己的研究成果谋利。

　　在居里夫人成功发明了镭之后，曾有人劝她向政府申请专利，通过垄断镭制造的方式获得巨额财产。居里夫人对此说"那是违背科学精神的，科学家的研究成果应该公开发表，别人要研制，不应受到任何限制，何况镭是对病人有好处的，我们不应借此来谋利"。

　　居里夫人即使得到了名利，也将这些名利置之度外，保持着谦虚朴素的作风。因为她知道名利背后大多隐藏着陷阱，如果掉进了这个陷阱就会让人无法自拔。

　　所以，明智的家长也应该让自己的孩子知道：每个人只要付出努力，都能够在自己的领域里有所成就，但是，每个人不论如何努力，他都永远无法在所有领域里成为核心。所以，一个渴望成功的孩子应该懂得正视自己的成就，既不会把自己看得太重，也不会把别人看得太轻。只有一个孩子懂得用谦虚的眼光去看待这个世界，那么，他的事业、家庭和友谊才能稳固和长久。

第三章

克服冷漠：
让孩子拿到成功的入场券

一个孩子的成就，主要不是决定于他学到了什么样的知识，而是取决于他认识谁，良好的人脉是很多成功的入场券。能够充满真诚与热情的孩子，等于从小就拿到了人生成功的入场券；而那些性格冷漠的孩子，恐怕要寂寞终老在自己的孤岛上了。其实，与别人相处，并不在于馈赠了多少礼物和金钱，而是在于我们付出了多少在意和用心。

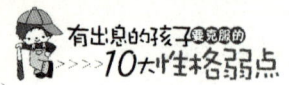

1. 沟通能力是孩子成功的入场券

一个人事业上的成功，只有15％是由于他的专业技术，另外的85％要依赖人际关系、处世技巧。软与硬是相对而言的。专业的技术是硬本领，善于处理人际关系的交际本领则是软本领。

——戴尔·卡耐基

斯坦福研究中心曾经发表一份调查报告，结论指出：一个人的财富，12.5％来自自己的知识储备，而87.5％来自他们身边的朋友。而一位成功学方面的权威也曾经说过，要想知道自己今天究竟值多少钱，就找出身边最要好的三个朋友，他们收入的平均值，就是我们应该获得的收入。

所以，对于性格冷漠的孩子来说，不愿与其他同学或者伙伴交往不仅仅影响到孩子的现状，更会影响孩子未来的成功。因为，在孩子未来的成长中，增加朋友的数量和质量是让他们的人生获得成功的更好办法。而单枪匹马地面对人生中的种种挑战，则会让孩子因为势单力薄而最终败下阵来。

比尔·盖茨的第一桶金，是在他20岁时所签到的第一份合约。而这份合约的另一方，正是当时全世界第一的电脑公司IBM。

那么，作为大学生的比尔·盖茨，不可能有太多的人脉资源，他是怎么钓到IBM这么大的"鲸鱼"的呢？其实，原因很简单，比尔·盖茨之所以可以签到这份合约，完全是因为他认识一个十分有力的中介人，这位中介人是IBM董事会的董事，同时，也是比尔·盖茨的母亲。所以，母亲介绍自己的儿子认识自己公司的董事长，并顺便拿下一个简单的合约，这不是再轻松不过的事情了吗？所以，奠定了比尔·盖茨一生事业的第一块基石，不是别人，正是他的母亲。

一棵小树苗要想长成参天大树，成为栋梁之材，必须要有粗壮厚实的根脉供给大地的营养，必须要有充足丰富的枝脉和纤细纵横的叶脉供给自然的空气、阳光和雨露。没有叶，没有枝，没有根，也就没有树。根脉、枝脉、叶脉的死亡最终导致了树的死亡。而栋梁之才的形成必须要有根深叶茂的支撑环境。

乔·吉拉德是销售界的一位传奇人物，他连续 12 年荣登世界吉斯尼记录大全中，世界销售第一的宝座。在乔吉拉德眼中，销售的关键在于人脉，而在一次关于人脉的演讲中，乔·吉拉德用自己的方式诠释了什么叫做人脉。

演讲开始前，在场的观众不断收到乔·吉拉德助理发的名片，名片上印着乔·吉拉德的名字和他的联系方式。在场的观众大约有两三千人，几乎每个人都收到了好几张名片。演讲开始之后，乔·吉拉德走上了舞台，亲切地与大家问好，并问道："你们手中都收到我的名片了吗？"台下的观众一起回答说："是的！"没想到，乔·吉拉德却说："但是，这还不够！"说着，他把自己的西装打开来，又撒出了三千多张名片。并对在场的观众说道："各位，这就是我成为世界第一推销员的秘诀！"

常言说"一人成木，二人成林，三人成森林"，一个只生活在自己的内心世界里，对别人、对外界没有好奇心的孩子，即使机会主动来敲门，也会被孩子的冷漠拒之门外。

所以，要想让自己的孩子做成大事，家长必须从小教会孩子去与人沟通。但是，对于性格冷漠的孩子来说，与别人成为朋友是一件十分有挑战性的事情。其实，不论孩子的性格如何，只要家长引导的方法得当，让孩子对生活和周围的人保持好奇心，多于陌生人沟通，那么，孩子就会在这个过程中养成与人交往的习惯，克服性格中的冷漠。

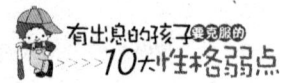

刘赫是一位成功的美籍华人,当谈到东西方文化差异时,他说道:"在许多的鸡尾酒会或婚宴场合上,西方人总是喜欢在出发前都会先填饱肚子,并提前到现场。因为他们绝不会放过任何一个认识更多陌生人的机会。而我们的同胞们这样的场合都有些害羞,不但会迟到,而且总是喜欢找自己认识的人交谈,甚至几个好朋友坐在一桌,让陌生人无法进入。因此,尽管许多机会就在他们的身边,但最终还是被浪费了。"

如果家长没有办法教会孩子克服冷漠,大方地与别人沟通,那么上帝对孩子失败的命运也只能袖手旁观。

在好莱坞,有一句很经典的话:一个人能否成功,不在于你知道什么,而是在于你认识谁。很多一文不名的演员,被星探或者导演发掘后,马上摇身一变成了大红大紫的超级巨星就是最好的例证。而作为一位明智的家长,首先要明白:沟通能力才是孩子通往财富、成功的入门票。因为,即使我们的孩子是一匹千里马,也要遇到自己的伯乐才能美梦成真。其次要让孩子在成长过程中克服天生的冷漠。这样,不论家长为孩子提供了一个怎样的起跑点,孩子一定可以快步地跑到成功的终点。

2. 教会孩子真诚地关心别人

想交朋友,就要先为别人做些事——那些需要花时间体力、体贴、奉献才能做到的事。

——戴尔·卡耐基

如果说,有什么事情是一个孩子必须牢记的,那就是,在这个世界上,最珍贵的不是无穷无尽的金银财宝,而是一颗愿意关心别人的善良之心。因为,再多的财富,如果只是用来满足一个人的私欲,那么与一堆冰冷的废铜烂铁无异；但是，一颗善良之心，却可以让整个世界充满爱和温暖，是一股真正强大的力量。

所以，懂得施予的孩子永远比只知道索取的孩子更快乐，而真诚地关心他人的孩子，永远比冷漠的孩子更容易成功。希望每一位家长都能让自己的孩子学会与别人分享自己的快乐，把握每一个帮助别人的机会。

这是一个发生在美国的真实故事。在一个风雨交加的夜晚，一间不算豪华的乡村旅馆，来了一对衣着朴素的老年夫妇。他们来到大厅，表示想要住宿一晚。

旅馆的夜班服务生是个和气的年轻人，他对这对老年夫妇说："十分抱歉，由于有一家公司要来这里开会，所以今天的房间已经被订满了。按照常理，我应该送二位到其他的旅馆，解决你们的住宿问题。但是，我实在不想看见你们再一次置身于风雨中，所以，如果你们不介意的话，可以在我的房间暂住一宿。它虽然不是豪华的套房，但还算干净整洁。而我因为需要值夜班，所以可以待在办公室休息。"

这位年轻人在提出这个建议时，脸上表现出十分诚恳的表情。于是，老夫妇也就十分大方地接受了他的建议，并且对服务生的好意表示感谢。

第二天，雨过天晴之后，老先生到前台去结账，结果发现前台服务的仍然是昨晚的那位服务生。当老先生问他房费是多少钱时，这位服务生则亲切地说："先生，您昨天所住的房间并不是饭店的客房，所以我们不能收您的钱。让您委屈一晚实在是不好意思，希望您与夫人睡得安稳就好。"

听了服务生的话，老先生点头称赞说："你是我见过的最贴心的人，是每个旅馆老板都梦寐以求的员工。如果你愿意的话，或许改天我可以盖一栋旅馆，然后请你来经营。"

服务生当然没有把老先生的话完全当真，但是还是感谢了老先生的好意。让他没有想到的是，几年之后，他收到一封改变他一生的挂号信，

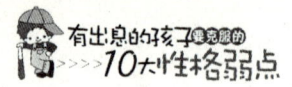
信中提到了那个风雨交加的夜晚，以及在小旅馆里所发生的事。另外，信里还附有一张邀请函和往返纽约的机票，并热情地邀请他到纽约一游。

这位服务生的心中已经猜到八九分，但是又不敢肯定。在抵达曼哈顿之后，服务生在第五街和第三十四街的交叉路口，遇到了当年那位来酒店投宿的老先生。而在老先生的身后，正矗立着一栋华丽的大楼。老先生对他说："记得我当年所说的话吗？这是我新盖的一家旅馆，希望你来为我经营。"

这时，服务生已经被自己眼前的豪华酒店惊呆了，结结巴巴地问道："可是，您为什么选择我呢？您到底是谁？"

老先生微笑着说："我叫做威廉·阿斯特，我请你来经营这家酒店没有任何的附加条件，只因为你若干年前的善良感动了我，我觉得你正是我梦寐以求的员工。"

后来，这家旅馆在服务生的经营下成了纽约最知名的华尔道夫饭店，它在1931年正式启用，很快就成了纽约极致尊荣的地位象征，各国高层政要造访纽约时下榻的首选。而当年的服务生叫做乔治·波特，他正是希尔顿饭店的首任总经理。

乔治·波特的故事让我们看到，真诚地关心别人，一定会得到丰厚的回报。与人分享自己的资源，不但不会让我们的资源减少，反而会无限扩大。不管是信息、金钱利益或工作机会，都是"舍得"的关系：只有舍，才能得；舍在前，得在后。

那些关心自己胜过他人的孩子很可怜，因为，每一个冷漠的孩子，都是一座孤岛，他们没有朋友可以"相濡以沫"，到了紧急关头，也没有朋友可以帮助他渡过难关。

伯顿是一位优秀的探险家，在他的探险生涯中，曾发生过一个让他终生难忘的故事。一次，他和朋友布莱克一起去沙漠探险，在回程的途中迷失了方向，两个人在荒芜的沙漠中漫无目的地走着。

这时的天气状况很差，干燥的风卷着沙粒，像刀子一样刮在他们的身上。如果他们不能尽快回到营地的话，即使不被饿死，也可能会被渴死。因为，由于天气太过炎热，两个人携带的水壶里已经只剩下一点点水了。对他们来说，如此疲惫的身体，一口水甚至比一份牛排、一个面包还重要。但是他们无论如何都不能轻易喝掉水壶里的水，因为谁也不知道还需要多久才能回到营地。这时，伯顿因为体力不支和饥渴昏倒了。

布莱克看着怀中倒下的同伴，感到死神正在慢慢逼近，于是流下了近乎绝望的泪水。突然，一个念头闪过他的脑海，他果断地拿出水壶，把壶里仅剩的水小心翼翼地喂给伯顿喝，然后背着他继续前进。一路上，他把仅剩的水一小口、一小口地灌进伯顿的嘴中。当伯顿醒来时，他却因疲惫和饥渴倒下了。

伯顿明白了布莱克为他所做的一切，他被布莱克的行为感动，也为他们之间的这份友情而感动。他义无反顾地背起布莱克继续前行。就这样，他们最终走回了营地，得到了帮助。

在茫茫的沙漠里，两个人中如果有一个人存在一点儿私心或者冷漠，不能患难与共，那么两个人都不可能活下来。而他们坚持下来的唯一原因，就是彼此的真诚和互相关心。伯顿和布莱克的人生是充实的，因为当岁月洗净尘埃，他们回忆自己的人生时可以说：曾经，我们之间有过一分真诚的情谊。

每一个人都需要别人的关心，不论是素不相识的路人，还是我们身边的亲友，当他们在生活中遇到困难或者遭遇各种不幸的时候，我们发自内心的关心，是他们生存下去的动力和能量的来源。这种真情是可贵的，也是无法用价值来衡量的。而那些冷漠的孩子，不懂得关心别人的孩子，他们的冷漠会大大伤害到其他人，当他们在自己未来的人生路上遭遇了重大的困难时，恐怕很难得到别人的关怀和帮助。

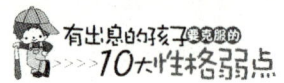
3. 让孩子的内心充满阳光

要使别人喜欢你，首先你得改变对人的态度，把精神放得
轻松一点，表情自然，笑容可掬，这样别人就会对你产生喜爱
的感觉了。

——戴尔·卡耐基

有些孩子似乎天生孤僻：在学校时，他们不愿与同学交往，总是安静而且冷淡；在生活中，他们羞于表达自己，沉默甚至不近人情。表面上看，这些孤僻的孩子沉默寡言、离群索居，但是事实上，他们也有自己丰富的内心世界，甚至比一般人更渴望被人感知和与人沟通。

那么，究竟什么可以把一个孩子的冷漠变为热情，让一个孩子冰冷的内心充满阳光呢？建议所有的家长教会孩子在内心里给别人留一道门，这样别人才能走进孩子的内心世界；同时在内心里给太阳开一扇窗，这样阳光照进孩子需要温暖的心灵。

当我们把自己封闭在自己的世界之中时，我们的身边总是一片黑暗。不论我们怎么努力去追求别人的理解，始终无济于事。只有我们给自己的心灵打开一扇窗的时候，外面的阳光才会照进我们的世界，让我们从此走出人生的冷漠。

所以，对于想要改变自己生活状态的孩子来说，改变其实很简单，同时也很困难。因为，冷漠的态度如果不改变，人生就会一直消极下去，而一旦改变了自己的心态，那么人生的阴霾也会马上烟消云散。正如牛顿定律所说明的道理：静止的物体如果不受外力的作用，就会一直保持静止。同样，运动的物体如果不受外力的作用，也会一直运动下去。

美国著名的脱口秀节目主持人拉里·金出生于纽约布鲁克林区，他的童年是苦涩的，十岁时父亲因心脏病去世。靠救济金长大成人后，在很长一段时间里，拉里对生活都失去了热情，他对这个灰色的世界充满了失望和冷漠。

然而，拉里凭借着自己的努力华丽变身，从一名电台管理员变成了主播。提起拉里第一次担任电台主播时的经历，他感慨万千，因为对生活缺少热情，他对自己的表现也非常不满意。那天是星期一，拉里走进电台，心情非常紧张，他不断地喝咖啡让自己镇定下来。

节目开始前，老板还特意前来为拉里加油打气。拉里先播放了一段音乐，就在音乐播完，准备开口说话时，他却怎么也开不了口，喉咙却像是被什么扼住似的，一点声音也发不出来。他连播了三段音乐，却仍然无法在麦克风面前说出一句话。

这时，老板突然走了进来，看着一脸沮丧的拉里说："你要知道，你可以试着跟听众沟通！"听了老板的提醒，拉里再次努力地靠近麦克风，小心翼翼地开始他的第一次广播："早安！伙计们，我一直梦想着要上电台，为此我已经练习了整整一个礼拜，刚刚我已经播放了这次广播的主题音乐，但现在的我却比想象中的要糟糕，我口干舌燥，感到非常紧张。"

拉里磕磕绊绊地终于说完了一段话，似乎也找回了一些信心。这是拉里职业生涯的开始，从此以后，他再也没有出现过类似的情况。对此，拉里总结的经验是："谈话时必须注入感情，从声音中透露出你的热情，这样人们才能够分享你最真实的感受。"

拉里在他的自传中一直在告诉人们一个道理，"投入你的感情，对生活保持热情。然后，你就会得到额外的回报"。这不仅是拉里的成功秘诀，也是对每个孩子克服冷漠最好的指引。

曾经有很多年轻的孩子向我抱怨说："为什么别人总是看我不顺眼？"

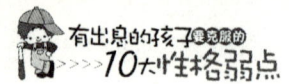
我告诉他们："那些不顺利的事情之所以发生在你身上，是因为在你的内心深处，存在着一种冷漠。"

他们往往会辩解说："冷漠又不是什么坏事，这是我个人的性格和爱好而已，也是与别人保持距离的方法。"我告诉他们："正是因为内心的冷漠，让你在大部分时候，只生活在自己的那片天地中。你厌倦与人沟通，用冷漠包围这自己。这样，在你遇到困难的时候，自然无法得到他人的帮助。因此，你总是被'霉运'临头的那一个。"

当他们问我应该怎么办时，我总是告诉他们：给自己的内心开一扇窗子吧，让生活的阳光可以招进来。那些内心充满阳光的人，像"冬天里的一把火"，总能够点燃沉寂的心灵，把一个陌生人快速地变成朋友，让生活中的一切困难彻底燃烧。

4. 每一个孩子都应该学会微笑与倾听

行为胜于言论，对人微笑就是向人表明："我喜欢你，你使我快乐，我喜欢见到你"。

——戴尔·卡耐基

在与人交往中，那些让人一见如故，交谈起来如沐春风的孩子往往掌握了两项技能，第一是微笑，第二是倾听。而学会了微笑与倾听的孩子，总是能够给人留下良好的印象，无论他们与什么样的人在一起，都会让热情洋溢在整个屋子里。

在一次交谈中，密歇根大学的心理学教授，詹姆斯·麦克奈尔说出了自己关于微笑的看法，他说：那些常常满面笑容的人，无论在管理、教育还是推销当中，都会更容易获得成功，更容易感染所有和他们接触的人。因为，笑容比愁眉苦脸能更友好地传达一个人内心的状态，这也正是为什么要鼓励用微笑取代惩罚的原因。所以，尝试在一段时间内对别人保持微笑吧，微笑往往会让我们得到了意想不到的收获。所以，在这里，也建议家长们鼓励自己的孩子保持自己的笑容，相信结果一定也会让你感到惊喜。

安东尼是镇上的一位兽医，由于医术高明并且为人亲切，他的诊所里总是挤满了前来给宠物看病的人。有一年冬天，他的兽医候诊室中像往常一样挤满了人，他们都带着自己准备注射疫苗的宠物。大家不约而同地保持着冷漠，每个人都沉默不语，烦躁地等着医术喊自己的名字。也许每个人都在想也许该干些什么，而不是呆坐在那儿浪费时间。

就在大家等待的时候，进来了一位女士，她带了一个婴儿和一只小猫。她坐在一位女士的旁边，而这位女生因为等待太久正一脸的不悦。幸运的是，当她朝旁边看时，发现女士怀里的那个婴儿正注视着她，并天真无邪地向她笑。

这位女士的反应和所有人一样，她对那个孩子也笑了笑，然后就跟那位母亲聊了起来，谈到了她的孩子和她的孙子。很快，整个候诊室的气氛开始变得活跃起来，大家也都相互聊天，之前令人心烦的等待也变得可爱起来。

婴儿的微笑改变了候诊室里冷漠的气氛，这就是微笑的魔力。在人与人之间的交际中，微笑是最富有感染力、放之四海皆准的人际交往的高招。曾经有一家大型百货商场的经理说："我宁愿高薪聘请一个没有文凭但脸上总是挂着可爱微笑的人做员工，也不愿请一个高学历但整天板着脸的博士。"

那么，除了微笑之外，克服冷漠还需要另一项非常重要的技能，那就是倾听。在与人交往时，最失败的做法莫过于不停地谈论自己。因为，这样做往往给人留下傲慢、冷漠的印象。上帝之所以给了我们一张嘴，

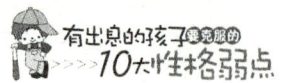
和两个耳朵，就是为了让我们多听少说。

从前有一个国王，治国有方。国家在他的统治下，国力强盛。一天，从远方的一个小国来了一个傲慢的使臣，他代表小国的国王进贡了三个金人，每个金人都是纯金打造，工艺精巧。大国国王看了使者的贡品非常高兴，问这位使者想要什么赏赐。不料这位使者却说，自己不要赏赐，只希望国王能够回答自己一个问题，就是这三个金人哪个最有价值。

国王被这个问题难住了，因为他用了许多的办法，始终无法得出答案。不论是重量、成色还是做工，这三个金人的价值都是一模一样。国王只好召集文武百官，让他们想想办法。文武百官分别尝试了各种办法，还是没法得出问题的答案。最后，有人推荐说，上一任宰相见多识广，虽然如今退休在家，但是，如果把他请回来，也许会有办法回答这个问题。

第二天，小国的使者傲慢地站在国王的大殿上，问道："不知国王能否回答我提出的问题。"国王说道："不要急，我马上让我的宰相给你答案。"说着，看了看一旁的老宰相。使者这才注意到，大殿上多了一个须发皆白的老人。只见这位老人胸有成足地拿着三根稻草，走到三个金人面前。他将第一根稻草插入第一个金人的耳朵里，结果稻草从金人的另一个耳朵掉出来了。他又将第二根稻草插入第二个金人的耳朵里，结果稻草从金人的嘴巴里掉出来了。最后，他将第三根稻草插入第三个金人的耳朵里，结果稻草掉进了金人的肚子，什么响动也没有。老宰相指着第三个金人对试着说："这个金人是最有价值的！"使者之前的傲慢马上消失了，站在一旁默默无语，肯定了老宰相的答案。

国王对宰相的方法十分不解，问宰相说："为什么第三个金人最有价值呢？"

宰相回答说："第一个人左耳朵听，右耳朵冒，根本无法听从别人的意见，所以毫无价值；第二个人口无遮拦，听什么就说什么，不但没有价值，而且容易惹祸上身；只有第三个人，懂得倾听的重要，听了之后守口如瓶，所以他是最有价值的人。"国王听后，深深被宰相的道理所折服，从此更加尊重这位已经退休的宰相了。

所以，懂得倾听的孩子才能成为最有价值的人。学会倾听也是克服冷漠、成功与人交流的重要一步。那么，究竟应该怎样倾听才能够获得良好的效果呢？虽然每个人都长着一对耳朵，但是很少有人懂得应该怎样去用它们。听与倾听的区别就在于：听是一个人本能的生理行为，只要耳朵没有问题的人都可以听；而倾听则是一个人的心理行为，要想学会倾听，必须要在内心关心和尊重对方。而真正地关心和尊重别人，并不需要太多的技巧，而是需要足够的诚意和充分的热情。

如果你的孩子是一个天生冷漠、不知如何与人交往的小家伙，那么，请多多鼓励他练习微笑与倾听；如果你的孩子在与人交往中遇到了一个冷漠的同伴，那么，你可以鼓励自己的孩子试试真诚的微笑与耐心的倾听，相信结果一定会让所有人满意。总之，微笑与倾听是每一个孩子在与人交往时最重要的两项技能，只要熟练掌握，就可以将别人心中那个冷漠的印象变成一个真诚而热情的孩子。

5. 教会孩子与别人交谈

绝不要随便批评人家，评判人家，嘲笑人家。若你有闲谈的天性，那么最好去做一个作家、小说家、戏剧家，把你要谈的话告诉全世界，这样，你便可以从闲谈的负面转到它的正面上来。

——戴尔·卡耐基

我曾经跟我的孩子一起去海边钓鱼，当他问我怎样才可以钓到大鱼

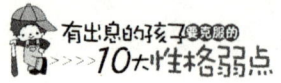

时，我告诉他：要想钓到大鱼，那么你就需要像鱼儿那样思考。即使你再喜欢吃苹果、三明治，也不能用这些东西去钓鱼，因为鱼不喜欢吃这些东西。

其实，与人交谈的时候也是同样的道理：冷漠的孩子往往只谈论自己感兴趣或者擅长的话题，让别人听起来味同嚼蜡，无法参与，事后，他们还觉得是对方不近人情，无法沟通；而一个懂得交际的孩子一定懂得在谈话时迎合别人的兴趣，从对方的言谈中捕捉到重要的信息，这样不但避免了无话可说的尴尬，更可以在短时间内拉近彼此的距离，让对方感觉到自己受到了重视和尊重。

耶鲁大学的教授威廉·菲尔普斯小时候十分喜欢帆船，甚至到了痴迷的程度。一次，他到自己姨妈家过周末，遇到了一位中年人。小菲尔普斯并不认识这个人，但是这位客人在跟姨妈寒暄过后，就主动和菲尔普斯聊了起来。那时的菲尔普斯只生活在帆船的世界里，很少同陌生人交流。但是，这位中年人却让小菲尔普斯一改往日的羞涩，竟然同陌生人滔滔不绝地交谈起来。原来，在交谈中，小菲尔普斯觉得这位中年人似乎对帆船也十分喜爱，所以两个人一直以帆船为话题，很快就成了忘年交。

当小菲尔普斯依依不舍地送走自己的新朋友之后，他对姨妈说："真希望能够快点再见到他，他和我一样，如此地热爱帆船。"

姨妈笑着对菲尔普斯说："其实，他是一位纽约的律师，而且，对帆船并不是十分感兴趣。"

菲尔普斯大惑不解，问道："怎么可能呢？他一直都在跟我谈论帆船呢。"

姨妈摸着他的头说道："那是因为他是一位十分绅士的先生。当他觉得你对帆船感兴趣时，就会谈一些使你高兴的事。"

菲尔普斯恍然大悟，后来他一直记得那位懂得交流的绅士，慢慢自己也成为了应酬达人。

在交谈中，话题的选择决定了交谈的结果。因为，我们不但能够从选择话题中看出一个孩子品位的高低，更可以通过选择合适的话题，创造良好的交谈氛围，快速拉近彼此的感情。

当然，选择对方感兴趣的话题时一定要巧妙，不能让对方感觉你在故意恭维，所以，在进行交谈之前，先做一做功课。每个人都有自己感兴趣的东西，比如有的人喜欢体育运动，有的人喜欢谈论军事，有的人对书法绘画感兴趣。聪明的孩子在与人交谈的过程中，懂得迎合别人的兴趣，愿意了解对方所表达出来的他认为感兴趣的话题。如果能做到这样，那么你一定能够克服冷漠，成为一个受欢迎的孩子。

温妮是一家广告公司总裁的公关助理，奉命聘请一位有名望的园林设计师为一个大型园林项目做设计顾问。但这位设计师已退休在家，并且此人性情清高孤傲，一般人很难请得动。

为了完成公司的任务，温妮认为，首先自己要博得老设计师的欢心，于是她对此做了一番调查。通过调查温妮了解到，老设计师平时喜欢画画，便花了几天时间读了几本关于美术方面的书籍。这天，她来到老设计师家中，当她说明自己的来意后，情况跟预料的一样：老设计师的态度很冷淡。

温妮见状，就装作不经意样子，欣赏起老设计师的工作室来。她发现老设计师的画案上放着一幅刚画完的国画，便边欣赏边赞叹道："老先生的这幅丹青，景象新奇，意境宏深，真是佳作啊！"这番夸奖使老先生升腾起一股愉悦感和自豪感。

接着，温妮又说："老先生，你的作品风格跟清代的山水画家的风格很像啊！"老设计师来了兴致，他热情地给温妮介绍起自己画画的感受来。果然，经过一番聊天，老设计师的态度发生了180度的转变，话也多了起来。温妮便趁机提出了自己的请求。

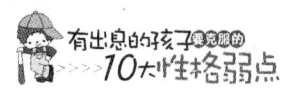
最后，因为老设计师对温妮的表现很满意，便答应了担任公司设计顾问的要求。

在这个世界上，每个人都有在寻找一种叫做"尊重"的东西。所以，要想得到对方的认可，就要先认可对方。温妮之所以能请到那位固执的老先生，是因为她懂得，从对方的兴趣说起，这样一来就能克服冷漠，拉近互相之间的距离。

在与人沟通的时候，你是滔滔不绝地讲自己感兴趣的事情，还是认真地听对方说话，说一些对方感兴趣的事情呢？聪明的孩子当然会选择后者。因为，当谈话陷入僵局，对方的脸上表示出不耐烦的时候，如果继续谈论下去，不仅会影响自己的形象，而且会造成尴尬和冷漠。这时最好的办法就是，暂时将自己的想法搁置起来，换个话题，分散对方的注意力，谈一些对方喜欢的事情，等到合适的机会再言归正传。这样，不仅能够打破尴尬和冷漠，而且往往会出现"柳暗花明又一村"的局面。

6. 懂得赞扬别人的孩子更出色

我个人认为，重要的是交朋友的能力，归根结底，其实也就是欣赏别人优点的能力。

——戴尔·卡耐基

每一个人都渴望得到赏识和认同，而且会想尽办法去得到它。而聪明的孩子懂得赞同别人的想法和愿望。用这样的方式开始，就好像牙医用麻醉剂一样，哪怕病人要受钻牙之苦，但麻醉剂却能让他的痛苦消散。所以，如果你的孩子想要改变或者指正别人的错误，那么家长应该告诉他：用赞同的方式，更容易达到目的，而且可以免于得罪他人。

卡耐基的一个学员曾经对他说，他在学习班里学到的最有价值的东西就是学会了赞同别人的想法和愿望。这个学员在费城的华克建筑公司工作，他们公司在不久前承包了费城一个庞大的办公大厦的建筑工程，预定于一个特别的日子之前竣工。一切都照原定计划进行得很顺利，大厦接近完工阶段，突然，负责供应大厦内部装饰的铜器承包商宣称，他无法如期交货。

这件事情对于这位学员来说可谓是晴天霹雳，因为，如果铜器承包商无法按时交货，那么整幢大厦的工期都将被耽搁。随之而来的将是巨额的罚金和重大的损失，而这一切，全因为那位不愿按时交货的铜器商一个人。华克建筑公司尝试了长途电话、争执、不愉快的会谈，可惜这一切全都没效果。于是他们派出了这位学员去解决这个难题。

"你知道吗？在布鲁克林区，有你这个姓氏的，只有你一个人。"这是那位学员走进那家公司董事长的办公室之后说的第一句话。

董事长显然很惊呀，他回答说："不，我并不知道。"

"是这样的，"学员接着说，"今天早上下了火车之后，我就查阅电话簿找你的地址，发现在布鲁克林的电话簿上，有你这个姓的，只有你一人。"

"我一直不知道，"董事长一边说一边很有兴趣地拿过电话簿查阅，"我的家族从荷兰移居纽约，几乎有两百年了。"

接下来一连十几分钟，这位董事长都在说他的家族及祖先。当他说完之后，这位学员就开始恭维他的工厂，说他以前也拜访过许多同一性质的工厂，但跟这家工厂比起来实力就差得太多了。

"我花了一生的心血建立这个事业，"董事长说，"我对它感到十分骄傲。你愿不愿意到工厂各处去参观一下？"

在这段参观活动中，学员继续表达着自己赞赏和钦佩之情。这位董事长则告诉他，许多机器都是他自己发明的，并详细地说明那些机器如

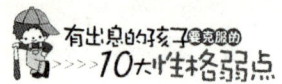

何操作，以及它们的工作效率多么良好。最后，这位懂事长坚持请学员吃中饭。到这时为止，学员除了赞同之外，一句话也没有提到此次访问的真正目的。

吃完中饭后，董事长说："现在，我们谈谈正事吧。自然，我知道你这次来的目的。我没有想到我们的相会竟是如此愉快。你可以带着我的保证回到费城去，我保证你们所有的材料都将如期运到，即使其他的生意都会因此延误也不在乎。"

在经历了这一切之后，这位学员自己都不敢相信自己所取得的成功，所以我们每一个人都应该用赞同来代替批评，当批评减少而多多鼓励和夸奖时，人所做的好事会增加，而比较不好的事会受忽视而萎缩。

显然，这位学员已经学到了赞扬别人的精髓，而赞扬的效果不仅可以把不可能的事情变成可能，更能够让不自信的人变得自信。卡耐基的一个朋友的故事也很好地证明了这一点。

不久以前，我有一位四十多岁的朋友终于准备走入婚姻的殿堂，而他的未婚妻希望与他一起去学一些舞蹈课程。他告诉我学习的过程时说："上帝知道，我天生不是跳舞的材料。因为我跳起舞来还是像二十年前我那样笨拙。我们所请的第一位教师，说我的步子全都不对，我一定要将一切忘掉，重新开始。也许她告诉我的是真话，可是她的话让我感到沮丧。我没有动力继续，所以我们最后辞退了她。"

于是我问他是否放弃了学习跳舞的想法，我的朋友说："不是的。我们又请了第二位老师。或许她讲的话并不完全属实，但我们还是喜欢她。因为她总是微笑着说，我的舞姿或许有点古板，但我的基本功还是不错的，并且她使我确信我不必花费太多时间就可学得几种新的舞步。与第一位老师完全相反的是，她不断地称赞我做得对的事，减少我的错误。'你有天生的韵律感觉，'她肯定地对我说，'你简直是天生的一位跳舞专家。'于是，我也开始时常告诉自己，我可以自信地跳舞，哪怕只是一个四等的舞者。正是第二位老师的话鼓励了我，给了我希望，让我不断进步！"

　　如果你的孩子喜欢说自己的同学或者朋友显得很笨拙，很没有天分，那么作为一个希望孩子有出息的家长，你需要马上纠正孩子的这个习惯。因为，这等于毁了别人所有的上进心，同时因为冷漠而得罪了身边的朋友。每一个孩子都应该学会真诚地赞扬他人，让对方明白，我们对他做这件事的能力有绝对的信心，他的才能还没有完全发挥出来。这样，对方不仅能够实现自我超越，而且会成为孩子的挚友。

　　希望每一个冷漠的孩子都能够明白，每个人都是世界上独立的个体，性别有男女之分，年龄有长幼之别，从事的工作各不相同，内心的性格更是千差万别。而且，每个人都为自己的独特而感到自豪，所以，不仅要学会赞美，更应该让自己的赞美因人而异。比如男人喜欢别人称赞自己的胸襟和男子气概，女人喜欢别人赞美自己的品味和柔美风情；老年人希望别人记得自己当年的成就，年轻人希望别人看好他们今后的前途；商人最骄傲的是自己积累的财富，管理者最骄傲的是自己掌控着大局。所以，只有因人而异的赞扬，才能真正打动别人的内心。而学习赞扬的技巧并不是让孩子圆滑世故，曲意逢迎，而是让冷漠的孩子迅速融入这个世界，成功地赢得别人的友谊。

7. 让孩子学会多替他人着想

你要别人怎么对待你，你就先怎样对待别人。

——戴尔·卡耐基

冷漠的孩子总是喜欢从自己的立场出发，很少考虑别人的处境与感

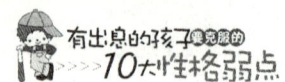

受。于是，他们经常喜欢责怪和批评别人，抱怨这个世界。作为家长，应该让自己的孩子明白，尝试着去了解他人比批评更有益处，多替他人着想也比抱怨更有意义得多。如果孩子能从别人的角度去多想想，那么他就会很容易找到妥善处理问题的方法。因为这样的孩子已经不再冷漠，与别人的思想完全融合了，而且孕育了自己内心的同情、容忍，以及仁慈。

有一天，爱默生和他的儿子要把一只小牛赶入牛棚。但他们犯了一个一般人常犯的错误：只是冷漠地想到了自己所要的结果，而没有替他人着想。面对不肯配合的小牛，爱默生在后面推，他儿子在前面拉。而那只小牛也在拼命拒绝，它四蹄蹬紧了地面，顽固地不肯向前一步。

这时，旁边有一位爱尔兰女仆看到了他们的困境，于是她把自己的拇指放入了小牛的口中，让小牛吮着手指，同时轻轻地把它引入牛棚。

享利·福特曾经说过："如果成功有任何秘诀的话，那就是了解对方的观点，并且从他的角度和你的角度来看事情的那种才能。"这段话并无深奥难懂之处，任何人第一眼就能看出其中的道理。但是，世界上有百分之九十的孩子在百分之九十的时间里，忘记了其中的道理。结果对别人进行了正确而直接的批评，却不知道批评本身并没有错，但是聪明的孩子应该懂得在改变对方之前，先从对方的立场出发，多替他人着想。因为，即使别人是错误的，他们自己也不会这么认为。

巴西足球运动员贝利被人们称为"黑珍珠"，是公认的世界球王。和其他的巴西少年一样，贝利从小酷爱足球运动，并在很小的时候就显示出超人的足球天赋。

有一次，刚刚参加完足球赛，小贝利身心俱疲，累得喘不过气来。休息时，小伙伴们掏出了香烟，享受着赛后的轻松。小贝利也接过了伙伴递过来的一支烟，得意地吸起来。他嘴里吐出一缕缕烟雾，似乎疲劳也随烟雾一起烟消云散了。

　　在一旁给儿子加油的父亲看到了这一切，但是他并没有当时就给贝利难堪。等到晚上，他把贝利交到自己的书房，问道："贝利，你今天在球场上抽烟了？"

　　小贝利想起了白天的事情，意识到了自己的错误，红着脸说道："是的，我抽烟了。"

　　父亲看着准备接受训斥的儿子，并没有发火，而是平静地说："孩子，你现在踢球很有天赋，我相信你将来一定会有出息的。但是，抽烟会损坏你的身体，使你在比赛时发挥不出应有的水平，最终你也就失去自己的天赋了。"

　　听了父亲的话，小贝利深深低着自己的头，不敢跟父亲有目光的接触。只听见父亲更加语重心长地说："作为父亲，我有责任教育你向好的方面努力，也有责任制止你的不良行为。但是，我也要尊重你的选择。是向好的方向努力，还是向坏的方向滑去，完全由你自己来决定吧。"

　　小贝利的眼圈已经红了，嗓子哽咽着，说不出话来。这时，父亲接着说道："孩子，你已经懂事了。你觉得抽烟对你来说重要呢，还是做个有出息的运动员对你来说更重要呢？这一切都让你自己来选择吧！"

　　说着，父亲递给贝利一叠钞票，并告诉他，如果他想要抽烟的话，可以用这些钱去买烟抽。之后，父亲便离开了书房。

　　小贝利望着父亲远去的背影，泪水夺眶而出。最后，他拿起桌上的钞票还给了父亲，并坚决地说："爸爸，我再也不抽烟了，我一定要当个有出息的运动员。"

　　从此以后，贝利一心要做一名有出息的运动员，把全部精力都用在足球上，技术飞速提高。15岁时，他参加桑托斯职业足球队；16岁时，他进入巴西国家队，并成为世界足球史上的一个神话。在贝利的一生中，虽然收获了足够的名誉与财富，但他再也没有抽过一根烟，因为他牢牢记住了父亲的教诲。

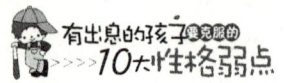

贝利的父亲在批评自己的儿子时，晓之以理，动之以情，最终才有了日后的世界球王。如果他直接用父亲的威严来责骂自己的儿子，那么相信结果一定不会让他满意，而贝利心中也会怨恨自己的父亲过于冷漠。所以，聪明的孩子在与别人接触时，会尝试着去了解对方的想法，从对方的立场出发去思考问题。这样也会让他变成一个明智、包容、杰出的孩子，并为自己的未来赢得美好的前景。

卡洛儿住在密西西比州一个僻静的小镇上，她是一个性格开朗、事事替别人着想的孩子。这天，她送好友蜜儿去密西西比机场。一大早，两个孩子就收拾好了行李准备出发。她们很吃力地把行李箱从卡洛儿的住处抬下来之后，两人已经累得气喘吁吁了。

由于小镇比较偏僻，所以出租车比较少。两个孩子在也不太着急，悠闲地等车，因为时间完全充足。没过一会儿，来了辆出租车。卡洛儿急忙站起来，站在马路边挥手示意。车子驶近后，卡洛儿才看见车里已经坐着一位乘客了。她抱歉地朝车里笑了笑。

出租车驶过，卡洛儿和蜜儿相视而笑，她们决定等下一辆。可奇怪的是，刚才那辆出租车却停了下来，车里下来一位老者，她站在路边。出租车调头向卡洛儿和蜜儿开过来。"我们运气真好啊。"

两个女孩把行李放进出租车的后备箱，"去机场！"卡洛儿心情很好，当然，她不忘向对司机道谢。"你们要谢的人不是我，是刚才下车的那位老人。"司机说。"他看到你们拿这么多行李，猜想你们可能比较赶时间，所以决定让你们先走。"司机的话让卡洛儿和蜜儿大吃一惊。她们不忍心丢下老者，于是请司机把车开回她们等车的地方，可老者已经离开，留下空荡荡的站牌。

每当读到这个故事，我们都会被其中的温情所感动。无论那两个可爱的孩子，还是那位学充满慈祥的老者，他们都是为别人思考的人，在他们身上散发着人类最崇高的美德：慈悲和仁爱。

也希望每个孩子都不要再把自己局限在只有自己的冷漠世界里，学会了解和尊重别人的想法，试着去找出一把了解别人行为和个性的钥匙，真诚地、设身处地地站在对方的立场上看事情。这样换个角度去体谅别人，不仅改善自己的心情，更可以很轻易地成就你人生中的一个个梦想。所以，对于那些希望自己的孩子有出息，希望他们改变和影响他人的家长，请牢记：有出息的孩子会试着去了解对方的观点，更多地从别人的角度来思考事情。

8. 教会孩子关心别人

凡不关心别人的人，必会在有生之年遭受重大的困难，并且大大地伤害到其他人。也就是这种人导致了人类的种种错误。

——戴尔·卡耐基

研究表明，那些从小受到父母宠爱的孩子往往衣来伸手，饭来张口，慢慢就忘记了怎样去关心别人，尊重别人的需求。其实，每一个冷漠的孩子都不是天生的，而是由于家长不懂得从小培养孩子的良好性格，而是一味地娇宠孩子，这样做看上去像是在爱孩子，其实恰恰断送了孩子的未来。而一个从小就被教育要去关心别人的孩子，无论他未来从事什么样的职业，都能够得到大量的朋友，并在朋友的帮助下取得非凡的成绩。

在英国伦敦，有一家知名的酒吧，酒吧的老板是一位年近古稀的老人，他相貌平平，却十分和蔼可亲。被誉为"政坛铁娘子"的撒切尔夫人曾说："如果没有马克的酒吧，伦敦就会变得俗气"。

撒切尔夫人所说的马克，就是马克·伯里，伦敦那家酒吧的主人。

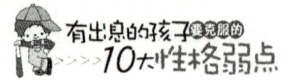
那么，究竟是什么让他能够拥有如此的魅力呢？秘密就在于他的亲和。他从来没有让自己的年龄封闭了自己的内心，在他的心里，根本不在乎年龄的存在。这不仅使他成为老年人的榜样，更成为了年轻人的朋友。他说：年轻根本与年龄无关，而是一种轻松愉快的生活态度。所以，他的酒吧也处处充满着年轻、时尚和亲和的特色。

在管理酒吧时，马克·伯里总去关心酒吧里的每一个人，无论是工作上还是生活上，他总是能够理解别人的想法，自己也具有一种与年龄不相符的青春和活力。正是他的这种亲和力，填平了他与一代又一代人之间的代沟，与他一起工作的年轻人也愿为他工作，整个酒吧也在他的带领下成为了一个整体。

马克·伯里的成功告诉我们，无论是相貌还是出身，都不会成为孩子成功的障碍，因为懂得关心别人的孩子会在别人的帮助下得到一切。所以，家长首先应该教会孩子的，不是怎样去享受生活，而是怎样去理解别人；最应该让孩子记住的，不是怎样去保全自己，而是怎样去帮助他人。

在瑞典的一个小渔村里，曾经有位勇敢的少年用自己的实际行动，让全世界的人们懂得了什么是关心他人的力量。

事情发生在一个漆黑的夜晚，海上有一只渔船被巨浪打翻了，船员的性命危在旦夕。他们发出的求救信号正好被救援队的队长听见，这位队长急忙召集救援员，立即乘着救援艇去营救那些落水的船员。当时，村民们都站在海边为那些救援人员祈祷，每个人都举着一盏提灯，为的是能够为救援人员照亮回家的路。

大约一个小时过后，救援艇已经向岸边驶近，村民发出了欢呼声。当他们筋疲力尽地跑到海滩时，却听见队长说："因为救援艇的容量有限，不能将全部的人员救上来，无奈中只能留下一个人。"原本还很兴奋的村民，听见还有人没被营救上来，又变得十分安静，心中依旧有一种不安的情绪。

此刻，来不及停下休息的队长决定再次组织救援队，前去搭救那个最后留下来的人。15岁的查尔立即上前报名，这时，一旁的母亲听到后，急忙抓住了查尔的手，阻止他说："查尔，你不要去啊。五年前，你的父亲就是死于海难。而不久前，你的哥哥乔治出海，现在还没有一点音讯！孩子，只有你是我的依靠了，千万不要去！"

看着自己的母亲，查尔鼻子有些发酸，却仍然坚定地对母亲说："妈妈，我必须得去，如果每个人都像我一样说'我不能去，还是让别人去吧'，那会出现什么样的情况呢？妈妈，这是我必须得做的，您就让我去吧，只要还有人需要帮助，我们就必须尽自己最大的努力去帮助他。"

查尔紧紧地抱了一下母亲，然后就毅然地登上了救援艇，和其他救援队员一起消失在了无边无际的夜色中。还不到一个小时的时间，对这位忧心忡忡的母亲来说，就像过了一年，仿佛忍受着无尽的煎熬似的。

这时，救援艇冲破了浓浓的云雾，终于出现在人们的面前，查尔就站在船头，向着岸边的方向眺望，岸边的人不断地呼喊着："查尔，你们找到那个留下来的那个人了吗？"远远地，查尔就兴奋地向岸边的人挥手，大声喊道："我们找到他了，他就是我的哥哥乔治啊！"

查尔虽然只有15岁，但是他已经具有了关心他人和奉献他人的精神。这个孩子之所以能够深深地触动我们的心灵，是因为我们透过的他举动看到了他身上那种人性的光辉。结果，他不但没有因为关心别人而损失什么，而且还救回了自己遇难的哥哥，这就是关心别人的力量。

然而，往往有些家长并不懂得要教会孩子去关心别人，甚至有些家长从小就教育孩子不要被别人占了便宜。其实，在这个世界上，每个孩子都不会被别人占了便宜，因为懂得付出的人总是能够收获更多。而对自己的利益总是斤斤计较，精打细算，对与自己无关的事情总是视而不见，躲在一旁，这样的人才会遭受到严重的损失。所以，在孩子的人生

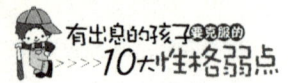
中，家长应该教会孩子重要的一课：全心全意地去关心他人而不求回报，最终也必将得到意想不到的收获。

9. 鼓励孩子与别人交朋友

只要真正对人感兴趣，两个月内，你就会交到很多朋友，绝对比你两年内想吸引别人注意所交到的朋友更多。换句话说，交朋友的另一个方法是自己先成为别人的朋友。

——戴尔·卡耐基

由于现在的孩子大多是独生子女，再加上信息技术的发达，所以孩子们越来越很少直接与别人交往，也越来越不懂得应该怎样去交朋友。于是，一种叫做"社交恐惧"的心理疾病在孩子中间广泛传播，让每个孩子都变得越来越冷漠。

根据心理学家调查显示，"社交恐惧"是一种不健康的心理状态，它与孩子童年时期的某种行为印痕有直接的关系。而这种心理状态往往会妨碍孩子的正常人际交往，对孩子的人生也会产生不利影响。所以，对于性格冷漠的孩子来说，家长需要帮助孩子克服内心的"社交恐惧"，让他们学会与别人成为真正的朋友。

美国洛杉矶的一座广场上，常常能见到一位白发老妇整日在广场闲逛。有人认为她是在散步，有人认为她是位无家可归的老人。直到有一天，报纸上登出了这位老人的事情，人们才知道，原来她是在熙熙攘攘的人群中搜寻需要帮助的无助者。

见到独自一人的小朋友，她就上前问一句："小朋友，是不是迷路了？需要我帮忙吗？"见到愁云惨淡的女孩，她会上前询问："孩子，发生了什么让你难过的事吗？说出来吧，或许我能帮助你。"这位白发老妇救助过因企图自杀的青年男女，帮助过离家出走的学生，而这些孩子也最终成为了这位老人的朋友，他们之间建立了深厚的友谊。

在这位老人的影响下，洛杉矶自发地成立了一个救助组织，他们的口号是"多和陌生人说话"。之后，越来越多的人加入了这个组织。

老妇人敢于开口的精神感动了所有的美国人，因为，在今天这个冷漠的社会氛围中，热情地帮助别人，不仅要克服自己内心的冷漠，还要面对他人质疑的眼神。那些不敢在大众面前开口的年轻人应该学习这位热情的老妇人，不必太在乎别人怀疑的眼神。所以，聪明的家长也可以想象得到，当一个孩子能够勇敢地与身边的陌生人交谈，并自然地为他人提供帮助的时候，这个孩子会是多么杰出与非凡。

在越南战争期间，一架美军的飞机对一家孤儿院投放了炸弹。院里的几个孩子和工作人员被炸死了，还有几个孩子受了伤。其中，伤势最严重的是一个小女孩，她在被炸后失血过多，生命垂危。

没过多久，一个医疗小组赶到了这里。由于小女孩失血过多，急需输血。但是医生随身带来的血浆又不够，所以小女孩的情况十分危险。为了尽快救治这个小女孩，医生决定就地取材，她给现场的所有人都验了血，终于发现有几个孩子的血型和这个小女孩是一样的。可是问题又出现了，那个医生和护士都只会讲一点点越南语和英语，而在孤儿院的工作人员和孩子们只听得懂越南语。

于是，女医生用自己蹩脚的越南语，艰难地对孩子们解释："你们的朋友受了很重的伤，需要你们输血她才能活下去。"孩子们点了点头，好像已经听懂了，但每个人眼里都带有一丝恐惧。孩子们没有吭声，也没有人举起手表示自己愿意献血。女医生一时愣住了，为什么没人愿意为自己的朋友献血呢？难道是他们没有听懂医生的意思吗？

过了一会儿，一个小男孩怯生生地举起了自己的小手，刚举到一半

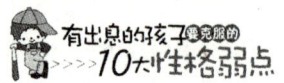
他又放下，可是过了一会儿他又举了起来。医生非常高兴，马上把那个小孩带到了临时的手术室，开始为他抽血。

男孩僵直地躺在床上，看着针管慢慢地插入自己细小的胳膊，看着自己的血液一点点被抽走，眼泪止不住地顺着脸颊流下来。医生紧张地问是不是针管弄疼了他，他摇了摇头，但是眼泪还是没有止住。

关键时候，一个越南护士赶到了孤儿院。女医生把情况告诉了越南护士。越南护士忙低下身子和床上的孩子交谈了一下，不久后，孩子竟破涕为笑。原来，那些孩子都误解了女医生的话，以为她要抽一个人的血去救那个小女孩。一想到自己不久以后就要死了，所以小男孩才哭了出来！医生终于明白刚才为什么不会有人愿意献血了。"既然以为献过血后就要死了为什么他还愿意出来献血呢？"医生问越南护士。于是，越南护士用越南语问了小男孩。男孩不假思索地回答："因为她是我们的朋友。"只有简单的几个字，却感动了在场的所有人。

故事中的这个小男孩，为了朋友愿意牺牲自己生命的行为，实在令人感动。他让每一个具有"社交恐惧"的孩子明白了，与别人称为朋友并不需要什么特别的技巧和勇气，只需要能够克服自己内心的冷漠，愿意帮助身处困境的朋友，甚至愿意为朋友付出自己最宝贵的生命，这就是客服内心冷漠、与别人成为朋友的捷径。

在人的一生的情感当中，友情比亲情和爱都要平淡得多，但是也更为博大得多。因为，只有朋友与我们没有任何血缘关系。但是在孩子遇到困难的时候，朋友往往愿意倾尽全力，这是多么让人感动的事情。这就是每个家长要告诉孩子的交友秘诀：用心去关心身边的每一个朋友，必要时为他们做出牺牲。

10. 让孩子学会感受爱

如果你把自己的思想隐藏起来，却想去了解对方的一切，那是办不到的。

——戴尔·卡耐基

无论是富商巨贾还是升斗小民，让孩子学会去感受身边的爱，都是一件重要而又艰难的事情。之所以说这件事重要，是因为成功的家长需要一个心中充满爱的继承人，唯有如此，他们才有力量在父辈创造的事业上走得更远；而平凡的家长需要让自己的孩子心中充满爱意，这样，孩子才知道什么是人生中的真正财富。之所以说这件事艰巨，是因为富贵之家的孩子往往因为物质生活的优越而受到娇宠，不懂得心灵的交流，而贫苦人家的孩子因为从小为生计担心，容易养成物质第一的心态。

所以，让孩子去感受身边的爱，教会孩子对这个世界充满爱，是他们身上艰巨的任务。因为，爱是一种无声的力量，是人与人之间一座和谐的桥梁，也是照进孩子心里的一束温暖阳光。只有有爱的世界，才有温暖；只有懂得爱的孩子，才能有出息。

周末的下午，一位年轻的富翁在拥挤的车流中排队，车子在缓缓前行，他开始有一点不耐烦了。当他等红灯的时候，一个衣衫褴褛的小女孩走了过来，轻轻地敲了敲他的车窗后，问："先生，请问您要不要买花？"富翁本来已经够烦了，他刚要破口大骂，但是当他透过车窗看到她只是一个衣衫褴褛的小女孩时，强忍住了心中的怒火，随手递出去五块钱，想尽快打发她走。这时候，绿灯亮了，后面的人开

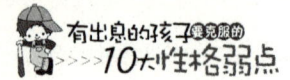
始猛按喇叭，催促他前行。可是，那个小女孩还一个劲地问："先生，请问您喜欢什么颜色的花呢？"富翁这下控制不住了，他非常粗暴地对着小女孩吼道："什么颜色的都可以，现在我只要你快一点就行了！"小女孩听完，很快从一大束花中选了一束递过来，并且十分有礼貌地说："谢谢您，先生。"

当富翁把车开出一小段路后，他有些良心不安了：那个小女孩已经够可怜的了，可我还那样粗暴地冲她吼。再说了，她还只是个孩子，刚才我那样无礼地对她，她对我还是那么有礼貌……富翁越想越觉得过意不去。于是，他就把车停靠到路边，下车去追那个小女孩。当小女孩看见富翁时，开心极了，一个劲地问："先生，刚才我为你挑选的那束花，你喜欢吗？"富翁点了点头，还为他刚才的无礼行为向她道了歉。小女孩摇摇头说："我都已经忘记了，我只记得你买过我的花。"富翁听完，更加觉得羞愧不已，于是又掏出五块钱，让小女孩自己选一束花，送给自己最喜欢的人。小女孩很开心地点了点头，感谢过后就接过了钞票，然后微笑着跑开了。

可是，当那个富翁再回去发动汽车时，却发现车子出了故障，动不了了。一通忙乱之后，他只好决定步行去找拖车帮忙。就在这时候，一辆拖车戛然停在了他的车前。富翁惊喜万分，觉得自己好生幸运。拖车司机微笑着向他走过来，还告诉他说："先生，您需要帮忙吗？刚才有个小女孩给我十块钱，请我过来看看。对了，他还写了一张纸条，让我转交给你。"

富翁接过纸条打开一看，只见上面工工整整地写着一句话："这代表一束花。"

故事中的小女孩虽然只是一个衣衫褴褛的卖花女，但是她却因为拥有一颗超越财富的爱心，所以，她的生活必定充满阳光。而每一个孩子都生活在几十亿的大家庭中，在这个家庭中每个人都不是独立的，都需要互相关爱，没有人能够脱离群体，独自生活。所以，为了孩子将来能够有更好的生活，家长应该教会孩子去付出和感受身边的爱。让孩子懂得：不论贫穷还是富裕，有爱的人生才是幸福的人生。

在一个寒冷的冬日，一对老年夫妻走进一家餐厅。那位老先生径直走到点餐台前点餐，他要了汉堡、披萨还有一些饮料。然后，老先生托着托盘回到自己的座位，他把食物都平均分成两份，一份放在自己面前，一份给了妻子。然后，老先生将吸管放进饮料杯内，把杯子递给妻子，这位老妇人开始喝饮料。

这时，老先生却直接拿起自己的汉堡开始吃，而他的妻子就在旁边看着。餐厅里的人忍不住轻声议论起来，他们认为那对老夫妇也许是太贫穷了，只能够买一份食物两人分着吃。就当老先生正准备要开始吃披萨的时候，餐厅里一位顾客径直走了过来，很有礼貌地对他们说，他愿意为他们再买一份午餐。然而老先生却委婉地拒绝了，他说，他们这样就够了。

餐厅里很多人都被这对夫妇奇怪的行为吸引了，大家都在默默地观看他们用餐。那位老先生丝毫不被餐厅里异样的眼神打扰，他镇定地用餐，可那位老妇人却一口都没有吃，只是静静地等看着丈夫，偶尔喝一口饮料。

过了一会，老先生吃完了，他满足地擦了擦嘴，把剩下的食物放到老妇人跟前。这时那位年轻人再次走到餐桌前，提议帮他们买点吃的，结果这次却遭到了老妇人的拒绝。年轻人好奇地问："那么，您为什么不吃东西呢？为什么要干巴巴地看您丈夫用餐"

老妇人笑了："孩子，我们曾经历过一段艰苦的时光，在食物匮乏的情况下，我们靠着分享同一份食物走过了人生的低谷。我们分享食物，其实是为了提醒自己，不要忘了与对方分享内心的快乐和悲伤。"

每个人都是社会性的动物，生来就需要与人分享自己的心情，感受

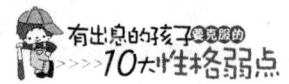

别人的关爱并用心去关爱别人。对于那些不关心别人，一步步走向冷漠的孩子，家长应该让他们明白，这个世界上没有独享的快乐与幸福，因为爱绝不是一个人能够独立完成的事。法国诗人普吕多姆曾经写道："幸福是你感受到的，而不是你得到的。"而懂得去关爱自己身边的人，正是一个孩子感受幸福的开始，也是每个孩子获得人生快乐与幸福的根源。

第四章

克服浮躁：
让孩子用耐心写出完美的结局

　　不论是一个优秀的指挥家，还是一名优秀的厨师，他们的职业虽然毫无联系，但是他们脸上的表情却是惊人的相似：充满从容，毫无浮躁。所以，优秀的家长应该让孩子知道，不论是等待小鸡破壳而出，还是等待自己的人生获得成功，最重要的是对自己等待的事情有耐心、不浮躁。

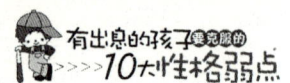
1. 从容的孩子，人生更精彩

要懂得闲暇时抓紧，繁忙时偷闲。

——戴尔·卡耐基

人生就像一场旅行，但是每个旅途中的孩子都对人生有着自己的态度。有些孩子大包小裹，负重前行；有些孩子无牵无挂，轻装前进；有些孩子行色匆匆，没时间欣赏路边的风景；有些孩子悠然自得，步履从容。

其实，没有人可以预知人生旅途的终点，不论孩子还是家长都不知道自己会在何时何地做永远的停留。所以，要想活得精彩，必须学会放松自己的心情，享受现有的生活，用从容的态度去面对人生。

从前，有四个青年到银行贷款，他们都是刚满 20 岁。银行最终答应借给他们每人一笔钱，同时要求他们必须在 50 年内还本付息。四个年轻人拿到了自己的贷款，开始了各自的人生。

第一个青年首先用了 25 年来娱乐，45 岁的时候感到还款的压力，又用了 25 年努力工作。结果他在自己 70 岁时仍一事无成，负债累累。他的名字叫做"懒惰"。

第二个青年刚好相反，他拿到贷款之后就开始拼命工作，45 岁时就还清了所有的欠款，结果因为过于努力，他病倒之后就再也没有起来享受自己剩下的 25 年人生。他的名字叫"狂热"。

第三个青年并没有偷懒，也没用拼命，而是每天干着自己手上的工作，用了 50 年还清了银行的贷款，在 70 岁时离开了这个世界。人们回忆他的一生，除了还款之外，似乎也并没有做什么别的事情。他的名字叫做"执著"。

第四个青年也踏实工作，但思路开阔，用了40年时间还完了所有的债务。在60岁时，他成了一个旅行家。用生命中的最后十年，游历了地球上的所有国家。在70岁结束生命的时候，他微笑着结束了自己最后的旅行。他的名字叫做"从容"。

而当年贷款给四个年轻人的那家银行叫做"生命银行"，它所放出的那笔贷款就叫做"生命"。

如果一个孩子用懒惰的态度面对人生，终将一事无成；如果一个孩子用狂热的态度面对人生，只会半途而废；如果一个孩子用执着的态度面对人生，很可能碌碌无为；唯有学会用从容面对人生的孩子，才能真正享受生命，活出人生的精彩。

然而，我经常听见有许多孩子抱怨自己没办法选择从容：没时间吃早饭，没时间陪家人，没时间锻炼身体，没时间给心灵充电。其实，这些孩子不是真的没有时间，而是没有理清自己的生活，不知道如何从容应对人生。最后，他们把学习的压力带进了生活，压垮了自己心灵。而他们的人生才刚刚起步，在今后的日子里要面对的种种压力，还有很多很多。所以，希望每个家长都能够帮助孩子选择从容的态度来面对人生，不论学业多繁重，都要去享受生活中的阳光；不论压力多巨大，都要去感受人生的清风。

二战期间，英国的蒙哥马利元帅战功卓越，他曾击败"沙漠之狐"隆美尔，一举扭转北非战局。

一次，蒙哥马利元帅对首相丘吉尔说："我不抽烟，也不喝酒，每天保证睡眠，所以我的身体百分之百健康。"

不料，丘吉尔却笑笑说："我每天抽很多烟，喝很多酒，而且睡得极少，所以我的身体百分之二百健康。"

后来，蒙哥马利元帅活到了89岁，而丘吉尔首相则活到了91岁。

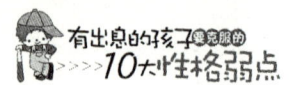

人们对蒙哥马利的长寿可以理解，因为这是健康生活的结果。但是，对于丘吉尔的长寿，很多人都认为是怪事。因为，他不但生活没有规律，而且身负二战重任，工作繁忙紧张，怎么可能有百分之二百的健康呢？

其实，丘吉尔健康长寿的秘诀就是从容的心态。即使是在战事最紧张的周末，丘吉尔仍然会从容地到游泳馆游上一会儿；即是是在战事白热化的时候，丘吉尔仍然会轻松地坐在池塘边独自垂钓。当二战结束后，丘吉尔从容地离开了首相的职位，拿起了画笔，从容地当起了画家。我们可以说，正是丘吉尔的从容，成就了他的事业和健康。

蒙哥马利元帅和丘吉尔首相可谓是懂得享受生活的典范，像他们这样高龄的政治家实属罕见。而他们长寿的秘诀就是忙里偷闲，选择从容。

所以，用从容的心态面对生活，孩子才能在生活中轻松坦然；用从容的心态面对人生，孩子才能在人生的旅途上看到真正的风景。因为，只有选择了从容的生活态度，才能克服内心的浮躁，让自己的人生在下一个转角处遇到未知的精彩。

2. 浮躁是孩子成功的大敌

如果我们以生活来支付浮躁的代价，支付得太多的话就是傻瓜！

——戴尔·卡耐基

许多成功人士关于成功的一致观点是：成功的路上没有什么捷径可走，甚至是阻碍重重。能够走到最后的人，一定是懂得坚持的人；与成功无缘的，当然是半途而废者。所以，成功唯一的捷径就是坚持。

"坚持"这两个字，看似简单，其中却包含了丰富的内容。要做到坚持，首先就要放下浮躁，不可投机取巧，不可三心二意，不可心怀不轨，不可见异思迁。投机取巧者必倾覆于技巧之下，三心二意者必终生一事无成，心怀不轨者难逃人心天理，见异思迁者难免悔恨终身。而能够成就大事，并保持成功的人，一定是戒骄戒躁的坚持者。

在辽阔的非洲大草原上，一只成年的猎豹领着它的儿子躲在草丛中，一动不动，因为今天它要把捕捉猎物的本领教给儿子。忽然，它们发现了远处有一群羚羊正在喝水，于是两只豹子同时屏住呼吸，悄悄地向羊群接近。

一头警觉的羚羊对这对父子的接近有所察觉，拔腿便跑，而其他的羚羊也开始四散而逃。躲在一边的猎豹则像箭一般冲向羊群，开始了自己的捕猎。

成年的猎豹紧紧跟住一只未成年的羚羊，被追逐的羚羊跑得飞快，成年猎豹紧随其后，小猎豹也不甘落后地追着。在追逐猎物的过程中，成年猎豹超过了一头又一头身边的羚羊，但它丝毫没有改变自己的方向。而小猎豹看到站在旁边观望的羚羊时，马上改变了方向，开始追逐这些离它更近的猎物。

一会儿工夫，成年猎豹所追逐的那只羚羊已经跑累了，猎豹则继续坚持奔跑，终于将自己的前爪搭上了羚羊的后腿。羚羊倒下了，成年的猎豹捕获了自己的猎物。而小猎豹则拖着疲惫的身体，回到了父亲身边，它一无所获。

成年猎豹安慰自己的儿子说："第一次猎食，你已经表现得很出色了。"

儿子却疑惑地问："爸爸，刚才在你猎食的过程中，明明有更近的羚羊，你为什么不改追它们呢？那些羚羊应该更容易抓到啊！"

成年猎豹很严肃地对儿子说道："这正是你今天需要学会的道理。我之所以只追这只羊，是因为它已经很累了，而别的羊还不累。如果我像

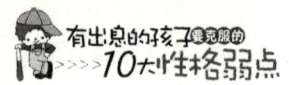

你一样改变目标，那么其他羊一旦起跑，一瞬间就会把我们甩在后边了，最终我们两个都得饿肚子。"

豹子在捕猎的过程中，只有坚持不断地追逐一个猎物，才能最终把它捕获。如果三心二意，见异思迁，那么只能白忙一场，空手而归。人生又何尝不是这个道理，没有哪件事可以侥幸，所有的成功都需要坚持的精神。

从前，有两个人邻居，同时在自己家门前挖井。其中一个人比较聪明，所以他先是在自家的院子里勘测一番，然后挑了一个土质松软，容易出水的地方挖井。而另一个人则比较愚笨，他不懂得勘测地质，在自家院子里随便选了一个地方就动手挖了起来。

那个聪明人看见自己邻居所选的挖井地质，发现那里土质又硬，离地下水又远，心中暗笑。于是他便对自己的邻居说："我的好邻居，为了督促我们快点把活干完，我们来比赛吧。"

另一个人听了就问："能快点把活干完当然好，可是你要怎么比呢？"

聪明的人说道："我们来比比看，谁先在自己院子里挖出水来。挖不出水来的人就要请先干完活的人到最好的酒吧去喝一杯，怎么样？"

那个邻居想了想，觉得这样的确可以督促自己快点把活干完，于是就答应了。而那个聪明人觉得稳操胜券，所以，每天也不努力工作，挖一天井，反而要休息两天。而他的邻居则一刻也不敢松懈，每天辛苦挖井，一天也不休息。

十天过去了，愚笨的人已经在自家的院子里挖了一口很深的深井，而聪明人家里的井只有树坑的深浅。聪明人对自己的邻居笑着说："你看你比我多花了那么多力气，多挖了那么多的土出来，可是却跟我一样的结果，都没有挖出水来。所以我劝你还是休息休息吧，说不定你选的地方永远也挖不出水来。"

他的邻居擦了擦头上的汗说道："我觉得只要肯挖，总能挖出水来，现在还没出水，说明我挖得还不够深。"说罢，他就继续头也不抬地挖井。

又过了些日子，两个人依然都没有挖出水来，聪明人开始对自己选的地方产生了怀疑。他想，再这样挖下去也不是办法，不如换一个更好挖的地方。于是聪明人在自己的院子里又选了一个更容易挖出水的地方，心想，这次一定能比自己的邻居先挖出水来。

又过了十天，笨人的井虽然没有挖出水来，但是已经挖得非常深了。而聪明人也还是没有在他新选的地方挖出水来，于是他又开始怀疑自己的选择了。再三犹豫之下，聪明人又换了一个地方，心想，这次只要和自己的邻居同时挖出水来就行。

结果可想而知，笨人家的井终于见到了湿土，最终涌上一股甘泉来。由于挖得特别深，所以这口井的井水是村子里最好喝的。而聪明人因为总是换地方，没有坚持到底，所以最终也没能挖出水来。

故事中的"聪明人"以为自己找到了挖井的捷径，于是放弃了坚持，而"笨邻居"只知道坚持干活，终于获得了成功。由此可见，成功者大多不是计谋多端的"聪明人"，而是踏实肯干的"老实人"。因为，成功的捷径太过明显与平凡，所以，"聪明人"不屑于走，总想另辟蹊径，结果聪明反被聪明误，一生劳心劳神，终究与成功无缘。

当然，对于那些天资聪颖的孩子来说，聪明并没有错，但是与聪明相伴的浮躁往往断送了他们的前程。如果一个孩子愚笨而浮躁，那么不敢想象他未来的人生；如果一个孩子虽然愚笨但是懂得坚持，那么相信他终将大器晚成；如果一个孩子聪明而浮躁，那么他可以离成功很近，但就是无法得到；如果一个孩子聪明而懂得坚持，那么他就是天之骄子，相信在不久的将来他就可以成就非凡的事业。

所以，希望每一个家长都能够对自己的孩子说明：智力的高低并不决定一个人能否成功，只是对成功的早晚有影响而已。而能否放下浮躁

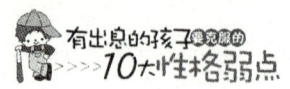

才是成功与否的决定因素，坚持才是成功的捷径，除此再无其他的路可走。

3. 不要让孩子透支"今天"

不要把工作带回家，也不要让明天的烦恼来感染今天的心情。

——戴尔·卡耐基

威廉·格纳斯是一位著名的心理医生，在行医过程中，他接触最多的就是因焦虑和忧愁而生病的人，他们不是为过去烦恼就是为未来忧虑，长期闷闷不乐，毁坏了健康。为了能够更彻底地治疗这些人的病，威廉·格纳斯为他们开了一个极为简单有效的方子：他告诉这些病人，生命的每一个刹那都是唯一，只要尽力地过好生命的每一个刹那就可以了。他的意思是说，只要把今天的事情做好，只要尽力地要使当下过得快乐就可以了，无须再为明天或后天的事情担忧。

他说："我们生命的每一个时光都是唯一的，不复返的，所以我们要活在此刻，不要让明天或过去的忧愁将其浪费掉。只要你无限地珍惜此刻和今天，还有什么事情值得我们去担心的呢？每天只要活到就寝的时间就够了，不知抗拒烦恼的人总是要英年早逝。"的确如此，如果一个孩子每天都处于忧虑之中，早晚会被过去与未来的事情影响健康。

圣彼得和圣保罗大教堂又称华盛顿大教堂，在美国可以说是家喻户晓，它建于1408年，是华盛顿唯一的长方形的哥特式大教堂，教堂周围长满了许多古树，把整个教堂衬托得格外庄严肃穆。但是有利就有弊，一到秋冬之际，树叶就会落满教堂，尤其每次起风时，树叶总是随风飞舞落下。

于是主教专门安排了一个修道士负责清扫这些落叶。这位年轻的修道士纵然勤快，可是落叶实在太多，尤其清晨起床时天寒地冻，所以扫落叶实在是一件苦差事，于是他一直想要找个好办法让自己轻松些。

后来有个年长一点的修道士看出了他的心思，就跟他说："我倒是有一个主意，明天你在打扫之前先用力摇树，把快要落的叶子统统摇下来，这样后天大树就无叶可落，你也就可以不用扫了。"

年轻的修道士觉得这是个好办法，连声道谢。第二天他起了个大早，使劲地猛摇树，树上果然落下来很多叶子。他很高兴，因为这样自己就可以把两天的落叶一次扫干净了。这一天修道士们都非常开心，而主教在一边看着，没有说话。

第二天，年轻的修道士还是早早就起来了，想到院子看一下自己昨天的好办法奏效了没有。当他走进院子的时候，不禁傻眼了，落叶如往日一样满地都是。

这时主教走了过来对年轻的修道士说："我的孩子，无论你今天怎么用力，也没办法摇下明天的落叶来。"

年轻的修道士非但没有悲伤，反而恍然大悟，因为他终于明白了，世上有很多事是无法提前的，着急也没用，唯有认真地活在当下，才是最真实的人生态度。

既然今天无法摇下明天的落叶，那么就不要透支今天去为明天的事情烦恼。纵使明天雨暴风狂，也无法妨碍孩子们享受今天的明媚阳光。过于执著于明天可能发生的事情，反而会毁了孩子们眼前的美好。

希望每一个家长都能谨记英国诗人胡德的名言："即使到了我生命的最后一天，我也要像太阳一样，总是面对着事物光明的一面。"当你们的孩子为了明天的事情而烦恼时，不妨告诉他们这句话，让他们抬头看看今天的太阳，学着放下内心的浮躁，让今天的孩子只属于美好的今天。

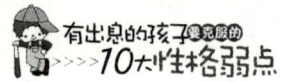

4. 让孩子知道，奇迹源于耐心

> 零星的时间，如果能敏捷地加以利用，可成为完整的时间。
>
> 所谓"积土成山"是也，失去一日甚易，欲得回已无途。
>
> ——戴尔·卡耐基

为什么有的孩子天生比较浮躁。一位哈佛大学的心理学教授研究多年得出的结论是：一个内心浮躁的孩子，常常是因为自己的内心揉进了杂质。而这些杂质不仅污染了内心，也容易影响他们的头脑，是他们混淆外面世界的根源。

他的答案非常有道理，试想，一个总是带着有色眼镜的孩子，怎么能看清世界的真相呢？中国的孔子曾经要求自己的学生要：博学之，审问之，慎思之，明辨之，笃行之。之所以慎思，就是怕犯轻率的错误；之所以明辨，就是怕被假象所蒙蔽。

有很多孩子，他们常常不能理解上天的安排，没有耐心去等待生活的奇迹。其实，哪怕是上了年纪的人，面对纷纭复杂的大千世界，都不敢轻易去下结论，而是时刻提醒自己好好地去思考、品味、感悟，透过纷乱粗糙的表象弄清精致有序的本质，进而才能看见人生中那些隐藏起来的奇迹。而浮躁的孩子常常希望在短时间内就创造出奇迹，他们却不知道自然界的法则：果实的成熟需要等待鲜花的谢去，树木的成材需要等待年轮的拓宽，而一切奇迹的产生都离不开耐心的等待。

一个胸怀大志的年轻人希望可以用自己的生命创造奇迹，但是无论他如何努力，大家始终觉得他很平凡。于是，这个年轻人到深山里向智者求教。

年轻人很恭敬地问道："尊敬的智者，无论我如何努力，人们总是认为我很平凡，究竟怎样才能创造奇迹呢？"

智者看了看年轻人，回答道："做一件平凡的事，认真去做，坚持去做，最后就会创造奇迹。"

年轻人没有想到，自己大老远跑来请教，竟然得到这样的答案。于是接着说道："我不明白您的意思，我不希望自己平凡，我想知道如何创造奇迹。"

智者看着烦躁的年轻人，对他说道："这样吧，我现在刚好要烧火煮饭，你来帮忙吧。等饭煮好了，我就告诉你怎么样创造奇迹。"

于是年轻人开始帮助智者做饭，劈柴、淘米、生火，没多大工夫，饭就煮熟了。

智者一边吃着香喷喷的米饭，一边向年轻人问道："这米饭吃起来真香，你是怎么把米饭煮熟的呢？"

年轻人回答说："这也没什么，我不过是做了些添柴加火的工作，没多大工夫米饭就煮熟了。"

智者看着年轻人，笑着说道："在我们谈话的时候，锅里面还是生米。你做了些劈柴、淘米、生火的工作，这锅里的生米就变成了熟饭。这就是你创造的一个奇迹啊。所以，只要你肯坚持做一件平凡的事情，有耐心把它做好，那么，最终就会创造出奇迹来的。"

年轻人听后恍然大悟，下山后再也不浮躁了。

故事中胸怀大志的年轻人曾经因为没有耐心而烦躁，后来，终于在智者的点拨下明白了奇迹的产生需要平凡的坚持和耐心的努力。现实中的孩子们也都期盼着奇迹的出现，但是，不论哪一种奇迹，都要我们付出足够的耐心，才会最终出现在我们眼前。

希望每一位家长都可以让孩子明白这个简单的道理：人生中的一切都会水到渠成、瓜熟蒂落。只要我们能拿出顺其自然的耐心，那么，就

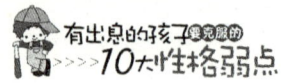

一定能看到自己人生中的奇迹。不要像那些浮躁的人一样：一面急于成长，一面又哀叹自己逝去的青春；一面拼命工作，一面又努力用金钱换取健康。一面为梦想而烦躁，为未来而焦虑，一面又错失了眼前的美景和当下的幸福。当他们活着时，总是不耐烦地担心将来，好像自己从来不会死亡；而当他们临死时，才开始为自己当初没有耐心而懊恼，后悔自己当初浪费了生命。

5. 帮孩子找到快乐的"钥匙"

生活中大概有90％的事情是对的，只有10％才是错的。如果我们要得到快乐，我们所应该做的，就是把精力放在那90％正确的事情上，而不要理会那10％的错误。

——戴尔·卡耐基

萧伯纳曾经说过："克服浮躁的秘诀就在于有闲工夫担心自己是否幸福。"那么我们由此可以领悟到，这个世界上本来是充满着平静与美好的，而一切的浮躁和烦恼不过都是庸人自扰之罢了。

对于希望自己的孩子有出息的家长来说，让孩子找到人生快乐的"钥匙"十分重要。可是，一方面由于孩子正处在心理定型期，对这个世界上的事情认识还在探索之中。另一方面由于孩子的精力过于旺盛，对身边的事情都会有太多的好奇和想法。结果家长往往会被孩子的躁动不安搞得自己心神不安，感到莫名其妙的烦躁。于是，很多家长喜欢用打骂孩子，或者练习瑜伽等方法来缓解自己的内心。

其实，一切的浮躁都是因为内心有杂念的干扰。无论家长还是孩子，通过什么外界的方法来让自己安静，不过是一种辅助手段罢了。要想真正清除自己内心的烦躁，只能通过放下自己心里的杂念，所谓心病还须心药医，人生快乐的钥匙其实就藏在每个人的心里。

从前有一个年轻人，因为觉得生活烦躁，于是四处寻找快乐的秘诀。

一天，他来到山脚下，看见绿草丛中有一个牧童正在悠闲地吹着笛子。年轻人便走上前去，问那个牧童："你那么快活，难道没有烦恼吗？"

牧童放下手中的笛子，回答说："我骑在牛背上，横笛这么一吹，就什么烦恼也没有了。"

听了牧童的话，年轻人十分兴奋。他赶紧接过牧童的笛子，试着吹了吹，结果烦恼仍在。于是他只好告别牧童，继续寻找解除烦恼的办法。

第二天，烦躁的年轻人来到一条河边，看见河岸上有一个老翁正在专注地钓着鱼。于是年轻人便走上前去，问那个老翁："您如此悠闲，难道心中不觉得烦躁吗？"

老翁笑着回答说："我坐在这里，静心钓一天鱼，就把什么烦恼都忘记了。"

年轻人听了老翁的话，十分兴奋，赶紧接过老翁的鱼竿试了试，结果还是没有放下心中的烦躁，于是他只好告别老翁，继续往前赶路。

第三天，年轻人在一个山洞中遇到了一位长者，便又向这位长者请教解脱烦躁的秘诀。

长者听年轻人说明了自己的故事之后，笑着问道："有人捆住你没有？"

年轻人听了之后，很诧异地答道："没有啊？"

长者接着说："既然没有人捆住你，你又何必寻求什么解脱呢？"

年轻人想了想，恍然大悟，拜谢了长者，回到了自己从前的生活，从此再也没有烦躁过。

其实，世界上根本没有什么江湖郎中式的解脱烦躁的秘诀，不论牧童的横笛还是老翁的鱼竿，都只是一种静心的手段罢了。现在的家长

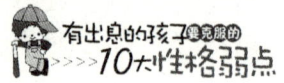
无论是带着孩子去进行专注力提升的训练，还是与孩子一起进行瑜伽或者冥想，也不过是让孩子去倾听自己内心的一种办法。要想真正要让孩子得到内心的安静，家长必须帮助孩子解开他们被束缚住了的内心。

两个登山爱好者来到世界最高的山峰面前，其中一个年长的登山者仰望山顶，问路边的一块石头："石头，这就是世上最高的山吗？"

"大概是的。"石头懒懒地答道。

年轻的也凑过来问道："你有什么需要的东西吗？我可以从山顶带下来给你。"

石头想了想，随口说："如果你真的到了山顶，就把那时候你最不想要的东西给我带回来吧。"

年轻人觉得石头的要求很有趣，就答应了。

于是两个登山者开始了自己伟大的征程，他们的背影消失在了向山顶攀爬的路途中。石头依然每天无聊地躺在路边，直到很久之后，他看见那个登山的年轻人孤独地从山上走了下来。

石头连忙问："你们爬到山顶了吗？"

"是的。"年轻人有气无力地回答。

"那么，和你一起的那一个人呢？"石头见后面没有人下来，就好奇地问。

"他从山崖上跳下去了，永远不会回来了。"年轻人说罢满脸哀伤。见石头不解，就解释道："爬上世上最高的山峰，对于一个登山者来说，是他今生最大的追求。可是，当他的愿望实现的同时，也就没有了人生的目标，所以那位朋友最终选择了结束自己的生命。"

石头听了年轻人的解释之后，苦笑着问："那你呢？"

年轻人一脸木然地回答："我本来也想跳下去的，但是答应过你，把最不想要的东西带回来给你。现在我把它带回来了，那就是我的生命。"

石头听后很高兴地说："那你就来陪我吧，刚好我一个人觉得十分寂窦。"

于是年轻人就石头的旁边住了下来，每天的日子过得清淡平和，年轻人开始喜欢在纸上随手画点什么。久而久之，纸上的线条渐渐清晰了，色彩也越来越具有感染力。后来，年轻人成了一个画家。许多年过去了，昔日的年轻人成了老人。他再也没有感到烦恼过，每天过着清淡平和的日子。

当故事中的年轻人怀着烦躁的心情去登山，登顶之后反而产生了轻生的念头。当他怀着平和的心情去画画，反而成了一位画家。其实，这个年轻人的前后遭遇并没有不同，只是他改变了自己的心境，所以才重新找回了生活的快乐。

所以，希望孩子有出息的家长，不但要让智慧去充实孩子的大脑，更应该用安静去清空孩子的内心，让孩子学会享受生活的清淡平和。只有这样，孩子才能在未来的生活中取得成就，或者在取得成就之后又取得再次出发的勇气。每一个孩子都有与生俱来的美好，家长所要做的，就是让孩子的内心保持纯净和安宁，慢慢找回自己的美好世界。

6. 别让浮躁吞噬了孩子的生命

对必然的事轻快地承受，就象杨柳承受风雨，水接受一切容器一样。

——戴尔·卡耐基

在物质富足的现代社会中，大部分家长都已解决了孩子生存的基本问题：温饱。但是几乎所有家长都没有解决孩子内心的基本问题：放心。

生活中，孩子们常常为了一些小事而无法放心，变得异常浮躁。因

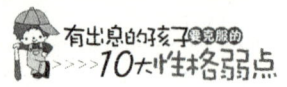
为学习上的难题而抑郁，为了人际交往中的困难而紧张，为了明天的未知情况而恐慌，每天都活在各种各样的不放心之中。最终，这种浮躁心态就会像瘟疫一样，四处流行，吞噬掉孩子们的健康与生命。

在撒哈拉沙漠中，生活着一种灰色的沙鼠。在沙漠的旱季到来之前，你会看到所有的沙鼠都会忙得不可开交。他们从早起一直到夜晚，不停地在洞口进进出出，嘴里塞满了草根。这是因为他们要为自己安全地度过旱季储备粮食，好让自己能够度过沙漠中最艰难的日子。

但有，让人无法理解的是，即使沙地上的草根足以使沙鼠们度过旱季时，他们仍然会一刻不停地寻找草根，运回自己的洞穴，忙个不停。

而实际上，一只沙鼠在旱季里只需要吃掉两公斤草根，而它们一般都要将十公斤草根运回洞中，才能踏实。最后，大部分草根都腐烂掉了，沙鼠只好将这些多余的草根清理出洞。

医学界曾经试图用沙鼠来代替小白鼠做实验，因为沙鼠的个头很大，能够更准确地反映药物的特性。但所有的医生在实践中都觉得沙鼠不好用，因为沙鼠一被关到笼子里，就表现出一种不安：它们会到处找草根，连落到笼子外边的草根也要想法叼进来，尽管它们在实验室里根本不缺任何粮食。就这样，每天活在烦躁中的沙鼠，很快就在笼子里死去了。

后来，经过研究发现，沙鼠之所以每天生活在烦躁之中，是由它们的遗传基因所决定。沙鼠的辛勤劳作和烦躁表现，都是出于一种本能的担心，正是这种担心给沙鼠增加了大于实际需求几倍甚至几十倍的劳动，最后，甚至要了它们的性命。

尽管在笼子里的沙鼠已经衣食无忧，但他们还是很快地就死去了，问题不是出在现实上，而是它们内心的浮躁吞噬了它们的生命。所以，当孩子面对人生中各种矛盾与困惑时，家长要指导孩子把控好自己的情绪，不要让浮躁伤害了孩子和他们身边的人。

从前，有一个浮躁的男孩，每天都生活在愤怒之中。不但经常伤害身边的朋友和家人，而且自己也在内心里很痛苦。男孩的父亲在他过生日时，送了他一份特别礼物，是一大包钉子。父亲对男孩说："这包钉子是给你发泄自己的愤怒用的。我在院子里专门为你定了一个木桩，以后，每当你因为浮躁而跟别人发脾气的时候，就在这个木桩上钉一颗钉子。"

男孩很高兴地收下了父亲的礼物，第一天，就在木桩上钉了二十颗钉子。

慢慢地，男孩开始试着控制自己内心的浮躁，因为木桩上日益增多的钉子让他心里很难受。过了一个月，男孩几乎每天只在木桩上钉一两颗钉子。又过了一个月，男孩已经再也不用往木桩上钉钉子了，他已经学会了控制自己的内心。而且，他发现控制自己的浮躁心态比往栅栏上钉钉子容易得多了。

男孩把自己的转变告诉了父亲，感谢父亲送他的珍贵礼物。

父亲欣慰地笑了，并对男孩说："那么，接下来你就可以不用再往木桩上钉钉子了。以后，只要你每帮助一个人，就从木桩上拔下一颗钉子。"

男孩听了父亲的话，开始变得乐于助人。慢慢地，他变成了一个性格和善、内心开朗的人。半年之后，男孩拔掉了木桩上所有的钉子。

男孩再次把自己的转变告诉父亲，父亲十分开心，拉着他的手来到院长的木桩旁，对男孩说："儿子，你做得很好。但是，你看到木桩上的小洞了吗？那些都是之前的钉子留下的痕迹，这个木桩再也不会是原来的样子了。"

男孩看看千疮百孔的木桩，又看看父亲，低下了头。

父亲继续说道："当你控制不了自己的浮躁，向别人发过脾气时，就像把钉子钉在别人心上一样。就算你日后做好事拔出从前的钉子，还是会在人们的心中留下疤痕，你的心灵和别人的心灵再也无法回到原来的样子了。"

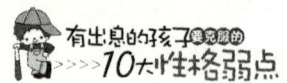

在改正自己的浮躁心态之前，男孩的客观世界里充满了敌人，而他主观的心理世界也痛苦不堪。但是，当他努力去帮助别人时，他的心理世界开始变得阳光和乐观，而身边的敌人也变成了他的朋友，开始喜欢与他交往。

其实，每个孩子都生活在两个世界之中，一个是客观的物质世界，一个是主观的心理世界。但是，这两个世界并不完全独立，它们之间可以互相影响。比如孩子对天空的感觉：当明媚的阳光洒在身上，他们看到的天空一片蔚蓝，整个人的内心也跟着爽朗起来。同时，只有一个孩子的内心平淡祥和时，他才能感受到阳光的明媚和天空的蔚蓝。所以，尽管每个孩子头顶上都是同一片天空，但是眼里却很可能看到天空不同的颜色，而这一切，都只是心理世界的不同罢了。

客观的物质世界，是家长和孩子都无法改变的，但是，主观的心理世界，却可以通过孩子和家长的共同努力来控制。只要让孩子学会了控制自己的心态，就可以免于浮躁的伤害，随时看到头顶蔚蓝的天空。

7. 让孩子的内心保持宁静

尝试改变一下平静如水的生活，你会发现，往日的幸福感觉并不会随时光流逝。

——戴尔·卡耐基

人生与大海非常相似：大海时而风平浪静时而波涛汹涌，人生也充满了种种的跌宕起伏。而当一个人能够完全克服内心的浮躁，享受内心平静的时候，就像大海最美时所表现出来的平静与安宁。

但是，一个孩子的内心往往十分不稳定，他们常常会在错误的方向逆流而行，很难找到生活的本质——安静和平衡。

佩格有一次去外地出差，在街上遇到许多摆小摊的，其中有些把戏的简单程度令人目瞪口呆，比如常见的套圈、变纸牌，甚至还有人拿一根跳绳，只要游客在规定的时间里跳够规定的次数，就能从老板手里赢个几十块。

最简单的是穿针眼。一个上了年纪的老人，摆一个简单的小摊，放着线和针。在规定的时间内，如果能用一条线穿越多的针就能赢到越多的钱，当然最多也就五十块。如果失败，你得给他钱。看起来并不难，很多人都想去试试自己的运气，一个女孩对这个毫无挑战性的把戏产生了兴趣，走上去要试一试。她拿过线，开始往针眼儿里穿，穿到第三根针时，时间已经到了。

出差回来后，佩格把这事说给同事们听，一个同事听完这个故事笑着说，"你看，被蒙了吧，这个把戏的重点在于，摊主选的地方是闹市，人多嘈杂，就会制造出一个让你无法平静的场面，而且，穿针这种简单的事情，赢了就给你五十元，心情怎么能平静下来。偏偏穿针又是个需要平心静气的活儿，心不静，怎么穿得上针。"

导游也告诉佩格，她带过许多团，多少人都以为这事容易，可三年多的时间里，她没见过一个人赢过这个老人。直到出差回来很久，佩格还无法忘记这个把戏，老在琢磨它。他说："这个游戏时常让我想起自己的人生，很多时候，我之所以会输，其实是输在尘世的嘈杂与混乱上，是输在内心的浮躁与欲望上。不是人生这个游戏有多么复杂，而是一颗无法平静的心制约住了我们。"

希望每一个孩子都能记住：人生的快乐和痛苦都是内心的状态，当你的内心保持平静的时候，就会体味到一种安定。心态平和时，不管你所处的环境是什么样，都能保持愉悦的心情。相反，如果你心情浮躁，那么不论所处的环境多么宁静，也感觉不到快乐。因为，浮躁就像一面

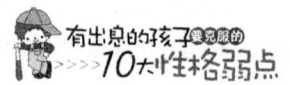

扭曲的镜子，会使孩子无法全面地看待自己和周围的环境，就象哈哈镜会映射变形的物体般，自然就无法保持内心平静了。而内心的平静拥有一股强大的力量，不仅能让你的身体和心灵变得安逸起来，更能使你的人生发生很多的改变。

盛夏，姬玛和汉妮结伴外出旅行，天气十分炎热。两人都觉得非常口渴，姬玛看看头上的太阳，对汉妮说，前边有一条小河，你去装些水来，我在这里等你，实在太热了，我担心中暑。

于是汉妮提着装水的袋子来到了河边。由于天气炎热，小河已经被蒸发得差不多了，只能勉强称为小溪，而所有路过的人都来这里取水，时不时还有动物从小溪中穿梭而过，溪水被弄得污浊不堪。

汉妮无奈，只好提着皮囊回到姬玛的身边，告诉她河水已经很脏，不能取回来解渴。建议再走一会，找另一条河取水。

姬玛看看头上的太阳，再看看疲惫不堪的汉妮，说，"你还去那里取些水来吧，我们休息一会，下午再出发。"汉妮心想，再去也是浪费时间，但姬玛说得也有道理，再走下去恐怕会中暑。她只好提着袋子再次来到溪边。溪水依然浑浊，水面上还漂着一些枯枝烂叶。这一次，汉妮不打算空手回去，便从小溪里取了半袋和着泥的水回去。姬玛看了看污浊的泥水，对汉妮说："我知道溪水是浑浊的，但我想你可以等一会，也许事情会发生变化。"

汉妮说："如果我们一起去寻找另一个水源，也许就不会这样了。"

姬玛说："也许另一条河也是这样，那你又该去哪里取水呢？你再回去，还是到刚才那条河去取水，也许这会儿已经澄清了呢。"

汉妮乖乖地返回溪边，这时溪水已经带走了枯叶，水里的泥沙也渐渐沉淀，不一会儿，整条小溪都变得清澈起来。面对这样的情景，汉妮先是惊讶，接着就开心起来，她取了满满一袋水回去来。

世上没有什么东西是永恒不变的，所以，一个优秀的孩子除了遇事要懂得灵活变通之外，更应该懂得耐心等待。只要将内心的浮躁变成平静，那么就会看到事情会发生变化，生活中的一切美好和幸福都会出现在你的眼前。

8. 与孩子一起细品生活的滋味

生活中应该有两个目标：首先，要得到你所希望得到的；然后，在得到它之后，要充分享受它。只有很少聪明的人才能做到第二步。

——戴尔·卡耐基

享受人生就如同品茶：人生的滋味成百上千，要细细去品，才能体会其中的淡泊。茶的种类丰富多彩，要慢慢体会，才能知晓其中的滋味。好茶，往往先苦后甘，一缕清香沁人心脾；人生，常常否极泰来，几件往事回味无穷。所以，茶要细细品，生活要慢慢过，这样才能品味出人生的滋味。

有一个成功的商人喜欢四处旅行，一次，他来到了一个风景如画的小渔村。看着身边的美景，商人觉得很惬意，就跟码头上的渔夫聊起天了。

商人看到渔夫的船里有几条又肥又大的活鱼，就问道："看来您今天的运气很不错啊。"

渔夫回答说："是啊，才一会儿功夫就抓到了这些鱼。"

商人又问道："那么，你为什么不在海里多待一会儿，多抓一些鱼呢？"

渔夫回答说："完全没有那个必要，因为这些鱼已经足够我一家人的

117

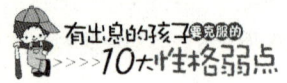

生活所需啦。"

商人对渔夫的回答很不理解，接着问道："那么你这么早就结束了一天的工作，剩下那么多时间怎么度过呢？"

渔夫快乐地答道："我会在这里晒一会太阳，然后回家去跟孩子们玩耍一会儿。黄昏的时候到村里的小酒馆喝上几杯，一天也就过去了。"

商人听了渔夫的话，很高兴地说："如果你愿意接受我的建议，那么我可以改变你的生活。我是哈佛大学的工商管理硕士，我建议你每天把浪费掉的时间都用来抓鱼，然后把多余的钱存起来，到时候你就可以买一条大船，很容易抓到更多鱼。然后你就可以积累财富，投资建造一个自己的船队。"

渔夫觉得商人的建议很有趣，就问道："然后呢？"

商人兴高采烈地回答说："然后你就可以不必把鱼卖给别人，而是自己办一家加工厂。然后你就可以掌握整个海产品的商业链，把自己的企业做成一个商业帝国。"

渔夫也很兴奋，接着问道："那么，接下来我又应该做些什么呢？"

商人大笑着说："然后你就可以成为打渔业的皇帝啦！你可以让公司的股票上市，然后到社会上去融资，全世界的金钱都会源源不断地流入你的公司！"

渔夫也和商人一起大笑起来，追问道："那么，再接下来呢？"

商人用陶醉的表情说道："接下来你就可以退休享受生活啦！你可以到一个风景如画的小渔村去安度晚年，有大量的时间陪家人，每天到村里的小酒馆喝上几杯，这样的生活多么惬意啊！"

渔夫看了看商人，满脸疑惑地问道："你所说的，不正是我现在的生活吗？"

希望每一个孩子都要记住：人生的忙碌与追求，不过是大雁在湖面留下的浮光掠影，一闪而过。人生的幸福与快乐，却需要放慢生活的脚步，细细体味。那是一分从容，一分优雅，一分安宁，让我们得以享受海边和煦的阳光，呼吸山野清冽的空气。

中国的近代有两位很了不起的文人，一个叫林语堂，一个叫丰子恺，他们都已经品出了生活的真正滋味。

林语堂先生曾说："能闲世人之所忙者，方能忙世人之所闲。人莫乐于闲，非无所事事之谓也。闲能读书、能游名胜、能交益友、能饮酒、能著书。天下之乐莫大于是。"意思是，只有放下了浮躁，才能去体味生活的平淡与乐趣。当我们无法放慢自己的脚步时，不妨低头想想，自己的人生到底在为什么而活。

而丰子恺先生曾经把人生比喻成一栋三层的楼房：

一层是物质生活，我们的衣食住行。住在这一层的人，懒得走楼梯。他们可以把自己的物质生活料理得很好：衣食无忧，子孝孙贤，享尽人生的尊荣富贵，也就满足了。这里住着大多数的人类。

二层是精神生活，追求学术文艺。这一层的人，有力气也有激情。他们或是在二楼长住，或是偶尔上来坐坐，追求艺术的境界和心灵的纯净。这种人在人类中算是难得，但也不在少数。

三层是灵魂生活，探究人生真正的目的。这一层的人必须有很好的体力和毅力，他们对于二楼的环境还不满足，认为满足了物质和精神的需求还不够，还要探求人生真正的目的。在他们看来，功名富贵不过是身外之物，学术文艺也只是暂时的美景，这种人在人类中是极少、极珍贵的一部分了。

由此看来，那些忙忙碌碌，心态浮躁的人，反而是人生中的懒人，因为他们没有时间和精力让自己享受心灵的盛宴；追求精神世界，投入文艺生活的人，他们已经在享受人生，因为他们能够放下物质的束缚，寻求心灵的快乐；追求灵魂生活的人，他们才是真正懂得为什么而活的人，因为他们让自己的心灵回归了平静，能够品味出人生真正的含义。

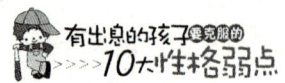

我建议，每一位家长虽然不一定要让自己的孩子学会品茶，但是一定要让孩子们知道，人生就如同品一杯清茶：以茶解渴，一饮而尽的人不懂得品茶的道理；闻香辨色，缓饮慢酌的人只学到了品茶的皮毛；品茶悟道，品出人生真谛的人才是真正的饮者。而其中的道理，也如同煎茶一样，要经过人生的煎熬才能有所领悟。

9. 让孩子打好手上的每一张牌

厌倦远比艰辛的登山运动更容易让你疲劳。

——戴尔·卡耐基

纵观人类的历史，那些取得了非凡成绩的人，大部分并不是因为具有非凡的智慧和能力，而是他们能够在别人慌乱的时候保持冷静，在别人浮躁的时候保持从容。所以，希望孩子有出息，那么首先要让孩子学会从容地应对自己生活中的烦恼。不论是面对一项充满挑战的任务，还是一项简单的游戏，家长都应该抓住教育的机会，让孩子从中学会克服自己的浮躁性格，为孩子未来的成功打下基础。

艾森豪威尔年轻的时候，喜欢打牌。每天晚饭后，他都会跟家人一起玩牌。一次，他手气格外不好，连续几次都抓到很差的牌，于是他的抱怨越来越大声。最后，在一旁的妈妈停下了手中的活计，走到艾森豪威尔面前，正色对他说道："如果你真的想玩牌，就马上停止抱怨，用你手中的牌继续玩下去。"

艾森豪威尔看着自己的母亲，停止了抱怨。她的母亲接着说道："人生和打牌一样，发牌的是上帝，所以我们无法选择自己手中的牌。但是不论拿到什么样的牌，你都得继续玩下去。你所能做的，就是打好手中的每一张牌。"

从此以后，艾森豪威尔一直记着母亲的教导，再也没有抱怨过。他总是以积极、乐观的态度，面对人生中的挑战，努力做好每一件事，最终成为了美国的第 34 任总统。

艾森豪威尔总统，之所以能够有如此的成就，当然离不开母亲的教导。每个孩子的一生，都不可能总是顺风顺水，就像我们玩扑克牌，不可能每次都拿到一手好牌一样。但是，为孩子发牌的虽然是上帝，但是教孩子打牌的却是家长。能否让孩子克服自己的浮躁性格，用心打好手中的每一张牌，是孩子未来能否有出息的关键所在。

其实，手里牌不好的孩子未必就会输掉人生的牌局，而拿到一手好牌的孩子也不一定就胜券在握。因为，真正决定孩子一生牌局输赢的，其实是家长的教育和孩子的心态。

一个年轻人总是觉得生活不如意，每天对身边的一切充满了抱怨。不是抱怨自己的收入太少，就是抱怨同事们对自己不好，要不就是抱怨家人无法理解自己的处境，要不就是抱怨命运对自己的不公。

尽管朋友和家人百般劝慰，但是对这个年轻人都丝毫不起作用，最后他竟然产生了轻生的念头。最后，年轻人的家人仍然不愿放弃希望，找来了一位智者，拯救这个年轻人的生命。

智者了解到年轻人的情况，就把他带到一间老旧的屋子。年轻人见屋内落满了一层的灰尘，不解地问道："你为什么要带我到这里来？"

智者没有回答他的问题，而是微笑着问道："你看到桌子上的那杯水了吗？"

年轻人这才注意到，屋子角落里的一张桌上，放着一杯清水，这是这个屋子里唯一干净的东西了。年轻人对智者点头，表示自己看到了。

智者接着说："这杯水已经放在这里很久了，每天都有灰尘落在上面，就像其他的家具一样。但是，其他的家具都已经布满灰尘了，它却

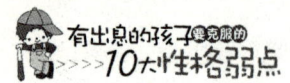
依然澄清透明，你知道为什么吗？"

年轻人仔细盯着这个杯子，开始认真思索。忽然，他兴奋地说："我知道了，这杯水之所以清澈，是因为所有的灰尘都沉到杯底去了。"

智者的脸上露出了慈祥的微笑，赞同地对他说道："年轻人，人生就像这杯水一样，浮躁的性格就像摇晃自己的杯子，最终只能得到浑浊一片。只有愿意让自己安静下来的人，才能沉淀所有的灰尘，获得内心的纯净。"

年轻人听了智者的话，再也不抱怨人生了，开始积极地对待生活中的每一件事，后来，他越来越成功。当人们问他成功的秘诀时，他说道："我不过是把自己的浮躁沉到杯底罢了。"

故事中的年轻人并没有改变自己的遭遇，而是改变了自己的性格，最终改变了自己的人生。所以，家长在教育孩子的时候，让孩子克服了自己性格上的弱点，就相当于帮助孩子预定了成功的人生。

性格浮躁的孩子很像是往一杯清水里洒入了杂质，还不停地搅拌。而让孩子克服自己的浮躁，则好比让杯子静下来，然后让杂质慢慢沉淀下去。这样，孩子的内心就会变得如同一杯清水，而孩子的人生也会越来越成功。

10. 帮孩子开对人生的窗子

我们很少去想到我们已经拥有的，而总是想到我们所没有的，这正是世界上最大的悲剧，它所造成的痛苦可能比历史上所有的战争和疾病都要多。

——戴尔·卡耐基

孩子眼前的风景，无论日出日落、花谢花开，都是孩子透过自己面前的窗子所看到的。而选择为孩子打开哪扇窗子，是每一个家长都应该慎重考虑的事情。因为，孩子每次打自己的开心灵之窗时，会因为打开不同的窗而看到不同的风景。也正是这些不同的风景，组成了每个孩子自己的人生。

从前有一个善良的小女孩，住在自家的小阁楼里。

一天，当小女孩打开阁楼的窗子，看见邻居正在宰杀一条狗，而那条狗，正是平时常和小女孩一起嬉戏的玩伴。小女孩看着窗外的情景，悲伤地泪流满面。

这时，她的母亲走了进来，看到伤心的女儿，就连忙问她为什么哭得如此伤心。小女孩没有说话，只是双眼望着窗外。母亲顺着女儿的目光望去，知道了事情的原因，于是，她把自己的女儿领到阁楼的另一个房间，打开了这个房间的一扇窗子。窗外是一片美丽的草地，草地上开满了鲜花，五彩缤纷，争奇斗艳。花丛中，蝴蝶和蜜蜂忙碌嬉戏，几只小鸟落在栅栏上，慵懒地晒着太阳。

对着窗外的情景，小女孩转悲为喜，擦干了眼泪，开心地笑了起来。这时，母亲抚摸着女儿的头说："孩子，你之前开错了窗子。"

同一个阁楼的两扇窗子，让小女孩看见了不同的风景，产生了不同的心情，对她的人生也产生了不同的影响。当孩子因为眼前的事情而内心浮躁时，家长应该为孩子打开正确的窗子，让他们看到人生中的美景。同时告诉孩子：一个人的心情完全掌控在这个人自己手里，如果眼前的一切让你感到浮躁时，不妨换一扇窗子。

一次绘画课上，老师让学生们画一幅春天的风景，要求突出大自然的色彩。一个小男孩的作业与众不同，因为他在自己的作业上画了棕色的草地和灰色的太阳。当他向大家介绍说，自己画的是绿色的草地和红色的太阳时，教室里顿时发出其他同学的笑声。

后来，当老师了解到他原来是一个色盲时，给他的作业打了80分，

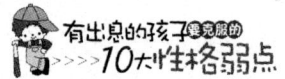

并告诉他："你虽然不能分辨一些颜色，但我相信，上帝绝不会让你的生命缺少任何一种色彩。"

二战爆发后，部队开始大量征兵，而他成了一名狙击手。正是因为他是绿色盲，所以在训练过程中发挥出了惊人的天赋。对于狙击手来说，最关键的就是能够找到敌人的位置，而他能够轻松地从绿色的草丛中分辨出伪装色和绿草的细微区别。

训练结束后，他和其他人一起奔赴了保卫祖国的前线。刚刚入伍一个多月，他就击毙了 12 名敌人。这完全得益于他的色盲天赋，使得他能在热带草原绿色的波涛中，一眼分辨出钢盔和迷彩服与草地颜色的区别。

战争结束后，他一共击毙了 38 个敌人，他被授予了英雄勋章。他的名字——宾得，也被永远地载入了狙击手的史册。

宾得作为一个天生的绿色盲，当他打开绘画的窗子时，他的心情开始变得烦躁不安，因为，透过这扇窗子，他看到的是同学的嘲笑。而当他打开射击的窗子时，宾得开始变得平静而自信，因为，透过这扇窗子，他看到的却是英雄勋章。所以，每个孩子的特质没有缺点与优点之别，关键的是家长能否引导孩子放下自己内心的烦躁，让他们学会用耐心去不断尝试更好的人生，直到孩子开对自己人生的那扇窗子。

第五章

克服平庸：
让孩子除去人生中的藩篱

　　家长不需要为自己不能给孩子提供一个更好的平台而自责，只要孩子手里有一块小小的石头，那么孩子就有办法击中一个目标。不要因为孩子手中的石头太小而失望，只要给它附加一个速度，再小的石头也会获得强大的力量。就像克服了平庸性格的孩子，不论出身如何，终将走出人生中的藩篱，成为一个有出息的人。

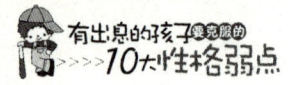
1. 孩子的成就与付出成正比

要想提升自我，必须付出特别的努力。当时也许不是一件愉快的事，甚至可能是耗神费力的工作，但是长远来看，必然会有所收获。

——戴尔·卡耐基

平庸的人之所以平庸并不是因为他们天生平庸，而是因为他们没有让自己走向卓越的勇气；而卓越的人之所以卓越，也绝不是凭借着自己的好运，而是因为他们已经为自己的成就付出了应有的代价。所以，希望孩子有出息的家长，要让孩子懂得，成功不只是台前的光彩，还有幕后的辛酸。

从前，在一座寺庙里供奉着一尊铜铸的大佛，寺庙的门外是一口铜铸的大钟。每天都有很多香客，跋山涉水来对大佛顶礼膜拜；而大钟的任务就是每天报时，所以它每天都要被人用力敲打数十下。

一天夜里，当寺庙内外一片寂静的时候，门外的大钟开始向寺庙内的大佛抱怨说："你我同样是铜铸的，可是你却每天高高在上，不但有人对你顶礼膜拜，而且还可以享受花果、香茶的供奉。而我每天只能站在门外，风吹雨淋不说，还要挨打。命运对于你我的待遇，似乎太不公平了吧！"

寺庙内端坐的大佛听后，只好安慰大钟说："大钟啊，你也不必抱怨自己的命运，更不必羡慕我。命运对你我都是公平的。"

大钟听了，当然不服气，于是又吵嚷道："你倒是说说看，怎么个公平法？"

大佛见大钟还是没有停止抱怨，就微笑说道："你可知道，当初我还是一块铜时，工匠们在我身上一棒一棒地捶打，一刀一刀地雕琢。我是历经了一年的痛楚，日夜忍耐如雨点落下的刀锤，最后才有了佛的眼耳鼻身。我忍受了你不曾忍受的苦难，才有了今天的成就，才可以坐在这里，接受鲜花的供养和人类的礼拜！"

大钟听后，一想到自己竟然连每天的几下敲打都忍受不了，还在抱怨大佛的成就，也就羞愧地不再发出任何声音了。于是整个寺庙内外又恢复了一片寂静。

故事中的佛像之所以能够心安理得地享受人类的供奉，完全来自于他之前的付出。而大钟对于每天报时那点捶打之苦，觉得不堪忍受，最后只好羞愧地闭上嘴巴。古罗马诗人奥维德就曾经说过："忍耐和坚持是痛苦的，但它会逐渐给你带来好处。"这也就是中国人俗话中常说的："种瓜得瓜，种豆得豆"。

一个孩子将来收获什么样的果实，取决于他之前撒下了什么样的种子，以及是否用心经营着自己种下的幼苗。一个孩子要想克服平庸，就要适应现代社会的要求，不仅要掌握丰富的知识，更要懂得只有付出了努力才可能得到回报的道理。即使像爱迪生这样的人也会告诫自己：成功是一分天才，加九十九分的汗水组成的。

有研究人员调查过世界上各个领域中最成功的五十名学者的人生经历，发现他们除了本人聪慧以外，还有一些共同的品质，比如勤奋好学，对工作认真负责；为实现理想，勇于挑战各种困难；对自己充满信心等等。可见，不管是在文艺还是在科学上取得成就的人，并非都是智力超群的人。

翻看名人的人生轨迹，可以说没有人的一生是一帆风顺的。史蒂芬·霍金出生于英国的牛津，他年轻时就身患重症，然而他坚持不懈，战胜了病痛的折磨，坚持自己的研究，终于成为了举世瞩目的科学家。

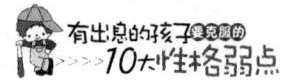

霍金在牛津大学毕业后随即到剑桥大学攻读研究生。不幸的是，就在这时他被诊断出患"卢伽雷病"，用不了多久就会完全瘫痪了。随后，霍金又因肺炎进行了穿气管手术，此后，他完全不能说话，只能依靠轮椅上的一个小对讲机和语言合成器与他人交谈。他看书必须依赖翻书器，查阅资料时需要用放大镜逐字逐句地读。

但霍金却没有被这巨大的伤痛所打倒，他没有放弃对知识的渴望。正是在这种令人难以置信的艰难中，他成为了世界公认的引力物理科学巨人。霍金在剑桥大学任牛顿曾担任过的"卢卡逊数学讲座教授"，他的黑洞蒸发理论和量子宇宙论不仅轰动了自然科学界，并且对哲学和宗教也产生了深远的影响。霍金在 1988 年 4 月出版了自己的著作《时间简史》，该书之后已用几十种文字发行了超过五百万册。

每一个孩子的人生旅途都还有很长的路要走，所以，对于以前失去的机会，没必要惋惜也不需后悔，只要愿意从现在开始努力，那么你们依然有足够的时间去改变自己的人生。因为人的才能不是与生俱来的，是靠坚持不懈的努力、靠勤奋换来的。每一个希望孩子有出息的家长都应该明白，过度的纵容不是对孩子的慈爱，而是在毁掉他们的人生；适当的严格才是对孩子真正的爱护，让他们从优秀走向卓越。面对家长的严厉之爱，相信懂事的孩子也会懂得珍惜和感恩，用自己的努力付出把自己的人生变得更加精彩。

2. 不要偷走孩子的梦想

只要你深信自己做的是对的，就不要让任何事情拖累你。世上的丰功伟业无不是对抗"不可能"的结果。重要的是不计困难，完成工作。

——戴尔·卡耐基

人生因为梦想而精彩，梦想因为坚持而实现。当一个孩子对这个世界说出自己的梦想时，有时也许会听到嘲笑和反对的声音，如果他此时选择放弃，那就只会让自己永远活在平庸里了。因为，所有的梦想在一开始的时候，都只存在于脑海中，不能因为别人看不见就自己放弃努力。只有坚持不断地浇灌，你的梦想才会有开花结果的一天。

一次作文课上，老师要求学生们以"我的理想"为题，写一篇作文。一个学生听了老师的题目之后，飞快地在他的本子上写着：我的梦想是拥有一座广阔的庄园，庄园里种满了世界各地的珍奇植物，树下绿草如茵。草地上是一座座别致的小屋，里面的娱乐设施一应俱全，是给客人们的休闲旅馆。我要邀请全国各地的游客前来参观，与他们一起分享自己的庄园。

当老师看了这个学生的作文之后，给他批了一个不及格，同时要求他重写。学生拿着自己的作文，满怀委屈地去请教老师，自己有什么地方不对。

老师对他说："我要你们写作文的目的，是为了帮你们规划自己的未来。可是你写的理想，毫无实际可言，简直就是白日做梦。如果你能够回去换一个切合实际的梦想，我可以给你一个合理的分数。"

129

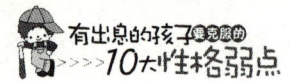

学生拒绝改变自己的梦想，对老师说："老师，这篇作文所写的，就是我的梦想！"

老师摇头说道："如果你不重写，我只能给你一个不及格的分数，你要想清楚。"

学生仍然不肯妥协，坚定地说："我很清楚，这就是我的梦想。"

三十年后，这位老师带着自己的学生到一处度假胜地旅行，他们在当地的一个庄园里尽情地享受着如茵的绿草，欣赏着珍奇的植物。一名中年人向他走来，告诉他们，晚上可以住在这里，那些精致的公寓都是免费对游人开放的休闲旅馆。

老师盯着这个中年人，似乎想起了什么。于是中年人告诉这位老师，自己正是当年那个作文不及格的学生。如今，他正是这片度假庄园的主人。

老师望着这位当年的学生，不禁泪流满面，感叹道："几十年来我不知改掉了多少学生的梦想。而你，是唯一坚持了自己的梦想，没有被我改掉的一个。"

从这个故事，我们可以知道，只有懂得坚持的孩子，才能最终实现自己的梦想。不论一个人的梦想在别人眼里是多么可笑，如果是自己认准了的事情，就应该为了梦想的实现而不懈努力，那么，一个人也会在自己不断追寻梦想的路上变得越来越伟大。

1968 年的春天，罗伯·舒乐博士决心在美国加州建造一座水晶大教堂。他向著名的设计师菲力普·强生说出了自己的梦想："我要建造的不是一座普通的大教堂，而是要建造一座人间的伊甸园。"菲力普·强生问他："预算需用多少钱？"

罗伯·舒乐博士坦率而明确地回答："我现在一分钱也没有，对我来说，是 100 万美元还是 400 万美元的预算没有本质上的区别。重要的是，这座水晶大教堂本身一定要具有足够的魅力来吸引捐款。"

后来，水晶大教堂的预算初步定为 700 万美元。这 700 万美元对于当时的罗伯·舒乐博士来说，不仅是一个超出他能力范围的数字，而且也是超出了众人理解范围的数字。当天夜里，罗伯·舒乐博士拿出一页白纸，在最上面写下"700 万美元"，接着又写下 10 行字：

1. 寻找 1 笔 700 万美元的捐款。

2. 寻找 7 笔 100 万美元的捐款。

3. 寻找 14 笔 50 万美元的捐款。

4. 寻找 28 笔 25 万美元的捐款。

5. 寻找 70 笔 10 万美元的捐款。

6. 寻找 100 笔 7 万美元的捐款。

7. 寻找 140 笔 5 万美元的捐款。

8. 寻找 280 笔 2.5 万美元的捐款。

9. 寻找 700 笔 1 万美元的捐款。

10. 卖掉 1 万扇窗户，每扇 700 美元。

从此，罗伯·舒乐博士开始了苦口婆心、坚持不懈的漫长募捐生涯。

到第 60 天的时候，富商约翰·可林被水晶大教堂奇特而美妙的模型所打动，罗伯·舒乐博士得到了 100 万美元的第一笔捐款。

到第 65 天的时候，一位听了罗伯·舒乐博士演讲的农民夫妇，捐出了 1000 美元。

到第 90 天的时候，一位被罗伯·舒乐博士孜孜以求精神所感动的陌生人，开出了一张 100 万美元的银行支票。

到第 8 个月的时候，一名捐款者对罗伯·舒乐博士说："如果你的努力能筹到 600 万美元，那剩下的 100 万美元就由我来支付。"

到第二年的时候，罗伯·舒乐博士以每扇窗户 500 美元的价格请求美国人认购水晶大教堂的窗户，付款的方法为每月 50 美元，10 个月分期付清。实际情况比预想的要好得多，还不足 6 个月，一万多扇窗户就全

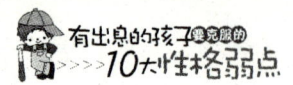
部认购完毕。建造水晶大教堂共用掉了 2000 万美元，比最初预算多得多，全部是罗伯·舒乐博士一点一滴筹集来的。

1980 年 9 月，历时 12 年，可容纳一万人的水晶大教堂全部竣工，成为世界建筑史上的一个奇迹，也成为世界各地前往加州的人必去瞻仰的胜景——名副其实的人间伊甸园。后来，罗伯·舒乐博士经常这样讲：不是每个人都应该像我这样去建造一座水晶大教堂，但是每个人都应该拥有自己的梦想，设计自己的梦想，追求自己的梦想，实现自己的梦想。梦想是生命的灵魂，是心灵的灯塔，是引导人走向成功的信仰。有了崇高的梦想，只要矢志不渝地追求，梦想就会成为现实，奋斗就会变成壮举，生命就会创造奇迹。

在每个孩子的心中都曾经拥有过梦想，但是实现梦想的快乐只是属于少数人的。因为很多孩子无法面对别人的质疑和反对，最终选择了放弃和平庸的生活。作为一个希望孩子有出息的家长，应该从小就告诉孩子：只有坚定的人，才能最终实现自己的梦想。要实现自己的梦想，首先要能够经得起别人的打击。只有在平庸中敢于坚持的人，才能最终获得非凡的成就。

3. 让孩子懂得自己的价值

　　一个人最糟的是不能成为自己，并且在身体与心灵中保持

自我。

——戴尔·卡耐基

每当我重读那些名人传记时，总是感慨：这个世界上既没有天生的伟人，也没有天生的庸人。因为，每个伟人的成就都不是与生俱来的，

他们付出平常人无法想象的努力；而每个平庸的人也都曾经拥有过不凡的才能，但是他们最终放弃了自己的价值，选择了平庸的生活。安徒生是鞋匠的儿子；林肯也是鞋匠的儿子；贝多芬的家境也十分贫穷，而且后来又面临着双耳失聪的折磨。但是，尽管他们的出身十分平庸，甚至是很卑微的，但这并不妨碍他们成就自己的伟大，因为他们从没有因为别人的否定而小看了自己。

从前有一位画家，经过十年的努力终于创作出了一幅自己满意的作品。他觉得自己的这幅画已经近乎完美，于是就做了一张复制品，摆在广场上展览。他对广场上的人群说："如果谁认为我的画哪里是败笔，尽可以用笔在上面圈出来。"结果当他晚上收回自己的杰作时，这位画家大吃一惊，整幅画上都被人们做满了记号。

画家十分气馁，他觉得自己的十年努力全都白费了，于是打算将自己的作品毁掉。这时，一位朋友来安慰了他良久，并给他出了一个新的主意。第二天，这位画家又做了一张原画的复制品，依然摆在昨天的广场上，并对过往的人群说道："如果谁认为我的画哪里画得精妙，请用笔圈出来。"等到了晚上的时候，让画家再次大吃一惊的是：整幅画上也都被人们做满了记号。于是画家终于又找回了自信，将自己的画好好地收藏了起来。

同样的一幅画，在别人以为是败笔的地方，也许正是这幅画的精妙之处。因为无论你做什么，都会有一部分人反对，一部分人赞成。尤其是一个孩子在追逐自己梦想的道路上，反对与嘲笑的声音将会格外多。

因为孩子不懂得自己的价值，所以时常拿自己和别人比较，看到别人比自己厉害，就会感到自卑，看到自己超过别人时，又会盲目自傲。自卑让孩子失去信心，自傲则会让孩子迷失方向。所以，家长一定要让孩子明白，在这个世界上，每个人都有自己的特色和秉性，绝不能因为他人的成功而看轻了自己。

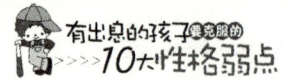

维克托是美术界"视幻艺术派"的代表人物，他出生在一个富贵的家庭，父亲是一位声名显赫的外交官。维克托从小喜欢画画，他14岁那年，父亲带他去见毕加索，想让这位大画家收儿子为徒。可是，毕加索拿过维克托的画看了一眼后，当即拒绝收他为徒。

维克托的父亲很诧异，他不知道为什么毕加索毫不犹豫地拒绝了他。"你想让维克托成为一个真正的画家，还是做第二个毕加索？"毕加索问。

"我想让他成为一个像你一样真正的画家！"维克托的父亲回答。

"假若是这样的话，你就把他领回去！"毕加索回答。

四十年后，维克托的画第一次出现在苏富比拍卖行，虽然拍卖的价格只有毕加索的几十分之一，但他仍非常高兴。

当记者采访他时，他感慨地说："毕加索不愧为真正的大艺术家，他不愿意抹杀我的天分，让我成为一个独特的画家。我很庆幸他当年拒绝收我为徒，才能让我得以施展自己的特长。"

如果一个孩子太在乎别人的看法，希望附庸别人来得到赞许，就相当于告诉自己"不要相信自己，你得听听别人的意见"。继而你就会开始怀疑自己，渐渐地就会失去独立的特性。而无法坚持做自己的孩子，其独有的个性不会得到发展，为别人而活会让他身心疲惫。所以，聪明的家长懂得引导孩子去发现自己的价值，让他们学会走自己的路，而不是盲目地去跟着别人走。毕竟每个孩子都是一个上帝创造的奇迹，不论一个孩子表面上看起来多平庸，当他体现出自己的人生价值时，他将成为这个世界上最了不起的人，因为，这个世界上与你的孩子一模一样的人，只有一个。

4. 孩子的思路决定了孩子的出路

> 每个人都拥有许多未知的潜力，有时我们做的事，自己连做梦都想不到。如果能够改变自己的思维方式，我们就能完成看来不可能完成的事。
>
> ——戴尔·卡耐基

东方的家长喜欢教孩子应该怎样做，而西方的家长更重视教会孩子怎样想。结果东方的孩子普遍遵循着自己小时候学到的处事方法，在遇到问题时不会变通；而西方的孩子则在开放的教育中学到了解决问题的思维，具有极强的创造性。很多时候，常识和规则的确给孩子们带来方便。但是，在遇到困境和难题的时候，带领孩子找到出路的往往不是对规则的遵循，而是改变自己的思维方式。

其实，孩子的成长就像河流流向大海，要想让孩子最终实现自己的人生目标，家长必须在教会孩子坚持目标、执着于努力的同时，还要教会孩子修正自己的方向、随机应变以寻找人生的出路。

有人曾经做过一个有趣的实验：把一个肚大口小的玻璃瓶平放着，同时，让这个玻璃瓶的瓶底对着光亮，瓶口对着暗处。然后把蜜蜂和苍蝇同时放进这个玻璃瓶里，观察它们的反应。

结果出人意料：蜜蜂会一直朝着光亮的平底冲刺，在碰壁后拼命地挣扎，最终气竭力衰，死在玻璃瓶里；而苍蝇开始也会朝着光亮处飞行，但是在碰壁后，就会改变方向，四处乱窜，最后钻出瓶口，得以逃生。

实验的结果之所以出乎意料，是因为执著的蜜蜂最终走向了死亡，而没有方向的苍蝇却找到了生路。生活中，孩子们总是被告诫要坚持到

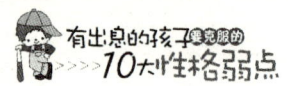
底，要始终如一。家长却忘记了教会孩子要结合实际，随时转向。

当一个孩子走进死胡同时，如果不转弯，就会无路可走，但如果换个方向看，则会迎来他们人生中新的光明和希望。

有两个商人，他们各自带了一卡车雨伞到北方去卖。去之前没做市场调研，他们不知道北方下雨的机会多不多，也无法得知能不能卖个好价钱，他们认为自己的伞质量好而且便宜，不管走到哪里都能卖出去。

可真正到了北方他们才发现，北方人很少用伞，因为那里的气候跟南方不一样，常年干旱少雨，根本用不着雨伞。两个商人都傻了眼，一时间都陷入困境。

一个月后，他们在回家的路上相遇，一个垂头丧气，一个却意气风发。

"看你这兴高采烈的，是把伞都卖了，赚了不少的钱吧？"

"是啊，都卖了。"

"北方不下雨，谁用雨伞啊！我的伞堆得都快发霉了，你是怎么卖掉的？"

"伞还是那些伞，只是我卖的时候把'雨伞'都改成了'阳伞'。伞可以挡雨，也可以遮太阳啊！北方阳光那么强烈，很需要阳伞啊！"

另一个商人恍然大悟。

可见，不论是生存还是经商，只有能够转变思路的创新者，才能找到问题的出路。而要想让自己的孩子有出息，家长首先应该教会孩子换个角度去看待自己遇到的问题。其实，只要孩子能够及时转变思路，不但可以走出眼前的困境，甚至可以在将来的发展中变害为利。

有一个十岁出头的小男孩，因为家境贫穷，所以他也要工作养家，在一户有钱人家里做佣人。一天，女主人把自己的一件礼服交给小男孩，让他把上面的褶皱熨平，并一再强调要他小心，因为这件衣服的材质十分昂贵。小男孩十分谨慎地打理着女主人的礼服，可是，偏偏在熨衣服的时候不小心碰倒了桌子上的煤油灯，礼服虽然没被烧掉，却被洒出的煤油弄脏了一大片。

当女主人得知小男孩弄脏了自己的礼服之后，把他大骂了一顿，并要求他赔偿这件礼服。男孩的家境本来就贫穷，根本拿不出赔偿的钱来。一筹莫展的小男孩每天对着被自己弄脏的礼服哭泣，直到有一天，他发现礼服上曾经被煤油浸渍过的地方，现在不但没有变脏，而且变得干净了。

于是，小男孩走出了自己的无奈，他开始研究煤油的清洁能力。经过不断尝试，他往煤油里加入各种原料。又过一年多，小男孩发明的干洗剂终于问世了。而这个当年的佣人成了世界上第一家干洗店的老板，几年后，干洗生意越来越好，他也成了一位成功的企业家。而当年那个因为弄脏女主人衣服而苦恼的小男孩，就是我们今天使用的干洗剂的发明者：乔利·贝朗。

干洗技术的发明竟然是由于乔利·贝朗儿时的一次失误所产生的，而世界上的许多发明，都是从一次不起眼的失误开始的：可口可乐、薯片、蛋卷冰淇淋，阿司匹林、X光、青霉素，卫生纸、玻璃、便利贴……我们的衣食住行都离不开这些发明，而这些发明都是源于我们生活中不同的失误。但是，相同的是这些发明者在失误之后，都转变了自己的思路，然后创造了惊人的发现。

所以，希望孩子克服平庸的家长，首先应该让他们的思维方式与众不同。只有在转变了孩子的思路之后，才能让孩子更好地应付生活的千变万化，走出困难的重重迷宫，最终走向非凡的人生。

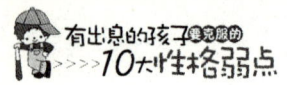

5. 非凡的孩子永远不会放弃希望

判断力加上企图心，再以活力作为调味剂，这就是成功的精美食谱。

——戴尔·卡耐基

不论是成功者还是失败者，我们都可以从他们身上学到相同的东西，那就是：在人生的绝境中，幸存下来的都是没有丢弃希望的人，而壮烈牺牲的往往是已经绝望的人。内心的一丝希望，就像黑夜里的一丝阳光，虽然暂时不足以刺破整个人生的黑暗，但是却可以引领着一个人的内心走向最终的光明；而绝望的内心，就像背对着阳光，不论外面的世界多么精彩，绝望的人也只能看见人生无尽的黑暗，看不见阳光。

所以每一位家长在孩子遇到沮丧的处境时，要告诉他们，现实并没有他们想象的那么可怕，黑暗之中，只有不放弃希望的人才能最终走向光明。

有一个年轻人，十分虔诚地信仰上帝。每次去教堂礼拜时，他都会向上帝祈祷，许下自己的心愿。直到这个年轻人长出了白头发，他依然坚持着自己年轻时的习惯。

一天，这个虔诚的信徒，在教堂门口遇到了一位神父，神父问他："这么多年，你一直虔诚地信仰上帝，每次来都会向上帝许下心愿。那么，你的愿望实现了多少呢？"

他回答说："第一年，我许愿，希望我的母亲能够病情好转，但是，六个月后，她永远地离开了我们；第二年，我许愿，希望我能够顺利考入大学，但是，我在考试前突然病倒，与大学无缘；第三年，我许愿，希望自己未来的妻子充满魅力，但是，我娶的妻子很平凡；第四年，我许愿，希望自己能够得到一个儿子，但是，妻子生的却是一个女儿……"

神父听了他的话，奇怪地问道："既然你的愿望从没实现过，你为什么还会如此虔诚，每年都来许愿呢？"

他回答说："我母亲虽然去世了，但是，在她最后的日子里，她从没恐惧过死亡，临终时，她很满足；我虽然没能考入大学，但是，后来给一个工程师做学生，学到谋生的本领；我的妻子虽然不漂亮，但是她聪明善良，是我的得力助手；虽然我没有得到儿子，但是我的女儿乖巧可爱，相信有一天，她会找到一个爱他的人。所以，虽然我的愿望没有一个彻底实现，但是，每许一个愿，都是我的一个梦想，它们让我对未来充满希望。而每一次我的愿望落空之后，我都会更加珍惜自己眼前的一切，这样，才能在不幸福的时候，永不绝望。"

这个年轻人的名字叫做马库斯，后来，他凭着对梦想的渴望与追求，成为了一家公司的董事长，而这家公司是拥有775家分店、15万名员工、年销售额达300亿美元的世界500强企业。

成就马库斯信仰与愿望的并不仅仅是上帝，还有他自己内心的希望。假如，他在年轻时失去了自己的梦想，对人生绝望，那么，绝不会有日后的企业家马库斯。

所以，无论一个孩子感觉自己的处境多么糟糕，其实那只是他们眼前的假象。当一个孩子试着找回自己的希望时，他的双眼才不会被蒙蔽，人生的星光才会闪耀在他的面前。

塞尔玛女士是一位好妻子，她陪伴自己的丈夫驻扎在一个沙漠的陆军基地里。当丈夫奉命到沙漠里去演习时，她就一个人留在家里。那是一座小铁皮房子，由于沙漠中的炎热干旱，屋内的气温在仙人掌的阴影下也有华氏125度。

塞尔玛女士一个人留在家，连个聊天的朋友也没有。因为她的周围

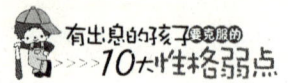

只有墨西哥人和印第安人，而他们不会说英语。一段日子过后，她无法忍受眼下的生活了，就写信给父母，说要丢开一切回家去。

很快，她收到了家里的回信，是父亲的字迹。信中只有两行字：

"两个人从牢中的铁窗望出去，

一个看到泥土，一个却看到了星星。"

塞尔玛女士一遍一遍读着这封简单的回信，慢慢改变了自己的心态。她开始放下抱怨，决定要在沙漠中找到星星。

她开始和当地人交朋友，并很快融入了当地的社会。她了解了印第安人和墨西哥人的民俗文化，对他们的纺织品和陶器产生了浓厚的兴趣。后来，她又开始走进沙漠，对土拨鼠、仙人掌和各种沙漠动物、植物产生了兴趣。再后来，她更深入地走进沙漠，观看沙漠的日落，还寻找到了沙漠中的海螺壳，这些海螺壳是几万年前地址变迁留下来的。

塞尔玛女士的生活完全改变了，原来难以忍受的环境，如今变成了让人留连忘返的奇景。可是，沙漠并没有改变，印第安人和墨西哥人也没有改变，究竟是什么改变了她的生活呢？

当然是父亲的那封回信，或者更根本的，是她自己的心态发生了改变。她从自己内心的牢房里看出去，终于看到了星星，并为此写了一本书——《快乐的城堡》。

态度的改变，使塞尔玛女士原本恶劣的生活状况，变成了她一生中最有意义的冒险经历。其实，当一个孩子身处困境时，向人生的窗外望一眼并非难事，关键是选择低头盯着地上的泥土，还是选择抬头仰望满天的星光。作为一个希望孩子有出息的家长，我们需要让自己的孩子时刻记得抬起头，对未来满怀希望。也许我们无法改变孩子所处现实的环境，但是我们可以帮助他们换个角度看这个世界，也许人生的美好原来就藏在他们的背后呢。

6. 培养孩子积极的心态

积极的人在每一次忧患中都看到一个机会，而消极的人则在每个机会都看到某种忧患。

——戴尔·卡耐基

在孩子们漫长又短暂的一生中，会面临许多人生的转折，站在命运的十字路口的交界点上。有时，孩子会不知道如何选择，未知的情况往往会让孩子的心中感到莫名的害怕与烦恼。所以，一个优秀的家长懂得让孩子用积极的心态去面对这个世界，这样，他们才会在不断的成长中越来越乐观，越来越强大，最终成为一个了不起的人。

有一位老妇人每天都在烦恼，一位智者问她为何每天都心情极其沮丧，她就说："我有两个女儿，大女儿嫁给了一个开洗衣作坊的人，二女儿嫁给卖雨伞的。到天气下雨的时候我就为我开洗衣坊的女儿担心，担心她的衣服晾不干；到晴天的时候我担心我那卖雨伞的女儿，怕她的雨伞卖不出去。"

智者闻言，对她说道："您是在自寻烦恼，其实您的福气很好，下雨天，您二女儿家顾客盈门，天晴时，你大女儿家生意兴隆，对于您来说哪一天都有好消息呀！您没必要天天烦恼呀！"

老太太听了这样的话，心里便轻松了一些。

其实，很多时候，一个人的烦恼和痛苦，皆源于看问题的角度不同。所以，遇到生活中的难题时，聪明的孩子只需要换个角度，便能看到生活中最为积极的一面。

古时的人都很相信征兆，有一位国王尤其迷信。一次，他梦见自己

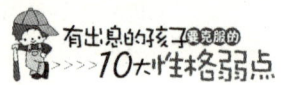

的国家山倒了、水枯了、花谢了，被惊吓而醒。于是马上把这个梦告诉了身边的王后，并让王后帮他解梦。

王后沉吟片刻，说："从梦中来看恐怕要大势不好。山倒了暗喻国王您的江山要倒；君是舟，民是水，水枯了，舟也不能行了，所以水枯了恐怕是指民众离心；花谢了自然是好景不长的意思。"

国王本来心中不安，听了王后的解释又惊出一身冷汗，从此身患重病，不能主持国家的政事了。

国王的宰相是一个聪明而忠心的人，听说了宫里的情况，连夜要求参见国王，国王只得在病榻上接见了他。

"国王陛下，听说您龙体欠安，不知是什么原因，所以我特意来看望您。"宰相见到国王后很有礼貌地问候道。

于是国王就说出了他的心事，把自己的噩梦和王后的解释都一一道来。哪知宰相听后非但不替国王担忧，反而哈哈大笑起来。

"我的江山不保了，你怎么这样高兴，难道你要造反吗？"国王又气又恼。

宰相不慌不忙地回答说："恭喜陛下，贺喜陛下！这是一个大大的好梦啊。"

国王被他弄得一头雾水，就问："这怎么会是好梦呢？你快快道来。"

于是大臣解释说："您梦见山倒了，是指从此天下太平；水枯了，是指真龙现身，国王您是真龙天子；花谢了更是好兆头，因为花谢然后结果呀！"

国王听罢，全身轻松，大大赏赐了这位宰相，很快国王的病也痊愈了。

同一个梦境，总是会有不同的解释。就像一枚硬币，总是有两面同时存在。消极的孩子只会看见不如意的世界，身体和心灵都得不到解脱。而拥有积极心态的孩子，却能够全面地看待事情，遇到烦恼用微笑面对，让自己的人生不断上演精彩。

艾薇拉在人生最美好的时期却被查出患有心脏病，无边无际的难过一下子笼罩了她的心，她觉得生活失去了意义，并且拒绝接受任何治疗。

一个阳光明媚的午后，她偷偷从医院里跑出来，漫无目的地在街上晃悠。忽然，一阵略带嘶哑的乐曲吸引了她。走近一看才知道，原来是一位双目失明的老人正把弄着一把破旧的小提琴，在汹涌的人流中忘情地弹奏着。可是吸引人的不只是老人的神情，而是这位失明的老人怀里还挂着一面镜子。

艾薇拉好奇地走上前，趁老人拉完一曲后问道："老先生，抱歉打扰您了，请问这镜子是您的吗？"

"是的，手里的小提琴和胸前的镜子是我的宝贝！音乐是世上最美好的事物之一，我就靠这个自娱自乐，享受生活中的美好……"

"可您的眼睛……"她迫不及待地问出这个问题，突然觉得有点失礼。

可老人却并不在乎，只是微微一笑，说："我希望有一天能出现奇迹，我相信总有一天我能在这面镜子里看到自己的容貌。因此不管到哪儿，不管什么时候我都带着它。"

艾薇拉心一下被震撼了，回到医院后，她积极地接受治疗，尽管每次治疗都会让她感受到巨大的痛楚，但她却再也没有放弃过，而是坚强地忍受治疗的痛苦。终于，奇迹出现了，艾薇拉恢复了健康。从这以后，她觉得自己拥有了人生中弥足珍贵的两个礼物：积极乐观的心态和敢于坚持的信念。

要想让孩子把握自己的命运，就一定培养孩子积极的心态，因为积极的心态是掌管人生方向的舵手，是把握命运的动力。如果烦恼是生锈的钉子，那么积极的心态就是去除铁锈的润滑剂；如果困难是一把铁锁，那么积极的心态就是打开这把铁锁的钥匙。所以，只有那些真正具备了

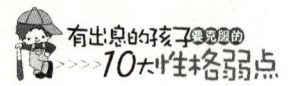

积极心态的孩子，才能在自己的人生航行中乘风破浪，最终到达别人没有去过的港口。

7. 注重细节的孩子，才能抓住机会

当机会呈现在眼前时，若能牢牢掌握，十之八九都可以获得成功，而能克服偶发事件，并且替自己找寻机会的人，更可以百分之百获得胜利。

——戴尔·卡耐基

机遇对每个孩子来说，都好比凤毛麟角的珍贵物品，不会常常出现在生活中。而机遇总是眷顾那些有准备的孩子，更加喜欢眷顾那些注重细节的孩子。聪明的孩子能从琐碎的小事中发现机遇，他们所遇到的每一个人，所经历的每一件事，都是一个机遇，都是自己走出平庸的一级台阶。

但是，对于那些粗心大意的孩子来说，即使把机遇放在眼前，他们也不会有任何反应。所以，每一个家长都要懂得，即便自己的孩子拥有过人的天赋，也要培养他们去抓住机遇的细心品质，否则成功就会变成"彼岸花"，只可观望，不可触摸。

塞西尔是一个艺术中心的销售代表，这里的艺术品动辄五六百万一件，因此销量并不是很大，但塞西尔却总能取得不错的成绩。

那天，有人组团来参观塞西尔所在的艺术中心，销售代表们个个摩拳擦掌，准备为自己的业绩添点光彩。他们的观察能力都很强，只需要瞧瞧来者的私家车，再瞅瞅来者的穿着，就大概猜到对方的经济实力了。参观团来时，销售代表都抢着去接待他们所认为的潜在客户，而一位中年男士却被晾在了一边，他是坐公交车来的，而且也没有其他客户身上那种咄咄逼人的气势。

塞西尔正准备接待一位开私家车来的客户，忽然一个细节吸引了他，那位男士在不经意中看了看手表。正是这个细小的行为，令塞西尔立刻改变了主意，转而和那位男士开始交谈起来，并且把最好的一套艺术品介绍给他。

这笔生意做得出奇地顺利，男士爽快地签下了合同，上百万元的购物款没几天就悉数到账了。这位男士是这批参观团中唯一出手的客户，塞西尔顺利拿到了三万元的提成奖，这让其他销售代表羡慕不已。

"他无非是看了看表，你怎么就知道他会买呢？"有同事好奇地问塞西尔。"他戴的是最新款的欧米茄贵族表，这款表价格至少在六位数以上，这足以说明他的经济实力远大于那些开着私家车来的客户。事实证明我没有猜错，他有一辆奔驰跑车，只是当天出了点小故障，他才坐车来的。"塞西尔说。

"你运气可真好。"同事羡慕地说。"机会对大家都是平等的，只是我抓住了。当然，我也为此付出了很多心血。为了能更好地了解客户，我在业余时间看了无数杂志，浏览了许多时尚网站才记住了几乎所有奢侈品的式样和价格。如果没有平时的积累，即使那块表摆在我的面前，我也认不出来啊！"塞西尔感慨地说。

人生就是这么充满戏剧性，快跑的未必能赢，力量大的未必能胜。上帝对待每一个人都是公平的，他会给予每个人同样的机遇。但是只有那些注重细节的孩子才能在机遇出现的刹那，就能意识到并将其抓在手中，而那些粗枝大叶的孩子往往会让机遇从眼前溜走却不懂得好好利用。

很多孩子往往只想做大事，而不愿意对那些不起眼的小事多一份关注。可是，这个世界上想做大事的人有很多，而愿意把小事做好的人却太少。事实上，随着社会分工越来越精细，专业化的程度也越来越高，

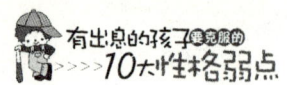

这个社会真正需要的人才正是那些注重细节的孩子。

艾拉在大学期间学的是会计专业，因此，她希望能找到一份与之相关的工作。于是圣诞节刚到，艾拉就辞去了这份收银的工作，想找一家更适合自己的公司。

幸运的是，艾拉很快就找到了一家满意的公司，并轻松地通过了第一轮测试，和十位求职者同时进入了第二轮测试。可第二轮测试什么时候、在什么地方进行，招聘方却迟迟没有通知。艾拉和其他的应聘者都很焦急地等待着通知。

期间，招聘方有人找过艾拉，并给了艾拉50美元让她去商店购买一些办公用品，以备参加第二轮面试使用。然而，艾拉一眼就发现，对方给自己的这张50美元是假币，出于职业习惯，艾拉当即指了出来，并予以拒收。对方见艾拉认真的样子，意味深长地笑了笑，没再说什么。

几天后，招聘公司打来电话，告诉她已经通过了第二轮测试，并让她去公司参加最后一次测试。原来，那次招聘方是故意给的假币，用这个方法来检测应聘者的职业素质。得知这件事的原委之后，艾拉很紧张，她不知道还有什么无法预知的事情会出现。

这次测试的地点在公司的会客厅，艾拉和其他剩下的求职者在屋外等候，等叫到自己的名字了才进去面试。

轮到艾拉了。她忐忑不安地进了屋，在主考官面前坐下。主考官说："你以前做过收银是吗？那么请你说出不同面值的美元后各是什么图案？"这个问题出乎意料，虽然很简单，但却极容易被忽略。还好艾拉比较细心，对生活中的一些小事很留意，于是，她充满信心地回答了面试官的问题。

结果不出艾拉的意料，她被录用了。在所有参加面试的人里，竟只有艾拉一人完美地回答了面试官的问题。艾拉成功了，她用细心为自己赢来了职场生涯里的新起点。

很多优秀的孩子在长大之后却未曾触摸到成功，往往是因为他们输在了一些微乎其微的细节上。细节是茫茫大海中一滴晶莹的水珠，是沙漠中一粒普通的沙子。能从细节中以小见大的孩子，才能看见一滴水中包藏的整个大海，一粒沙中蕴含的广阔世界。

8. 让孩子拥有坚定的信念

你要支配情绪、控制情绪，不能让情绪支配、控制你，甚至摧毁你。健康愉快的生活来自勇敢进取的生活态度，只会诅咒生活的人，永远不会尝到生活的乐趣。

——戴尔·卡耐基

孩子们生活在这个竞争激烈、信息千变万化的社会中，在摆脱平庸的路上，偶尔会被脚下的障碍物"绊倒"。但是，家长应该让他们记住，一次跌倒并不表示什么，关键是在跌倒后，要依然坚定自己心中的信念。成功需要某种近乎固执的执着，就像那最美的风景，不爬到最高点就无法欣赏到。所以，一个有出息的孩子应该学会用平常心去看待生活中的挫折，要知道，一个人若没有经历过失败，就无法尝遍人生的酸甜苦辣，而生命的底蕴是深厚的，不体验失败，就无法真正取得成功。

其实，孩子只要坚定了自己内心的信念，就能在自己的人生路上披荆斩棘，做到"条条大道通罗马"。不同的人可以选择不同的路，成功与否，往往不在于选择什么样的道路，而在你是否能执着于自己的选择。

天花是一种烈性传染病，十八世纪在欧洲曾经大规模爆发，因感染天花而丧命的人超过一亿。这种可怕的疾病会使人整天发高烧，并且死

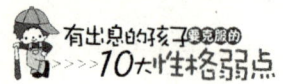

亡率极高，即使逃过一劫也会在脸上留下难堪的疤痕，而天花这个名字正是因此而来。

琴纳是英国的一名乡村医生，作为一名正直的医生，眼看着大量的居民因感染天花而死去，心里很不是滋味，但他又没有什么办法。一次，村里的检察官让琴纳统计一下村里因天花而死亡的人数。他挨家挨户了解后发现，镇上几乎每家都有天花的受害者，但奇怪的是，养牛场的挤奶工人却没有任何人死于天花或被天花感染。

他疑惑地向一名挤奶女工询问："你们被天花感染过吗？或者，奶牛会不会被感染天花？"挤奶女工告诉琴纳，牛也会生天花，但是牛感染天花后，只会在皮肤上出现一些小脓包，过段时间就会消退。挤奶女工给患过牛痘的奶牛挤奶时，有时也会感染牛身上的天花。

琴纳由此发现，凡是得过天花的人，就不会再被感染。他想，或许得过一次天花，人体里就产生抗体了。从此，他就开始研究用牛痘来预防天花。经过二十多年的坚持，琴纳终于成功了：他从牛身上获取"牛痘浆"，接种到人身上，使接种的人也像挤奶女工那样得轻微的天花，产生抗体后就不会再患天花。

在琴纳研究"牛痘接种"的二十年里，遭遇过无数冷嘲热讽，有人甚至说："如果把牛痘移植给人，那么人就会长出角来，会像牛一样'哞哞'叫。"但琴纳并没有退却，而是继续进行研究，直到他取得成功的那一天，世人才改变对他的看法。

回顾历史，几乎所有取得过一番成就的人都成遭遇到外界的诽谤和嘲笑。故事中琴纳在长达二十年的研究中，付出了多少努力，承受了多大压力，恐怕是外人无法体会的，但毫无疑问的是，琴纳用他的事迹告诉每一个渴望成功的孩子，经营人生最重要的品质之一就是，要学会坚定自己内心的信念。

俗话说"树有多大，阴影就有多大"，一个想做大事业的人，绝对不会为了获得他人的认可而隐藏起自己真实的内心。吉尼斯世界大全里记载的诸多创造奇迹的人，这些大大小小的人物使世界变得有声有色。他们的性情各不相同，但他们有一个最明显的共同点，即执着于自己的信念，执着于自己的梦想。他们的执着成就了他们事业的辉煌，他们的坚定让他们的人生达到了普通人高不可攀的程度。

儒勒·凡尔纳是 19 世纪法国著名的科幻小说家，他的作品不仅轰动了当时的法国，直到现在，依然大受好评。但是凡尔纳的成名也不是一帆风顺的，他的第一部作品《气球上的五星期》一连投了十五家出版社，全都遭遇了退稿，直到第十六次投稿才被一家出版社出版。

美国作家杰克·伦敦的第一部小说，也没有任何一家出版社愿意发表，以致他不得不去干体力活养活自己。后来他的《北方故事》由一家有眼力的出版社看中，才一举成名。

丹麦童话家安徒生的处女作问世后，曾经有人攻击他的出身，称他"作为一名鞋匠的儿子"，作品"别字连篇"、"不懂文法"、"不懂修辞"。但安徒生毫不气馁，笔耕不辍，终于成名，并成为一位伟大的童话作家。

一个伟大生命的旋律中离不开磨难的音符，而生活的智慧就是在挫折中的不断积累。所以，面对生活中的种种打击与挫折，胸怀大志的孩子必须学会客观地看待问题，积极调节自己的心态，让自己的信念重新回到坚定的位置。

而作为一位优秀的家长，也应该帮助孩子认识到，恰恰是挫折才使他们变得聪明和成熟，正是眼前的失败造就了他们未来的成功。所以，要让自己的孩子学会保持自信和乐观的态度，适当地锻炼孩子承受压力的能力。在那些勇于迎接挑战的孩子面前，挫折和打击永远是他们成功的垫脚石；在那些内心信念坚定的孩子眼里，成功和卓越永远是他们的囊中之物。

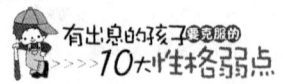
9. 不给孩子的人生设限

如果你不妥协，那么总有扭转局势的机会。只要你不限制
自己的思维，那么总有一天会实现自己的梦想。

——戴尔·卡耐基

美国心理专家莎莉·肯普顿说："要战胜已经在你大脑里安营扎寨的
敌人是很艰难的。"孩子们也许并不能马上理解这句话，不知道"大脑里
的敌人"会是谁。其实，每个孩子心里都有一个敌人，那就是"给自己
设限的自我"。

当一个孩子觉得自己做不到某件事情时，那么他一定做不到，因为
在尝试之前，他已经放弃了成功的可能。所以，每一个家长都应该培养
孩子的挑战精神，让他们敢于去挑战那些传说中"不可能"的事情，别
被"不可能"阻挡了孩子迈向成功的脚步。

非洲北部有一个偏僻的村庄，这里临近太平洋，北边是阿塔卡马沙
漠。特殊的地理环境，使太平洋冷湿气流与沙漠上的高温气流交融，形
成了常年多雾的景象。可浓雾却丝毫无法为这片干涸的土地带来生气，
因为白天强烈的阳光会使浓雾迅速蒸发殆尽。这片广袤的土地始终看不
到一丝绿色，当地人已经对这片土地失去了信心，认为这里永远都不可
能出现绿色了。

一次偶然的机会，加拿大一位物理学家来到这里，偶然之间他发现
一个奇特的想象——这里蛛网密布。这个现象说明蜘蛛在这里繁衍得很
好。可为什么只有蜘蛛能在如此干旱的环境里生存下来呢？罗伯特把目
光锁定在这些蜘蛛网上，借助电子显微镜，他发现这些蜘蛛丝具有很强

的亲水性，极易吸收雾气中的水分。而这些水分，正是使蜘蛛在这片沙漠里得以生存的关键。

罗伯特打算模仿蜘蛛，发明一种人造"蛛丝"帮村民取水。可村民却觉得这简直是痴人说梦。然而罗伯特最终还是研制出了"蛛丝"，一种人造纤维网。在一天当中雾气最浓的时间将这种纤维网排成网阵。这样就能拦截到雾气，形成水滴，这些水滴就能汇聚成新的水源。

如今，这种人造蜘蛛网平均每天可截水一万升，不仅满足了当地居民的生活之需，而且还可以灌溉土地。这里已经长出了百年不见的鲜花和青绿的蔬菜。

在这个世界上，从来没有真正的不可能，只有绝望的思维才会给孩子的人生设限。一个希望摆脱平庸的孩子，就要勇于突破障碍，活出自己的梦想。因为，人生中没有什么比完成别人口中"不可能"的事情更开心了。成功人士的一大乐趣就是把别人口中的"不可能"变成可能，把那些别人认为永远做不到的事，变成事实。

高斯是著名的数学家，他有"数学王子"的美誉。有一次，他在数学课上睡着了，下课铃响了，他才醒过来，抬头看见黑板上的一道题目，以为是当天的家庭作业。回家后，他埋头演算，却一直算不出来，但他始终不相信自己算不出来。终于，当他把答案带到课堂上时，老师却一副瞠目结舌的表情。原来那是一道被公认为无解的数学难题。

在麻醉药发明之前，医生坚信无痛手术是不可能的。在原子弹发明之前，科学家相信原子是不可能分裂的，原子弹的构想根本是痴人说梦。在蒸汽机发明之前，就有人曾挖苦富尔顿："你有没有搞错，先生？你要在甲板下生火，让船乘风破浪地航行？"但富尔顿不但实现了目标，还发明了蒸汽机。

一切不可能都会变成可能，只要孩子敢于付出行动。如果家长固执地认为某件事是不可能的，那么孩子的人生就会受到限制，最终他们也

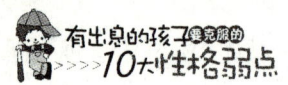
只好在打击和质疑中放弃努力，甘于平庸。

其实，一件事是否"可能"，完全取决于孩子的信心。所以，聪明的家长绝不要对孩子说："做人要实际一点"，因为这样只会勾起孩子内心的恐惧与不安，使他们失去尝试的信心，最终把孩子们的生活变得千篇一律。家长应该多鼓励孩子说："为什么你不试一试呢？"这样不仅可以坚信孩子的信念，让他们学会用行动去实践，同时也可以让他们从小树立"一切皆有可能"的观念，为自己赢得没有限制的人生。

10. 让孩子看见人生更大的价值

> 如果你有一个正确的思想，就可以使任何工作变得更有趣。你的老板希望你更用心工作，对他才有好处。但是，我们先不要去想老板的目的，只要想想我们自己对工作感兴趣，能够给我们带来什么帮助。
>
> ——戴尔·卡耐基

孩子的未来能够走多远，往往取决于家长指示给孩子的人生路有多远。如果家长总是向孩子强调眼前的利用，那么孩子就会在家长的指示中迷失了人生的方向；如果家长给孩子展示了人生的宏伟蓝图，那么孩子的未来一定前途无量。

很多家长，喜欢向自己的孩子强调不要吃亏，不要白白给人帮忙。但是如果孩子用这种心态去面对自己的人生、工作，就会阻碍孩子自己的事业获得成功，甚至影响自己的人生发展。因为，一个人的付出和所得往往是无法用金钱来衡量的，但是一个人的心有多大，他的舞台就有多大。

初春的一天，一群建筑工人正在一座建筑物旁工作，这时一辆汽车缓缓开了过来，打断了他们的工作。汽车刚停下来，一个人从车里走出来，大声喊："宾，是你吗？"被叫做宾的人，是这群工人的经理，听到熟悉的声音他开心地回答："是我，安德鲁，见到你真高兴。"

安德鲁和宾热烈地拥抱了一下，两个人开心地聊了一会，然后安德鲁依依不舍地与宾分别。这个叫安德鲁的人，是这栋建筑物的拥有者。在老板走后，工友们好奇地问宾，怎么和老板这么熟悉。宾得意地炫耀，十年前，他和安德鲁同一天上班，一起在这家建筑公司工作。

这时一个同事疑惑地问宾，为什么你现在还在工地上工作，而安德鲁却成了公司的老板？这下宾有些不好意思地说："十年前，我为一小时2.5美元的薪水工作，而安德鲁却说他是在为了别人有家可住而工作。"

安德鲁和宾的起点都是一样的高度，而两个人的人生结局却大相径庭。其中的差别就在于：目光短浅的人，不管多少年，他仍然是为薪水而工作；而看见人生更大价值的人，终将成为其他人的领袖，这就是卓越者与平庸者之间的差别。

每个家长的心中都有一个梦，梦想着自己的孩子在将来的某天能够功成名就，取得事业上的成功。可是，要想让自己的梦想变为现实，家长就要有意识的培养孩子的领导能力，比如组织能力、应变能力、管理能力等等，而其中最主要的就是要目光长远，能够看到人生中更大的价值。

波文是一家物流公司的部门经理，但是在两年前，他还只是一个普通的快递员。虽然做着一份平凡又辛苦的工作，但是波文是一个对自己有要求的人，他不愿意一辈子只做一个快递员，于是他开始试着用老板的眼光来看待自己的工作。虽然有时候他完全可以安排其他人去完成工作，或者干脆对分内工作之外的事情不闻不问，但是因为他懂得从老板的角度看待自己的工作，所以波文不仅对工作的细节方面全部严格把关，

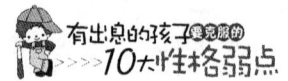

而且对工作之外的事情也认真负责，发挥自己最大的能力，从而获得了老板的赏识。

两年之后，波文的工作做得有声有色，而且跟同事关系也很融洽，团队意识很强。因为优异的表现，他被调往总部工作，职位也得到了提升。

这个故事告诉我们，如果一个人在对待工作时，能够站在老板的角度思考问题，那么他终将成为真正的老板。

不论家庭出身如何，如果一个孩子考虑问题只从自己的利益出发，那么，他在未来的人生中就很难得到他人的认可，孩子在前进的路上也不会走得太远。如果一个孩子在考虑问题时总是能够从大局出发，总是设身处地为他人着想，那么，他很容易就可以得到别人的信任，在自己的人生路上总是快人一步。

所以，不论一个家长的社会地位怎样，如果想要让自己的孩子有出息，最关键的不是给孩子准备一把领导者的椅子，而是让孩子具备一种领导者的眼光。在每个人都盯着眼前的利益时，他能够看得更远，看得更清，看到自己人生更大的价值。当然，领导者的气质不是一两天就能够培养出来的，就如"罗马不是一天建成的"一样，家长需要在日常生活中注重对孩子的培养和磨炼，假以时日，孩子一定会打造成一位杰出的领导者。

第六章

克服冲动：
让孩子战胜性格中的魔鬼

　　一个有出息的孩子，能够自己约束自己；一位有思想的家长，能够教会孩子克服自己的冲动性格。因为，一个孩子的高尚与卑微，不是由别人的评价来决定，而是由自我的评价来决定；一个孩子真正的品行不是显现在众人瞩目的时候，而是在没有人看见的时候。只有战胜了自己性格中的魔鬼，孩子才能按照自然的规则去生存，最终获得成功。

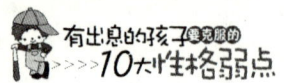

1. 冲动是性格中的魔鬼

有出息的孩子应该有恬静的性情，有自重而不自大的品德。
至于应付困难，他有勇气；他做事不怕失败，一定要做到成功
为止。

——戴尔·卡耐基

每一个孩子来到这个世界上，内心里都带着两种截然不同的特性。
一种特性是理智与善良，这是天使送给孩子的礼物；而另一种特性则是
冲动与愤怒，这是魔鬼对孩子的馈赠。在孩子成长的过程中，如果他能
够冷静地思考问题，经常从别人的角度出发，理解和宽恕别人的错误，
那么，这个孩子就会慢慢变成一位天使；如果一个孩子总是被冲动左右
着自己，动不动就大发脾气，从来不懂得与人为善，那么，孩子长大之
后就会具有魔鬼的性格。当然，更多的孩子是在魔鬼与天使之间徘徊着，
当他们能够冷静下来的时候，天使的善良就战胜了魔鬼的冲动。

松下幸之助先生是松下集团的前董事长，在他担任董事长的时候，
曾发生过这样一件事情。

有一次，松下幸之助交给新来的员工一件任务，让他在规定的时间
内追回一笔贷款。那位员工因为没有足够的工作经验，久久没能办成。
当松下幸之助知道这件事情后，非常生气，就在大会上对那位员工进行
了严厉的斥责。事后，松下幸之助意识到，当着全公司人的面如此严厉
地指责员工有点不妥当，并为自己的过激行为深感歉意。

之后，他仔细查看了那笔贷款，发现发放单上也有自己的签名，而
那位员工只是没有查明情况而已，自己也有一定的责任，为什么单单批

评他一个人呢？松下幸之助仔细想了想后，主动给那位员工打了一个电话，并做出了真诚的道歉。恰巧碰上那位员工搬家，松下幸之助得知后便立即登门祝贺，还亲自动手帮助那位员工搬运家具，累得满头大汗，也忙得不亦乐乎。事情远不止如此，一年后的这一天，那位员工收到了一张明信片，上面写着："让我们忘掉这可恶的一天吧，重新迎接崭新的一天！"没错，这张明信片是松下幸之助寄给那位员工的，当员工看到了松下的亲笔信时不禁热泪盈眶。

松下幸之助被称为日本的经营之神，他在工作中也难免因为一时冲动而变成了严苛的魔鬼上司。但是，松下就是松下，在反省之后，他又找回了自己天使的本性，成功化解了自己和员工之间的怨气，重新赢得了员工对自己的尊敬。

那么，对于成长中的孩子而言，因为一时冲动而被魔鬼的思想左右是在所难免的。孩子可能会跟父母吵架，与同学争执，甚至还会跟素不相识的人因为一些鸡毛蒜皮的事情而产生怨恨。但是，对于性格冲动的孩子，家长要让孩子重新找回自己内心的天使，以身作则是最好的教育方法。

布莱恩和多琳是一对刚结婚不久的夫妻，可他们刚度完蜜月，夫妻俩就开始频繁吵架。每次吵架时双方都声嘶力竭地说一些伤害对方的话，布莱恩则每次都会冲多琳大声吼："我恨你！"

多琳听了这话则伤心不已，气恼地更大声地回敬道："我也恨你！"结果，每次布莱恩都会使劲摔门而去，留下多琳独自伤心。

后来，多琳有时也会率先吼出"我恨你！"，然后甩门而去，布莱恩马上朝着多琳离去的身影喊："我也恨你！"虽然他们彼此相爱，但这样一次次的争吵还是严重地伤害了感情，让他们走到了婚姻破裂的边缘。

所幸他们的邻居伊莉莎白是一个热情的女人，多琳常常找她倾诉心中的郁闷，当多琳讲述跟布莱恩吵架的时候，伤心地说其实她不是因为

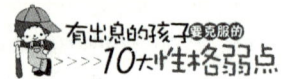

吵架而受伤，而是布莱恩每次都说的那句"我恨你"。

伊莉莎白就劝她，她说既然这句话伤害了你，而你和布莱恩又都想解决问题，那么你们能不能把这句话改成'我爱你'呢?"

多琳觉得这个主意不错，于是回家跟布莱恩商量了一番，夫妻俩都同意试试。没几天，因为一点小事，两个人又吵了起来。吵到后来，布莱恩愤怒地想喊出"我恨你"，这时他想起了伊丽莎白的话，犹豫了一下，大声吼道:"我，我爱你!"

多琳听了愣在那里。随之她马上也想起了伊丽莎白给他们出的主意，便意识到他实际上是想说"我恨你"，所以多琳也怒气冲冲地高声回敬道:"我也爱你!"

但这一次他们谁都没有摔门而去，而是你看看我，我看看你，都有点尴尬。虽然依旧是怒火冲天，但"我爱你"三个字还是有着某种魔力，把他们的怒气浇灭了不少，让他们意识到他们彼此的确是相爱的。再后来，布莱恩和多琳之间吵架的次数越来越少，有时刚出现吵架的苗头，布莱恩就率先喊出"我爱你!"这架就吵不起来了。

不论孩子还是大人，当他们因为冲动而愤怒的时候，总是会说出一些让人伤心的话。而故事中的这对夫妻，却懂得把伤害对方的话变成一句"我爱你"，一切怒火也就随之熄灭了。

我们都知道，孩子是父母的影子，在一个充满着争吵的家庭中长大的孩子，难免性格冲动，最后让自己的人生充满痛苦的回忆;而在一个充满爱意的家庭中长大的孩子，则懂得用爱去化解世上的仇恨，最终收获幸福的人生。所以，家长能够给孩子最好的教育，就是以身作则，不要去指责他人的错误，更不要故意去惹别人动怒，给孩子创造一个充满爱意的成长环境，孩子将来一定能够成为一个有出息的人。

2. 战胜自己的孩子才能征服世界

> 每个人在必要的时候，都能忍受灾难与悲剧，并且战胜自己。其实我们内心拥有强大的力量，我们比自己想象中要强大得多。
>
> ——戴尔·卡耐基

马克·吐温曾经说过：花儿在踩扁它的鞋底上，依然会留下自己的芳香。由此可见，如果孩子的心中埋着一颗冲动的种子，那么他们的人生路上就无法开出安静淡然的鲜花。只有能够克服自己冲动性格的孩子，才能在人生的远航中不迷失了自己的本性。

现在的孩子，往往好胜心强，容易冲动。这样的结果就是，孩子的心里只想着战胜别人，从不思考怎样通过努力去战胜自己。而家长所要做的，就是引导孩子走出冲动的牢笼，让他们在面对挫败自己的人或事情时，能够用一种洒脱的心态和自强不息的行动来回应，通过战胜自己的办法，最终实现战胜世界的目标。

曾经有一位跆拳道高手，跟着自己的师傅苦练十年，然后下山参加一场国际跆拳道大赛，他自以为稳操胜券，一定可以夺得冠军。

十年的功夫果然没有白费，他一路披荆斩棘，很快杀入决赛。但是在最后的决赛中，他遇到了一个实力相当的对手。看得出对方也是经过长时间勤学苦练的高手，于是双方都不敢怠慢，竭尽全力攻击对方。比赛十分激烈，形式也渐渐明朗起来。这位苦练十年的跆拳道高手慢慢意识到，自己根本找不到对方招数中的破绽，而对方的攻击却往往能够突破自己防守中的漏洞。

最终的结果是十年功夫没有让他一举成名，而是败在了另一个高手

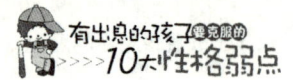
之下。失败之后的高手异常冲动，因为自己的十年苦练就这样被打败了。他连夜回去找到自己的师父，向师傅说明了自己的遭遇，并决心报仇雪恨，希望师傅帮他找出对方招式中的破绽。他决心根据这些破绽，苦练出足以攻克对方的新招，这样就可以在下次比赛时，打倒对方，夺回冠军的奖杯。

师傅看着他一招一式地将比赛的过程重现出来，一直笑而不语。最后，见徒弟比划完了，师傅在地上画了一条线，并且告诉徒弟，如果他能在不擦掉这条线的情况下，让这条线变短，那么他就学会了战胜对手的新招式。

这位徒弟自然是百思不得其解，首先他不知道画一条线和跆拳道招式有什么关系，其次也实在不知道怎么能让那条已经定格的线变短。他苦苦思索了三天三夜，最后也没有什么办法，就再次向师父请教。

师父见他诚心求教，就领他到原来画线的地方，慢慢地在原先那道线的旁边，又画了一道更长的线。两者比较，原来的那条线，看起来确实显得短了许多。

徒弟还是有所困惑，不知道这和战胜对手的招式有什么关系。于是师父开口道："你下山去与人比武，失败以后就心怀愤怒，希望利用对方的破绽来报仇。可是你却没明白，夺得冠军的关键，不在于攻击对方的破绽，而是努力使自己变强。正如地上的线一样，你只有把自己变长了，对方才能在相比之下变得较短了。如何使自己更强，才是解决问题的根本。"

徒弟听后恍然大悟，留在山上继续苦练，后来成了远近驰名的跆拳道大师，而且性格变得越来越平和。

不仅比武是这样，生活中的一切事情都是这样。要想让对手的线变短，唯一的办法就是让自己这条线变长。所以，理智的家长会在孩子遭受坎坷和障碍的时候，让孩子克服自己一时的冲动，学会用长远的眼光来看待自己的对手，这样，孩子才能走好人生这条路。因为，冲动对于孩子的失败往往于事无补，要想击败对手，家长必须先让孩子自己变得强大。

3. 教会孩子抵制诱惑的冲动

环境并不能决定人是否幸福。我们对环境的反应才真正决定我们的感受。耶稣说过，天堂就在人的心中。地狱，当然也是一样。

——戴尔·卡耐基

这是一个充满诱惑的时代，因为每个人都很容易被物质的吸引而导致内心的冲动；这是一个呼唤诚信的时代，因为很少有人能够做到在诱惑面前坚守原则和诚信。对于希望孩子有出息的家长来说，也许自己的孩子并没有英俊的外貌和上等的口才，甚至没有杰出的能力和远大的目标，但是只要家长能够教会孩子抵制自己因为诱惑而冲动的内心，那么，诚信就会成为孩子最好的代言人。因为，诚信是通往成功的道路，它随着孩子的脚步不断延伸；诚信是聪明者的智慧，随着孩子的求索不断积累；诚信是成功的捷径，只要找到，孩子就可以一生无忧；诚信是财富的种子，只要种下，孩子终能收获宝藏。

在孩子未来的交际和人生中，能够保证孩子成功的唯有诚信，能够让孩子脱颖而出的也唯有诚信。在我们的生活中，因诚信而成功的孩子并不罕见，因诚信而改变自己人生的孩子也大有人在。

在 18 世纪的英国，曾经发生过这样一个故事：一天深夜。一位有钱的绅士走在回家的路上，被一个邋遢的小男孩儿拦住了，小男孩一边举着一包火柴，一边说道："好心的先生，请您买一包火柴吧。"

这位绅士想要躲开男孩儿，一边继续走路，一边回答说："谢谢了，

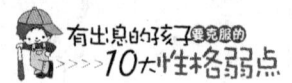

但是我不需要火柴。"

小男孩儿并不放弃，从后面追上来说："慈悲的先生，请您买一包吧，我已经一天没有吃东西了。"

绅士看着可怜的男孩儿，拿出一英镑给男孩看，并无奈地说："可是我身上已经没有零钱了呀。"

"好心的先生，你先拿着火柴，我这就去给您换零钱。"说着，男孩儿拿起一个英镑，快步消失在了黑夜中。

这位绅士一个人等了很久，但是男孩儿始终没有回来。他只好无奈地回家了，一路上都在嘲笑自己太天真，竟然相信一个小乞丐。

第二天，这位绅士刚一起床，仆人就向他汇报说，外面来了一个衣衫破烂的男孩儿，要求见他。绅士心想，难道是昨天的那个男孩儿没有失信，于是赶快吩咐仆人把门外的男孩儿叫了进来。当这个男孩儿站在绅士面前时，他再次失望了。这个男孩儿比昨晚卖火柴的男孩儿矮了一些，穿得更破烂，他开口说道："好心先生，我是替我哥哥来给您送零钱的，昨天您买了他的火柴。"

绅士心中一惊，连忙问道："你的哥哥呢?"

男孩儿低下了头，伤心地回答："我的哥哥昨晚被马车撞成重伤了，现在还在家躺着呢，所以不能亲自把找回来的零钱交给您了。"

绅士深深地被这两个小男孩儿感动了，决心要到男孩儿的家里看一看。当他来到男孩儿们的家里时，发现只有一个中年女人在照顾那个受了重伤的男孩儿，家里甚至连一个坐的地方也没有。

一看见进来的绅士，受伤的男孩儿连忙说："对不起先生，我没有按时把零钱交给您，是我失信了。"

此时，绅士已经说不出一句话来，他被男孩儿的诚信深深地打动了。当他了解到两个男孩儿父母双亡，照顾他们的是一个好心的邻居时，他毅然决定承担起这两个孩子的生活费用，并送他们进入了学校读书。而这个两个男孩儿自然也没有让这位绅士失望，长大后成为了十分了不起的人。

故事中的男孩儿虽然穷困潦倒，但是并没有被金钱所诱惑，而是对别人始终坚守着自己的诚信。也正是因为诚信，最终改变了他的人生。由此可见，诚信是孩子脚下价格不菲的鞋子，踏遍千山万水，质量也应永恒不变。而作为诚信的回报，孩子不仅能够改变自己的命运，甚至能够改变自己身边很多人的命运。

在旅游业刚刚兴起的时候，尼泊尔的喜马拉雅山南麓并不像今天这么受欢迎。因为语言文化不通，所以那里很少有外国人涉足。但是，后来这里却成了全世界的旅游胜地，尤其有许多日本人喜欢到这里观光旅游，据说这一切都源于一位少年的诚信。

一天，几位日本摄影师来到尼泊尔的喜马拉雅山南麓拍摄照片，工作之余，他们很想小酌两杯。于是，这些日本游客就请当地一位少年帮他们去买些啤酒，结果，这位少年跑了三个多小时，才最终满足了游客们的要求。

第二天，这位少年看到客人们意犹未尽，又自告奋勇地替他们去买啤酒。日本的摄影师们知道他跑一趟也不容易，于是就给了他很多钱，让他一次多买些回来。结果，直到第三天下午，买酒的少年也没回来。于是，这些日本的摄影师们开始怀疑起来，他们都认为那个少年拿到那么多钱之后，再也不会回来了。

第三天夜里，疲惫不堪的少年却敲开这些日本摄影师的房门，带回了二十瓶啤酒。原来，他在昨天的地方只买到了四瓶啤酒，于是，他又徒步翻山越岭，走了很久才买到了另外十六瓶啤酒，并且返回时还摔坏了三瓶。少年一边讲述着自己的经历，一边哭着拿出破碎的啤酒瓶，向摄影师交回自己赔偿的零钱。在场的人无不为少年的诚信而动容，回国后他们开始向自己的同胞讲述自己的经历，这个故事也使许多外国人深受感动。所以，尼泊尔的喜马拉雅山南麓也渐渐成了旅游胜地，到这儿旅游的游客也就越来越多，当地人的生活也得到了明显的改善。

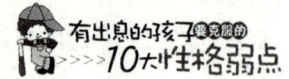

对于一个生活穷困的少年来说，主动帮助别人是他助人为乐的天性，而为自己的失误负责，则是他天性中闪闪发光的诚信品质。最终，男孩不仅抵制住了诱惑的冲动，而且还用自己的诚信感动了整个世界，把自己生活的偏僻村庄变成了世界闻名的旅游胜地。

所以，家长应该从小让孩子懂得，在诱惑面前，保持理智远比一时冲动获得的更多。这句话虽然简单，但是对于每个孩子来说，坚持起来很难；当然，也正是因为坚持起来很难，所以才值得每个孩子用自己的一生去坚持。

4. 懂得宽容的孩子能够脱颖而出

不要被琐事扰乱了你的情绪。烦心的小事就好像人生中的白蚁，不要让它摧毁了你的幸福。

——戴尔·卡耐基

每个孩子都有自己的个性，当很多孩子在一起的时候，难免会因为个性的差异导致冲突。每个孩子都会因为冲动而愤怒，当很多孩子在一起的时候，就容易因冲动而发生不快。但是，有些孩子却可以保持自己个性的同时，照顾到别人的情绪；在与人发生不快的时候，宽容别人的冒犯。这样的孩子无疑会在其他孩子之中脱颖而出，而培养这样的孩子，需要家长从小教会孩子宽容。

阿拉伯国家有一位著名的作家名叫阿里。有一次，阿里约好朋友吉伯、马沙一起步行旅游。一路上，他们三人谈笑风生，好生快乐。当他们经过一处偏僻遥远的山谷时，马沙脚下不小心，差点滑落下来。幸亏旁边有吉伯拼命拉拽他，这才将他救起。为此，马沙非常感激吉伯，于是就在附近的一座大石碑上刻下了："某年某月某日，吉伯救了马沙一命。"

三人继续行走了几天，当他们来到一处小河边时，吉伯跟马沙却因为一件小事而吵起来，吉伯一气之下打了马沙一记耳光。马沙立即跑到沙滩上写下了："某年某月某日，吉伯打了马沙一耳光。"

几天后，他们旅游回来了，阿里好奇地问马沙："你为什么要把吉伯救你的事刻在一块石头上，而将吉伯打你耳光的事写在沙子上呢？"马沙回答："因为吉伯救了我，我永远都感激他，所以我一定要记住他。至于他打我耳光的事，我只是想随着沙滩上字迹的消失而把此事忘得一干二净。"

这个故事告诉每一个家长，让孩子牢记别人对自己的帮助，忘记别人对自己的不好，这才是做人的本分，也是交朋友的最好方法。如果孩子对别人的过失能以一种博大的胸怀去包容。那么孩子就会让自己的情绪变得更加积极，同时用这种积极的情绪感染身边所有的人。

17世纪，丹麦和瑞典发生了一场激烈的战争，丹麦战胜了瑞典。在战争结束以后，一个疲惫不堪的丹麦士兵坐下来，正准备取出壶中的水解解渴。就在这时候，他听到一阵哀号的声音。他放眼望去，原来在他的不远处躺着一个身受重伤的瑞典人，这个人正双眼盯着他的水壶，他的嘴唇干得似乎快要裂了。

丹麦士兵看他可怜的样子，一边将水壶送到伤者的口中，一边说："看来你比我更需要水。"可是，这个瑞典人非但没有感激他，竟然从身后拿出一个长矛刺向他，幸好偏了一点，只伤到他的手臂。丹麦士兵说："你就是这样回报我的啊？我原本打算把这一壶水都给你喝的，现在看来只能给你一半了。"

没过多久，这件事就传到丹麦国王的耳朵里了。于是国王特别召见了这个士兵，然后质问他："你为什么不把那个忘恩负义的家伙杀掉呢？"这个士兵轻松地回答："因为我不想杀一个手无缚鸡之力的人。"

对于以牙还牙的人，我们虽然觉得无可厚非，但是多少会对这样的

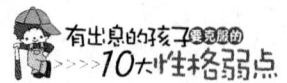
人有所防范。而对于懂得宽容的人，我们深深被他的人格魅力所打动，无论何时都会觉得他与众不同。宽容，作为一种美德，受到了人们的广泛推崇；作为一种人际交往的心理因素，越来越受到人们的重视和青睐。美国第三任总统杰斐逊与第二任总统亚当斯从交恶到宽容就是一个非常生动的例子。

杰斐逊在上任前夕，曾亲自去白宫就是想告诉亚当斯，说他真的希望针锋相对的竞选活动并没有影响到他们多年来的友谊。但是，就在杰斐逊还没有来得及开口时，亚当斯就已经控制不住心中的怒火，对着杰斐逊大吼起来："就是你把我从白宫赶走的！就是你把我从白宫赶走的！"从那之后，他们两个人之间便结下了仇恨，彼此都充满着敌意。就这样，他们两个人不说话有好多年了。

直到后来有一次，杰斐逊的几个邻居因有事到亚当斯家里拜访亚当斯，这个坚强的老人仍在向他们诉说着当年那件令人难堪的事，亚当斯说："这些年里，我一直都很欣赏杰斐逊，到现在也仍然非常欣赏他。"

后来，那几个邻居碰到杰斐逊时，就把亚当斯的那番话传给了杰斐逊。杰斐逊听了之后很是感动，于是便请了一个对他和亚当斯都非常熟悉的朋友替他传话。当亚当斯也得知杰斐逊一直在乎他们之间的深重友谊时，也及时回了一封信给杰斐逊。从此以后，他们两人又开始了书信往来。他们之间的怨恨和敌意也得到了进一步的化解，两个人也更加珍惜彼此之间的深厚友谊了。

宽容不仅能将彼此的敌意化解成友谊，还能让发生矛盾的双方更加珍惜彼此之间的情谊，甚至能将彼此之间的友谊之桥修建得更加稳固、结实。所以，家长一定要教会孩子用宽容的眼光去看待问题，多给他人留下一点空间。用一颗包容他人错误的诚心，去换取他人的友谊；用自己广阔的心胸，在社会上脱颖而出。这样的孩子，一定会有一番了不起的作为。

5. 懂得忍耐的孩子，才能成就大事

生活中的最大不幸，是没有能力忍耐突然来到门前的那只狼，更不用说"在狼身上弄一件皮衣来穿"。

——戴尔·卡耐基

想要让孩子成就一番大事，这是大多数家长内心的殷切希望。但是，家长的希望能否成真，就要看孩子是否具备成大事者的品质和命运。除了聪明机智、志存高远之外，家长还必须让孩子学会忍耐。因为，当孩子在为理想而奋斗的过程中，要忍耐身边的舆论和眼下的困境；在孩子未来的生活和工作中，要忍耐同事的缺点和亲人的不足；在孩子自我修养和磨炼中，要忍耐人类的过失和世界的不公。

所以，作为一名成功的家长，首先要让孩子有一个宽广的心胸，不要为了芝麻大点事就斤斤计较，更不要把一些陈年旧账挂在嘴边。这件事说起来容易，做起来却并不简单。即使是拿破仑这么伟大的人物都经不住一气，最终毁了自己一生的事业。

1803 年，拿破仑听说美国有个叫富尔顿的发明家，他发明的蒸汽机铁甲战船技术先进，威力十足，这让他很感兴趣。于是，他一直在寻找机会跟富尔顿见面。

终于有一次，拿破仑听说富尔顿要来凡尔赛宫，于是主动提出要亲自去接应。两人刚一见面就开始滔滔不绝地聊起来了。富尔顿见拿破仑对他的发明如此感兴趣，就开始详细地介绍起自己轮船的各种优点和巨大威力，并向拿破仑提出建议，想用蒸汽机铁甲战船取代当时法国的木制舰船。

眼看拿破仑就要被富尔顿说动了，富尔顿又顺口恭维了拿破仑一句：

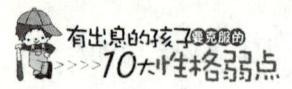

"伟大的陛下，用蒸汽机作为军舰的动力，建造一支汽轮船队，这样就可以征服英国了。到那时候，您将成为世界上真正最高大的人！"

听到这里，拿破仑脸色陡变，两眼放射出难以抑制的怒火，眼睛直逼向富尔顿，几乎咆哮道："你赶紧滚吧！你只说你发明的船有多么快，却只字不提蒸汽机和煤的重量。虽然我不能说你是个骗子，但我觉得你就是一个蠢货！"

就这样，富尔顿被拿破仑莫名其妙地赶出来了。也许他永远不会知道，他失败的原因就在于他提到了"高大"，正是这俩字触及了拿破仑的生理短处。恰恰富尔顿自己身材高大，这一下正好击中了拿破仑最自卑、最害怕被别人嘲笑的生理短处——个子很矮。

就因为富尔顿的无心之失，拿破仑就拒绝了一项伟大的发明，也失去了一个称霸世界的机会。也正是因为他心胸狭窄，所以他以失败而结束了他传奇的一生。

没过几年，英国人购买了富尔顿的发明专利，确立了世界海洋霸主的地位，而法国最终被英国人远远地抛在了后面。

如果当时拿破仑采纳了富尔顿的建议，那么说不定19世纪的历史就要改写了。正是因为拿破仑没能忍住一时之气，结果白白错失了一个机会，失去了成就一番大业的机会。

有时，同学的一句玩笑，家人的一声抱怨，也可以让一个冲动的孩子火冒三丈，与人交恶。但是，只要家长好好引导，孩子最终还是可以学会忍耐的。因为，每个孩子的心灵就像一池清水，生活中的这些琐事就像一些小石子。它们固然可以引起一阵涟漪，但是无论如何不会在孩子的内心里激起惊涛骇浪。为了让孩子能够用包容的心态与人相处，而不是因为一时冲动四处树敌。家长应该让孩子明白，人与人能够从相识、相交到一起生活、学习，这是一种十分珍贵缘分。那么，在面对人生中的一项怨恨与不愉快时，孩子应该学会原谅别人，让这份珍贵的友谊保持下去。

从前有一个年轻人，性格十分冲动，喜欢跟人争执。他想获得成功，但是知道自己的性格缺陷会成为障碍，就去向一位神父请教。神父告诉他，想不生气很简单，只要你每次和人起争执的时候，就以最快的速度跑回家去，绕着自己的房子和土地跑三圈就好了。

这个年轻人十分听话，之后还是不免与人争执，但是每次生气，他多会按照神父教他的办法，跑完之后坐在自家的田地边喘气。

年轻人非常勤劳努力，所以他的房子越来越大，土地也越来越广。但是他始终遵循着神父的教诲，不管房地有多大，只要生气了，他就会绕着房子和土地跑三圈。

岁月流逝，当年的年轻人已经变成了一位老者，拥有了当地最多的财产和良好的名誉。有一天，从远方来了一个像他当年一样的年轻人，恳求他将不生气的秘诀传授给自己。老者很慷慨地说出当年神父的方法：想不生气很简单，只要你每次和人起争执的时候，就以最快的速度跑回家去，绕着自己的房子和土地跑三圈就好了。年轻人听后还是不懂，就接着问，这个方法为什么会管用呢？

于是老者很耐心地解释道："我年轻时，也爱生气。每当我与别人吵架、争论时，就绕着自己的房地跑三圈，边跑边想，我的房子这么小，土地也这么小，我哪有时间和资格去跟人家生气。一想到这里，气就消了，于是就把所有时间用来努力工作。"

年轻人若有所悟，马上又问道："可是您后来房子越变越大，土地也越变越广，生气时还绕着房地跑，管用吗？"

老者笑着说："后来我每次生气时，绕着自己的房地走三圈，边走边想，我的房子这么大，土地又这么多，我又何必跟人计较呢？一想到这，气就消了。"

年轻人对老者心悦诚服，因为他学到了真正克服冲动的道理。

老者的智慧是：当一个孩子处在人生低谷时，应努力奋斗，没有资格生气。当孩子长大后登上了人生的顶峰时，他更应克服冲动，没有必

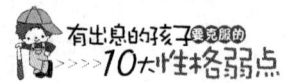
要生气。由此可见，如果家长能教会孩子克服自己性格中的冲动，那么别人永远无法影响孩子的情绪。因为，冲动和愤怒都是自心而生，如果一个孩子在冲动和愤怒中迷失了自己，那么他将很难抽身；如果家长能够帮助孩子及时自省，让孩子找回自己的内心，那么孩子不仅能走出人生的困境，幸福和成功也会因为孩子的忍耐而主动登门。

6. 不要让孩子觉得自己了不起

> 伟人的伟大之处，就在于他从来不觉得自己伟大。
>
> ——戴尔·卡耐基

对于那些不太自信的孩子，我们要多多鼓励，时刻告诉他们："孩子，你是最棒的!"而对于那些过于自负的孩子来说，我们要让他们保持清醒，时刻提醒他们："孩子，不要觉得自己了不起。"因为，过于自负对孩子未来的成长没有好处，只有当一个孩子克服了冲动和自负，能够放下自己当前的知识，他才能学到更多的见识。而那些喜欢与人争论，以为自己无所不知的孩子，以后很可能成为最无知的人。

对于孩子来说，冲动和自满是一座可怕的陷阱，而这个陷阱往往是家长亲手所挖。要想让孩子获得更多的知识和成就，家长就必须保证孩子的身体和心理一起健康成长。

一所名牌大学毕业考试的最后一天，毕业生们觉得自己走出校门之后就算镀金完成，都雄心勃勃地展望着未来，几乎忘记了还有最后的一场考试。

大家都在谈论着自己的工作和对未来的计划，带着四年来大学学习所获得的自信，他们似乎已经准备好了要征服整个世界。

最后一场毕业考试在他们心中不过是走走形式罢了，因为教授说过，他们可以带任何的参考资料，只有考试时保持考场秩序，不要交头接耳就行了。当教授把试卷发下去，学生们看到试卷上只有5道论述题时，脸上现出了得意的笑容。

考试的时间过得很快，教授开始收卷。学生们的脸上开始出现一种恐惧的表情，教室里一片寂静。于是教授在收完了所以试卷之后，并没有马上走出教室，而是面对着所有参加考试的学生说道："完成5道题的请举手。"

没有一只手举起来。教授又说："完成4道题的请举手。"

仍然没有人举手。"3道题或者2道题的呢？"教室边问边扫视着学生们。很多同学把头埋得深深的，他们用静默回答着教授的提问。

"那1道题呢？总会有人完成1道吧？"

整个教室仍然没有人举手，在这种沉默的气氛中，弥漫着一种深深的沮丧和挫折感。这时教授放下试卷，说："很好，这正是我想要的结果。这是我给你们上的最后一课，希望你们能记住，大学四年的学习除了让你们学到很多知识之外，更需要让你们学到自己有多么无知。"然后教授又微笑地补充道："不用担心你们的毕业成绩，我会让你们都通过这个课程。但是记住，即使你们现在毕业，你们的学习仍然只是刚刚开始。"

学生们上完了最后的一堂课，脸上再也没有之前那种不可一世的神情了，而是充满了谦虚与谦和。

大学教授的最后一课，是让学生们时时处处都能认清自己。而认清自己的最好办法，就是学会谦虚。对于理智的孩子来说，学业的结束，刚好是学习的开始。一个新学校，一个新领域，一个新环境，随时随地都需要孩子学会低下自己骄傲的头，埋头去努力学习。

富兰克林曾参与起草《独立宣言》和美国宪法，被称为美国之父。

年轻时他也常常自以为是，经常看不起别人。直到有一次，富兰克林去拜访一位前辈，年轻气盛的他也并没有把这位前辈放在眼里，进门

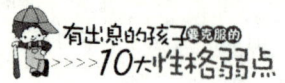

时挺胸昂首，却撞在了门框上。站在门口迎接他的前辈见此情景，笑着说道："富兰克林，这将是你今天来访的最大收获：一个人活在世上，就必须时刻记住低头。"

富兰克林因为撞了门框，终于清醒过来；我们的孩子却常常撞在生活的墙上，不肯回头，直到有人把他们点醒。

从前，有一户富裕的人家，虽然丰衣足食，但是家里人之间经常吵架，让一家之主苦恼不堪。在他家的旁边，住着一户贫困的邻居，这户邻居家里虽然生活艰苦，但是家里人之间相处融洽，生活得非常快乐。

富裕人家的男主人对穷人家的家庭氛围十分羡慕，便前往请教。他向邻居家的男主人问道："我们家吃喝不愁，家人之间却还是不免发生争执；而你们家的条件并不比我家好，为什么反而能够其乐融融呢？"

邻居家的男主人想了想，便回答说："我们家的条件和你们家比简直是天壤之别，你们每天大鱼大肉，我们家人能吃顿饱饭就不错了。但是家庭的氛围与贫富无关，我们家之所以不会吵架，是因为我们家每个人都是坏人；而你们家之所以经常发生争执，是因为你们家所有人都是好人啊。"

富裕人家的男主人被说得一头雾水，连忙问："此话怎讲？"

邻居家的男主人笑着说道："我们家的人都是坏人，所以会犯错误。比如一个杯子被人不小心摔破了，摔破的人会觉得是自己不小心，放杯子的人会觉得是自己没放好，大家互相道歉，也就不会吵架。而你们家的人都是好人，所以从来都不犯错。如果有人摔破了杯子，摔破的人会说是别人没有放好，放杯子的人会说是别人走路不小心，谁也不愿意说自己有错，所以难免发生争执。"

在过分以自我中心的孩子眼里，自己永远正确，错误都在别人身上，结果既不知错，也绝不改正。只有家长教会孩子放下自我中心的时候，他们才能体会别人的心情，学会换位思考，克服冲动的性格。

家长可以疼孩子，但绝不能让孩子觉得自己就是太阳，其他人只是太阳系里的星星和月亮，一切都要围着他运转。因为，这样很容易造成孩子的交往障碍，让孩子被其他小朋友孤立起来。家长应该做的，就是让孩子从自己的中心位置走出来，到别人的角度去看一看，学会换位思考，懂得替别人着想，那么，孩子就不会再为一时的不和而冲动不已，也不会总是觉得自己最了不起。这样，孩子生活中的一切难题也都可以迎刃而解。

7. 让孩子学会理智地放手

人生在世，我们的追求最终的目的就是为了幸福，但幸福不一定就是财富或名望。其实，决定幸福的条件只有一个，那就是——你的思想。

——戴尔·卡耐基

冲动的孩子往往不会理智地思考，而一个孩子失去理智的时候，必定会给自己的人生带来巨大的损失。如果家长不能教会孩子分清是非，让孩子总是觉得只要自己想要的，就一定要得到手，那么到头来承担后果的只能是孩子自己。如果一个孩子只懂得抓住不放，甚至贪得无厌，那么在面对五光十色的大千世界时，家长又怎么能够指望他们去抗拒诱惑呢？

有一天，作为母亲的丽萨正在厨房里准备午餐。忽然，她听见从客厅里传来 4 岁女儿恐慌的叫喊声："妈妈，妈妈快来呀！"丽萨一听，不知道发生了什么事，放下手中的菜刀，赶快跑到了客厅。这才发现，原来女儿的手被卡在一个花瓶中取不出来了，因此痛得哇哇直叫。丽萨想帮女儿将手从花瓶中拉出来，可试来试去就是不行。看着女儿脸上挂满了泪水，丽萨心疼坏了，当即找来一把铁锤，把花瓶敲破了。这时，丽

173

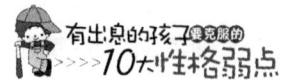

萨看到女儿的小手紧紧攥成了一个拳头，怎么也不松开。这可把她吓坏了，她以为孩子的手在花瓶里卡得太久变了形。等丽萨将女儿的拳头小心翼翼地掰开后，才彻底松了口气。可没想到的是，当她看见孩子的手没事，而在她的小手心里紧紧攥着的是一枚十美分的硬币时，丽萨实在是哭笑不得，因为她刚才敲碎的是一个价值3万美元的古董花瓶。

原来，淘气的女儿在玩耍时，不小心将几枚硬币扔进了花瓶，她想把硬币取出来，可由于紧紧攥住硬币的拳头大过了瓶口，于是怎么也拿不出手来了。丽萨责问女儿："你怎么不把手松开，放下硬币呢？那样你的手就可以出来了，妈妈也就不用打烂这个花瓶了啊！"女儿的回答让丽萨很意外，女儿说："妈妈，花瓶那么深，我怕我一放手，它就会跑掉了啊！"

几乎所有人都会觉得为了一枚十美分的硬币，毁坏了一个价值3万美元的花瓶，确实让人有点无奈。虽然这事发生在一个四岁的孩子身上，但其实这种现象在成年人身上也普遍存在。尤其是一些做家长的，正是因为他们将手中的东西抓得太紧，才导致了孩子往往因为一时冲动而因小失大，最后发生了诸如上述的让人惋惜的事情。

所以，聪明的家长一定要让孩子学会分清主次，抓住人生的根本。比如当孩子因为享乐而伤害自己的健康时，家长就应该告诉孩子：拥有健康的人，不论眼下处境如何困难，都有机会东山再起，享受生命的可贵；而失去健康的人，就算拥有整个世界，也只好遗憾离去，两手带不走任何东西。

里奥·罗斯顿是个美国的胖子，他体重385磅，是最胖的好莱坞明星。

1936年，里奥·罗斯顿在英国演出时心脏病突发，被送往汤普森急救中心。抢救人员动用了当地最权威的专家和世界上最先进的设备，但他最终还是因心力衰竭而离开了这个世界。临终前，里奥·罗斯顿绝望地说道："你的身躯很庞大，但你的生命只需要一颗心脏。"院长为了纪念这位名人，于是将这句话刻在了汤普森急救中心的大楼上。

1983 年，默尔进了汤普森急救中心。他是著名的石油大亨，经常来往奔波于欧美之间，最后由于过度劳累而病倒了。在养病期间，默尔包下了整座大楼，在楼里安了十几部电话，用于与世界各地取得联系。那时人们常说：美国的石油中心在汤普森。

后来，默尔的身体痊愈了，当他出院之后，卖掉了自己所有的企业，搬到乡下享受着悠闲的生活。正在人们对他的这一做法不能理解时，他说："罗斯顿的话提醒了我，富裕、名誉，对于生命来说都是不需要的。"

著名的好莱坞演员罗斯顿，用自己临终的感悟提醒了著名的石油大亨默尔。回到乡下的默尔，时刻记住留在汤普森的罗斯顿的话，因为他让我们知道了，生命真正的根本不是财富和名誉，而是一个健康的身体。人生的智慧不是追求欲望和冲动，而是学会理智地放手。

当我们的孩子因为一时冲动而陷于"苦求不得"的困境时，做家长的就应该及时提醒孩子，理智地思考一下自己真正想要的是什么，对孩子来说真正重要的是什么。当孩子把这个问题想清楚之后，相信他们就不会再被冲动所左右，而是能够在需要放手的时候，理智地松开自己的小手。

8. 用节俭来克服孩子的消费冲动

懂得节俭和财富的积累法则，这些是人类经历的最高结果，是迄今为止社会结出最佳果实的土壤。

——戴尔·卡耐基

对于大多数家长来说，他们的心里宁可自己节俭些，也不愿孩子在经济上受委屈。结果导致孩子对于辛苦积累的财富不懂得珍惜，从小养成了大手

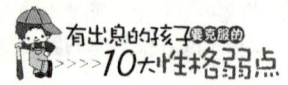

大脚、冲动消费的习惯。犹太人对金钱有一句名言："金钱容易引发意外，任何人对待金钱都要谨慎，否则就要损失金钱。先要学会看管少数金钱，然后才可以管理更多金钱，这是最聪明的提防金钱损失的办法。"

从这个角度来说，教会孩子节俭是家长帮助孩子克服消费冲动的最好办法。因为，只有懂得节俭的孩子，才能懂得金钱的作用和意义，自然才会赚取更多的金钱。

洛克菲勒小时候就对财富比较敏感，他渴望拥有财富。一天，他在报纸上看到一本关于发财秘诀的书。洛克菲勒第二天兴冲冲地跑到书店买了这本书，迫不及待打开书一看，发现整本书都在讲如何做到"勤俭"，根本没有任何关于发财的秘诀。

他失望地认为自己受骗了，可当他再一次翻开这本书认真读过一遍之后，才明白了书中的道理。于是，他开始努力地工作，并养成了节约的习惯，在努力赚钱的同时也不乱花一份钱。这样过了 5 年，他总算积存下来一笔存款。洛克菲勒将这笔钱用于经商投资，在经商的过程中他仍然保持精打细算的习惯。就这样经过 30 年的苦心经营，洛克菲勒的公司成为北美最大的三大财团之一。他也成为世界上第一位亿万富翁。

由于生活水平的提高，孩子经常觉得一块两块的节约没有必要。这些小细节也许就是造成了孩子经常不知道自己的钱都花到哪里去了。因此，家长应该帮助孩子思考一下自己的消费习惯，找到哪些支出是必要的，哪些支出是可以取消的，让孩子按照这个规则去花钱。这样一段时间以后，孩子就会惊喜地发现，原来自己是可以存下钱的。

有一次，比尔·盖茨和一位朋友前往一家五星级饭店开会，由于路上堵车，赶到酒店的时候已经迟到，以至于找不到普通车位。于是，盖茨的朋友建议他把车停放在饭店的贵宾车位上，但盖茨说："噢，这可不行，这要比平常多花费 12 美元。"盖茨的朋友急了，说："我来付。"但盖茨坚持道："不行，他们超值收费。"最终，由于盖茨固执的坚持，汽车最终没有停到贵宾车位上。

比尔·盖茨作为世界首富，他也不愿意花不必要的钱。因此，在孩子还没有成为世界首富之前，家长应该让他们除了学会"爱财"之外，更要学会"惜财"。因为，一个富有的人，除了懂得挣钱之外，还要懂得珍惜自己所拥有的钱财，用比较流行的话说就是"开源节流"。

孩子的理财天赋应该从小培养，而一切理财都是建立在有财可理的基础之上。这就需要家长教会孩子既能"开源"，又能"节流"。否则，一个无法积累起投资本金的孩子，怎么能谈得上让"钱生钱"的技巧呢？所以，家长应该让孩子懂得，"今天花明天的钱"只会让自己买到痛苦，美国的次贷危机就是这么来的，超前消费会增加一个人的生活压力，让这个人最终成为金钱的奴隶。

如果孩子在家长的教育下能养成节俭的生活习惯，就会把钱用到刀刃上，最大限度地为自己带来收益。

我看到身边有很多曾经获得过成功的人，最后的境遇比自己成功之前还有不如。他们之所以会再次失败，很大程度上因为自己不良的消费习惯造成的。如果他们从小养成了节俭的习惯，那么应该不至于一败涂地。就算生意上暂时遇到了一些困难，也可以用自己平日节省下来的积蓄东山再起。

9. 帮助孩子克服冲动的最好办法是感化

> 人处世的三大原则：第一大原则，不要批评，责怪或抱怨他人。第二大原则，真诚地赞赏他人。第三大原则，首先想到他人的需求。
>
> ——戴尔·卡耐基

对于孩子的错误，宽容比批评更有效。以宽容的态度来对待孩子的

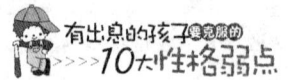

错误，甚至在孩子犯错误时用赞美来感化他，很多家长不明白这其中的道理。

其实，这其中的道理很简单。首先，家长可以用自己的宽容来给孩子做出榜样，让孩子在成长的过程中学会克服因愤怒而冲动。其次，家长可以通过宽容来赢得孩子的心，而不是把孩子逼向逆反，这样的感化教育才是每个家长都应该学会的教育秘诀。

很久很久以前，有一位国王，他十分关心百姓的疾苦，所以很受当地百姓的爱戴与拥护。但是，这位国王却有个毛病，就是经常做一些稀奇古怪的梦。于是，人们都称他为"梦王"。

有一天，国王梦见一只红狐狸悬挂在他床头的上空。他醒来后，百思不得其解，于是下令把全国的学者们都召集到王宫，为他解梦。可是，这些学者们没有一个能解释出这个梦的寓意。于是，国王就命人贴出告示：如果谁能解梦，就赏他一千枚金币。很快，这一消息让一个农夫知道了，于是他连夜去找知识渊博的智者。农夫对智者说："如果您能解释出这个梦的意思，我一定把国王的赏钱分给您一半。"这位智者既不贪名，也不图利，但是他想考验一下农夫是否忠诚。于是，他告诉农夫说："这个梦是在向国王做出暗示，在我们这个王国里，存在着许多虚伪、欺骗和不诚实的现象，让他想办法尽快杜绝这一现象的发生。"于是，这个农夫赶紧跑到国王面前，把智者的话原原本本告诉了国王。国王听了农夫的解释，连连点头称是，并按照告示所说，赏给他一千枚金币。可是，自私的农夫没有履行诺言，而是一个人把一千金币独吞了。

过了不久，国王又做了一个很怪异的梦，梦见在他头上悬挂着一把寒光闪闪的匕首。这次他又贴出告示：如果谁能解梦，就赏他五千枚金币。农夫心想：这次真的要发大财了。于是他又来求智者，并发誓说："这次一定把国王的赏金分给您一半。"智者明知道穷农夫自私贪财，但还是告诉他说："这个梦也是在暗示国王，他的国家即将遭到敌人的袭击。你快快去禀告国王，从现在开始，让他务必做好抗击敌人的准备。"

国王听完农夫的解释，立刻下令军队处于戒备状态。没想到真的有敌军来犯。因为军队提早就接到国王的命令，所以很快就把敌军打退了。国王很满意，于是又赏给农夫五千金币，这一次农夫又没分给那位智者。

又过了一些日子，国王又做了一个离奇的梦。梦见王宫的花园里有一只羊正在悠闲地吃草，有一只白鸽在他头顶上盘旋。国王再次贴出告示：谁要是能解梦，就赏给他许多珠宝。这一次，农夫又厚着脸皮来向智者请教。可是品格高尚的智者却不计前非，再次原谅了他。他对农夫说："你去告诉国王，这个梦是个好兆头，预示着我们的国家今后将会出现太平盛世。"国王听罢农夫的解释后非常高兴，又赏给农夫许多珠宝和金币。

这一次，农夫终于悔悟了，他为自己的不诚实和贪婪感到十分惭愧。他以忏悔的心情，带着国王赏给他的所有金币和宝石来拜访智者，要把这些东西全都送给他，想以实际行动痛改前非。智者说什么也不肯接受，他说："第一次是虚伪欺骗和不诚实的思想控制了你的灵魂；第二次是私心杂念占据了你的头脑；第三次你终于战胜了邪念。现在，你的内心已经充满了仁爱、感激和友好的情感。你不必再为过去的错误行为苦恼了，神明会宽容你所做的一切的。"

智者的三次宽容，把农夫重新引入了正路。不论是孩子还是成人，在诱惑面前很容易一时冲动而做错事情，作为家长，最有效的教育方式就是宽容。当然，一个懂分寸的家长在宽容孩子的同时，也懂得让孩子克服自己的冲动性格，重新回到人生的正轨。

家长在教育自己的孩子时，要晓之以理，动之以情。只有孩子能够感受到家长内心的爱意时，他们才能够被家长的语言所感动；只有家长能够把批评变成爱的语言时，他们的批评才能够在孩子心中永远地起作用。当然，家长在宽容的同时，也要把握宽容的原则和限度。无限的宽容只会让孩子感觉不到自己的过错，他们会认为自己的行为没有错，于是宽容就变成了纵容。

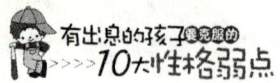

10. 好习惯可以克制孩子的冲动

一些个人的坏习惯如果不改，不仅会引起别人的反感，往往也会因此得不偿失。

——戴尔·卡耐基

很多孩子从小胸怀大志，长大却没能实现自己的梦想；很多大人曾经不甘平庸，结果最终也没能得到自己渴望的成功。究竟是什么阻碍了这些人成功呢？又是什么样的力量成就了那些成功的人呢？著名的教育家曼恩说："决定一个人成败的唯有习惯。习惯像一根缆绳，每天都要给它缠上一股新的绳索，这样坚持下去，它才能变得牢不可破。"

对于孩子来说，习惯是把双刃剑，从小养成了好习惯会他们受益终生，而坏习惯却往往使孩子陷入冲动的陷阱，最终与成功失之交臂。

有一位非常有钱的贵妇想找一个仆人服侍自己的日常生活，但她是一个脾气古怪的人，因此找了很长时间也没有遇到满意的人选。她对将要跟自己一起生活的人有一个特殊的要求，就是为人必须诚实正直。贵妇最终从众多的人中挑选了四个漂亮的女孩参加最后的面试。她提前准备了一间房子，让她们轮流进去，面试的内容就是在里面的椅子上安静坐一会儿。

第一个进来的女孩看见桌子上放着一个盒子。她很好奇，不知道那是什么，于是她打开了盒子，没有想到里面放着满满一箱羽毛，打开之后羽毛飘得到处都是。她只好满脸通红地低着头出来了。

第二个女孩一进去就被一盘熟透的樱桃吸引了，禁不住就拿起一个放进嘴里，可让她想不到的是，樱桃的外面涂了辣椒。她也只好灰溜溜地走出来。

第三个女孩呢，看到桌子上有个抽屉没有锁，就想拉开那个抽屉，

180

看看放了什么东西。结果她的手刚触到抽屉把手，就响起一阵急促的铃声……就这样，前三个女孩的面试都失败了。

最后进入房间的女孩叫作黛茜，只有她安静地在房间的椅子上老实地坐了一会，无论是桌上的盒子，还是抽屉，她都没有碰。黛茜出来后，贵妇微笑着点点头，满意地告诉她她被录取了。贵妇问黛茜："屋里那么多东西，难道你不想搬弄一下吗？"

黛茜诚实地回答说："不，夫人。在没有得到您的允许之前我是不会动房子里的任何东西的。"后来，黛茜一直服侍着贵妇，老人去世时留给她一笔遗产，她也就过着充实富裕的生活。

黛茜的故事告诉我们一个重要的道理：好的习惯能改变孩子的人生。因为，习惯是孩子在生活中养成的一种稳定的行为方式，是在常年累月的积累下养成的。而家长孩子的成长过程中，所扮演的最重要角色，就是让孩子养成好习惯来对抗自己未来面临的种种诱惑。因为，习惯起源于一些看似不经意的小事，而其中却蕴含了足以改变孩子命运的能量。

有一位英国孩子的妈妈，自小女孩记事起，就一直在她耳旁重复着这样一个道理："在人生的道路上有很多诱惑，一定要记得抵制这些诱惑，这样才能得到成功的青睐。"

每周这位小女孩的妈妈就靠给农场主的小旅店代洗衣服获得五美元的报酬。在一个周六的晚上，小女孩还是跟平常一样去帮妈妈领薪水。农场主手里拿着一个装满钞票的钱包，打开钱包之后就抽出了一张钞票给小女孩。

小女孩拿着钞票，很快地从农场主那儿走了出来。到了半路，她停下脚步，然后用别针小心翼翼地把钱固定在围巾的皱缝里。这时，她才发现农场主给了她两张钞票。

"这都是我的，并且全都是我的。"小女孩因为多了一笔意外之财兴奋不已。她心想："我要拿多余的钞票给妈妈买一件新的斗篷，妈妈的那件旧斗篷就可以给姐姐了，这样姐姐明年冬天就可以在周末和我一起去学校了，或许还可以给弟弟买一双新鞋呢。"

　　她越想越兴奋，蹦蹦跳跳地往家的方向赶。这时，她突然想起妈妈经常告诉她的话："在人生的道路上有很多诱惑，一定要记得抵制这些诱惑，这样才能得到成功的青睐。"

　　她的内心开始斗争，对她来说这是一个非常大的诱惑，她奔跑在回家的路上，尽量地让自己静下心来。最后她终于下定决心，抵制住了金钱的诱惑，将这笔钱还给了那位农场主。

　　后来，这位女孩一直记着妈妈曾经告诉给她的话，在诱惑面前始终保持一种平静的心态，最终取得了令人羡慕不已的成功，她就是英国亿贝公司前首席执行官梅格·惠特曼。

　　梅格·惠特曼在冲动的诱惑下，依然坚持自己心中的原则，不为所动。也正是因为自己内心的那份坚守，最终成就了梅格·惠特曼的辉煌人生。倘若梅格·惠特曼的妈妈没有从小养成她的好习惯，她也不懂得如何抵制人生中的诱惑，那么也就不可能有今天的梅格·惠特曼。

　　所以，每一个家长都应该清楚地认识到：孩子的知识和能力固然重要，但是一些好习惯才是决定孩子人生结局的关键因素。美国心理学家威廉·詹姆斯是这样对习惯做注释的："种下一种行为，收获一种习惯；种下一种习惯，收获一种性格；种下一种性格，收获一种命运。"直接一点来说，就是习惯最终决定了孩子的命运。

第七章

克服肤浅：
让孩子活出生命的深度

孩子的成功不是取决于他们的速度，而是取决于他们的深度，就像杯子的容积不是取决于外面的花纹，而是取决于杯子本身的深度一样。如果孩子无法克服自己的肤浅性格，那么恐怕孩子的一生将与成功无缘了。所以，希望孩子有出息的家长，应该从小教育孩子成为一个谦虚、稳重的人，让孩子具有深刻的思想和独到的眼光。这样，成功就会源源不断地涌入孩子的人生之中。

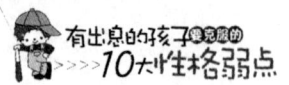

1. 谦虚是孩子成功的第一课

> 真正的谦逊是人类最美好的一种品德。
>
> ——戴尔·卡耐基

随着社会越来越浮躁，更多的家长喜欢在同事面前夸奖自己的孩子，甚至用孩子的某些特长来炫耀。其实，这样做的家长不是在鼓励孩子更加努力，而是在为孩子未来的失败挖了一个深深的陷阱。

因为，培养一个有出息的孩子，就像建造一座雄伟的建筑。首先要做的不是对建筑进行装修，而是挖一个深深的地基。而孩子的地基，就是他们内心的深度。教会了孩子谦虚，就是给孩子日后的成功奠定了坚实的基础。所以，我们说：谦虚是孩子走向成功必须学好的一课。

翻开任意一个民族的历史，我们总会发现，谦虚的人最终能够取得更多的成绩，历史的账面总是记得清清楚楚。大多数有出息的孩子总是因为处境艰辛而发愤图强，因为发愤图强而有所成就，因为有所成就而谦虚谨慎，因为谦虚谨慎而保有富贵，因为长期富贵而骄奢淫逸，因为骄奢淫逸而终究回到艰辛的处境。

为了让孩子走出这个怪圈，家长应该从小培养孩子谦虚的品格，让孩子向浩瀚的大海学习，越是处在地势的低处，越是能引来江河的归附。所以，当我们认真观察生活时，不论是大人物，还是小人物，凡是能够取得成就并被人尊重的人，一定是懂得谦虚和尊重别人的人。

有一位知名的画家，经常会遇上一些年轻人登门求教。而那位画家总是很耐心地给他们讲解技巧，指点他们的方向，常常一讲就耽误了大半天的时间。对于有些年轻人，他还主动推荐给艺术商人和媒体，时不时鼓励那些无名晚辈不要放弃梦想。

这位画家是在尽自己提携后辈的义务，但是他的时间宝贵，身体虚弱，有朋友就忍不住问他："你现在已经是功成名就了，身体又不好，外面的应酬还经常推掉，又何必都把时间浪费在这些小人物身上呢？"

画家先是一愣，然后笑着说："曾经有一个小人物拿了自己的画，登门拜访一位功成名就的画家，希望这位前辈可以给自己一些指点。结果那位大画家看着眼前的小人物，连画轴都没打开，就说自己很忙，让家人送客。那个小人物走到门口，转身说：'老师，您现在站在山顶，往下看我这个小人物，觉得我很渺小；但我站在山下往上看您，现在也觉得同样很渺小。'说完，这个小人物就回去了。但是他因为受了刺激，所以更加勤奋地练习，四处拜师学艺，最后总算有了点儿名气。当年那个小人物就是我。今天我虽然取得了一点成绩，但我经常提醒自己：一个人的形象是否高大，并不在于他所处的位置，而在于他是否懂得谦虚。"

在家长培养孩子的谦虚品格时，很容易因为过于强调谦虚而压抑了孩子内心的勤奋努力。其实，谦虚并不像我们想象的那么简单，它也分成不同的层次。

谦虚的第一层是让孩子做一个不自吹自擂的人。这种孩子虽然没有成绩，但是也不会夸夸其谈。人们会欣赏他的诚实，愿意与他交往。这种谦虚算是一个人的本分。

谦虚的第二层是让孩子做一个不居功自傲的人。这种孩子虽然有很大的成绩，但是从不拿来夸耀。人们敬佩他的品德，愿意接受他的领导。这种谦虚可以把孩子变成君子。

谦虚的第三层是让孩子做一个内心谦虚的人。这种孩子不但不居功自傲，而且连谦虚的名声也不愿承担。人们被他的德行感化，自觉改正自己的行为。能做到这一点的孩子，在长大之后一定会成为了不起的伟人。

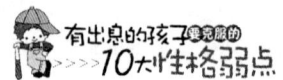

当然，对于孩子来说，不论那一层次的谦虚，都不是轻而易举就能做到的。但是，不论那一层次的谦虚，只要孩子能够做到，那么都会让孩子获得幸福的人生。在孩子的人生道路上，家长不但要教会如何取得成绩，更要教会孩子在取得成绩之后懂得如何谦虚。

2. 让孩子学会将自己"归零"

不要因为嫌事情轻微而不愿做出最佳表现。完成任何一件事，都能使人更强壮。能把小事做好，大事才不会有问题。

——戴尔·卡耐基

孩子的一生，常常是靠勤奋谦虚而获得成功，成功之后又往往因骄傲自满而走向失败。所以，聪明的家长会让孩子从小就知道：自满是成功的第一大敌。我见过很多希望孩子有出息的家长，鼓励孩子追求生活中的成就感，告诉孩子：有了成绩就要大声喊出来。他们却不知道，默默的努力才是孩子迎来下一个成功的基石。当然，强迫孩子在成功面前故作矜持也并非解决之道，反而压抑孩子内心的幸福，也容易让孩子给人留下做作的印象。最好的办法，是和孩子一起简单地庆祝一下，然后引导孩子将注意力放在自己还没有成功的部分，也就是将自己"归零"。不管孩子之前的成绩多么出色，接下来要面对的部分却是一个未知的领域，所以家长要让孩子能够在心态上准备好从零开始。只有懂得将自己"归零"的孩子，才能实现内心境界上的自我突破，由此获得不断的成功。

卡耐基曾讲过一个关于他的学员的故事：

记得有一次，看到一位初为人母的学员在教自己女儿用计算器，她

186

似乎对女儿的表现特别不满意。"归零，你怎么总是忘记归零？"母亲被屡教不改的女儿气得失去了耐心。

幼小的女儿满脸委屈，大哭了起来。我在一旁只好过来劝解："还记得我小时候在学校第一次用计算器的时候，也经常忘了归零。虽然老师在课堂上一再强调，可还是无济于事。"

这位学员马上明白了我的用意，便让女儿先出去玩一会，同我聊起天来。回想着纷纭的往事，回忆着不同境况的朋友，最后她若有所悟地说："其实，类似的错误又何止于我这个粗心的女儿呢？我们这些自以为懂事的大人，在人生中的许多时候，甚至完全忽略了归零这两个字。"我知道她已经明白了我要讲的道理，其实是她的女儿给我们上了重要的一课。

"归零"就是让孩子放下自己过去的成绩，因为只有学会放下眼前一点肤浅的所得，才能得到日后更多的成功。大海之所以博大，是因为它总是处在最低的姿态上，所以世界上的河流都会流向它。爱因斯坦被称为世界上最聪明的人，他就曾经说过："我所学到的知识越多，就觉得自己越无知。"记者们听了不解，他就解释说："我的知识就像一个圆圈，这个圆圈画得越大，所接触到的未知空间也就越多，我就觉得自己越无知。"

著名的钢琴家克莱德曼素有"钢琴王子"的美誉。一次，他来中国巡演，演出刚一结束，大厅里就排起了长龙。大家都在等待着，向这位"钢琴王子"索要签名留念。

克莱德曼耐心地跟每一个人合影，为他们签名。当一对父子来到克莱德曼面前时，克莱德曼没想到自己还有这么小的"粉丝"。于是就客气地问他们，希望把签名写在哪里。

不料，这位父亲却说："我们不要签名。"大厅里的人群惊诧不已，克莱德曼也很好奇地看着这对父子。那位父亲顿了顿，继续说道："我们

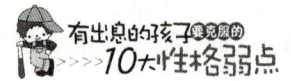
不要签名，但是有一个不情之请，我想让我的孩子握一下您的双手，可以吗？"

克莱德曼更加不解这位父亲的举动了，直愣愣地站在那里。这位父亲向克莱德曼深鞠一躬，把自己的儿子拽到身前，接着说道："您是我非常尊敬的钢琴大师。我从小就让我的儿子学习钢琴。这个孩子对钢琴很有悟性，也愿意吃苦。可是，这两年，他接连获奖，每次比赛都拿第一，所以有些飘飘然了。尤其是最近，他到处表演，炫耀琴技，根本没有心思练琴。所以，我今天一是来看您的演出，二是想让孩子明白怎样才算是一个真正的钢琴家。"

克莱德曼听了这位父亲的话，深深地被打动了。他伸出了自己的双手，微笑着对眼前的小男孩说："来吧，孩子，你是好样的。"

看着这双与钢琴打了半辈子交道的大手，小男孩颤抖着伸出了自己的那双小手，在和克莱德曼的十指接触的瞬间，他摸到了克莱德曼指头上厚厚的老茧。小男孩仿佛被电到了一般，他那双小手久久悬在空中，双眼痴痴地望着这位"钢琴王子"，嘴里不停地念叨着："钢琴家，钢琴家……"

此后，这个曾经骄傲的小男孩开始苦心练琴，他再也没有自满过，而是每天坐在钢琴面前苦苦磨炼着自己的天赋，最终成为了中国的"钢琴王子"。他就是现在的钢琴家——郎朗。

两位钢琴王子的这段佳话，向每一位家长和孩子展示了成功的秘密：那些能够取得非凡成就的孩子，往往是天赋一般但是懂得谦虚和不断努力的孩子；而聪明的孩子因为肤浅和自满，往往最终变得普普通通，甚至人生惨淡。

明智的家长为了让自己的孩子获得成就和学会自我保护，就一定要让孩子从小学会自我"归零"。当孩子觉得自己有所成就，颇感自满时，家长就要通过各种手段来提醒孩子扩大自己内心的容量，及时倒空自己的杯子。因为，只有能够放下内心的肤浅和自满，孩子才能避免人生中的失败，成为自己人生的主人。对于有天赋的孩子而言，只有加倍努力，才能不让自己的天赋被肤浅浪费；对于取得成绩的孩子而言，只有将自己"归零"，才能活出自己人生的深度。

3. 鼓励孩子走出自己的路

精神振作的孩子，除了有小心谨慎的习惯之外，还得要有敏捷和不因循两种长处。

——戴尔·卡耐基

在孩子的世界里，没有成年人的思想禁区，所以他们可以天马行空，会产生很多独特的想法。但是，作为成年人的家长和老师常常对孩子的想法进行否定和怀疑，并告诉孩子，不要去做别人没有做过的事情。

很多时候，由于怀疑自己的人多了，孩子自己也开始怀疑起自己来，最后放弃了自己最初的想法，慢慢成为了一个普普通通的成年人。更可悲的是，当他们的孩子向他们当年一样天马行空的时候，他们也会像当年自己的父母一样，堵住了属于孩子自己的出路。

所以，一个明智的家长应该让孩子去尝试自己的想法，并鼓励孩子，在一条陌生的道路上行走时，不要完全听信别人的指点，而要走自己认为正确的路。这样，孩子才不会成为人云亦云的应声虫，并在自己的道路上走出自己的精彩人生。那么，下面我们就来看一个出身贫寒的孩子，是怎么在自己选择的道路上获得成功的。

有一位名叫卡尔·卡拉布尔的黑人，16岁时成为一名海军。他心中一直梦想着能够成为一名海军潜水员。然而，等待卡尔的却是轻视和排

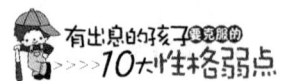
斥，他的梦想几乎就是痴心妄想，白日做梦，因为当时美国种族歧视现象极为严重。不过，美国海军中并不是没有一个黑人，但这些黑人几乎只有三条路可走：当厨子和勤务兵，或者卷铺盖回家。但卡尔不肯相信这个事实，他私下苦练游泳技巧，心中一直坚信自己能够成为一名潜水员。

有一天下午，训练刚结束，天气非常炎热，如同待在蒸笼里一样难受。白人士兵们如一条条快活自在的鲸鱼，尽情地在海里练习游泳。卡尔只能透过厨房的窗户，满头大汗地"欣赏"。突然，他丢掉了手中的铲勺，跑上甲板，迅速地跳进了海里，向着远方游去。他游泳的速度，比最优秀的白人士兵整整快了两分多钟。然而，卡尔并未赢得掌声和表扬，换来的却是三天禁闭。教官要求他做深刻的检讨，但是卡尔坚定地告诉教官说："不！我要当一名真正的潜水员！"教官冷笑着说："厨子，别做梦啦！美国的潜水员，直到今天，还没有出现过一个黑人！"

卡尔写了几千封申请书，要求去新泽西州的潜水员学校，而不是待在厨房。终于，他的执着感动了那位善良的教官。他以私人名义，写了一封推荐信，恳请那里的校长接纳这个优秀的黑人士兵。可是，有着严重种族歧视的校长，表面上收下了卡尔，私下里却打定主意：绝不让卡尔当上潜水员！

第一次理论考试，只上过七年级的卡尔仅仅得了十几分。校长警告他说，下次再不及格，就必须离开这里了。从那以后，每逢休息的时候，其他士兵们都驾车出去喝酒、狂欢，只有卡尔一个人用为图书馆打扫卫生的方式，取得了能够在图书馆呆上48小时的权利，所以别人出去玩时，他就在图书馆中学习。就这样，第二次理论考试他得了62分，他终于可以留下来了。

潜水课上，校长规定白人士兵潜水的时间是3分钟，可校长故意将卡尔的时间延长，并戏谑地说：黑小子若能活着上来，我的头发就要白了。结果，卡尔在海水里潜了足足 5 分钟，平安无事。

终于要毕业考试了。一个冬日的上午，校长把学员们都召集到一起说：你们潜到 300 米下的海底后，我们将给你们沉入一个工具包。你们必须组装好包里的零件，送上甲板。然后，才能拿到毕业证书。

别的士兵 3 分钟之内顺利完成了任务，被拉上了甲板。可是，卡尔的工具包，却被刻意用利刀割破后，扔进海里。那些小阀门、小零件、小螺丝，天女散花般散落在黑暗幽深的海底。卡尔必须将它们一个一个从沙子、淤泥里找寻出来，才能安装。

天渐渐黑了，卡尔依旧待在冰冷的海底。可 9 个半小时后，卡尔发出讯号，将组装好的阀门送到了校长眼前。看着虚弱不堪、冷得瑟瑟发抖的卡尔，战友们响起了阵阵的掌声和欢呼声。校长不得不颁发给他潜水员毕业证书。后来，训练当中再也没有了蔑视和刁难，卡尔用他的实际行动得到了战友们的认可。9 年后，他以优异的成绩毕业，正式成为美国海军的一名潜水员。

卡尔没有在别人的质疑中放弃自己选择的人生道路，而是通过艰苦的努力证明了自己能够成为一名优秀的潜水员。最后，他不仅得到了战友们的认可，还得到了自己梦寐以求的工作。假如卡尔中途放弃，那么他与其他庸庸碌碌的人毫无差别，也不可能消除别人对自己的歧视，更不可能成为了一名优秀的潜水员。

所以，家长应该看到孩子独特思维的价值。因为，如果一个孩子太在乎别人的看法，只是希望附庸别人来得到赞许，那么这个孩子的将来毫无精彩可言。而那些能够坚持做自己的孩子，只需要家长的一点鼓励和肯定，就能够创造出一个全新的世界，总有一天会让自己的家长和身边的所有人为他感到自豪。

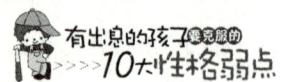
4. 不要让孩子失去人生的方向

如果你的心中充满一些坚定的信念，就不要在意别人说什么和做什么，只要不违背自己内心的信念就行。

——戴尔·卡耐基

每当我们欣赏着大自然中的美景时，到会感慨与自然的规律与人生的境遇是如此的相似。当樱花在枝头灿烂过后，便化做了满地的落英；当明月在天空圆满过后，就开始出现了残缺。当人生的目标实现之后，便出现了无穷的烦恼。

在人生的道路上，每个家长都教育着自己的孩子去追求成功。但是，却很少有家长教会孩子，怎样去面对成功之后的空虚。而在我们的身边，不论孩子还是成年人，他们往往在功成名就之后，失去了人生的方向，生活变得浮华而肤浅，心灵变得空虚和迷茫。因为，当一个人得到了自己苦苦追求的一切之后，很容易因为失去了未来的方向而对人生绝望。

几个丰衣足食的年轻人，总是对自己的生活不满足，于是他们开始四处寻找快乐。但是，在寻找快乐的途中却遇到了许多烦恼，反而变得更加忧愁和痛苦。

直到有一天，他们碰到一位衣衫褴褛的智者。他们很恭敬地向智者问道："尊敬的智者，我们找遍了很多地方，可是还是没有找到快乐的一点影子。请您告诉我们，快乐到底在哪里呢？"

智者看看这群年轻人，笑笑说："既然你们找不到快乐，你们有充裕的时间，那么，能否帮我造一条船呢？"

几个年轻人互相商量了一下，于是决定暂时把寻找快乐的事儿放到一边，帮助这位智者造一条船。他们很快找来了造船的工具，又到山上找到了一颗高大的树木。用了很长时间，他们终于锯倒了那棵适合造船的树，把它的主干带到了河边。这群年轻人又动手挖空了树心，制造了船桨。两个月过去了，一条独木船终于造好了。

这群年轻人把智者请来，大家一起上了船。独木船在水里快速地前进着，年轻人一边合力划船，一边齐声唱起了快乐的歌。

智者微笑着看着他们，问道："孩子们，你们现在觉得快乐吗？"

几个年轻人齐声回答："是的，我们快乐极了！"

于是，智者说道："快乐就是这样，当你无所事事，四处寻找它的时候，它就变得无影无踪；当你为着一个明确的目标，无暇顾及其他事情的时候，它就会突然来到你的身边。"

通过这个故事我们可以知道，肤浅和烦恼是一对形影不离的孪生兄弟，他们通常不会主动来找你，除非你先去找它。

许多衣食无忧的人，他们的生活虽然富足，但是并不快乐。他们通过各种各样的娱乐活动和社交游戏来麻痹自己，可是酒尽人散之后，只剩下更多的苦闷与空虚。之所以会出现这样的问题，是因为毫无目的的享乐，只是在浪费他们自己的资源和生命。而一个人只有找到了自己的人生方向，才能活得不再肤浅，同时让自己的内心获得安静。

1969 年 7 月，美国宇航员巴兹·奥尔德林登上了月球，时年 39 岁。作为地球上的登月第二人，奥尔德林可谓功成名就。他的家人和朋友们都为他的成绩而感到自豪，寻求商业合作的请柬更是纷纷而来。

但是奥尔德林并不觉得自己快乐，甚至不再喜欢自己原来的工作。在登月后的 3 年内，他离开了美国国家航空航天局，也没有再寻找新的工作。而且，一度染上了酗酒的恶习，每天借酒消愁，抑郁寡欢。

家人对他的情况非常担心，最后只好找来了心理医生。在配合医生治疗了一段时间后，奥尔德林终于走出了自己人生的那段阴霾。原来，

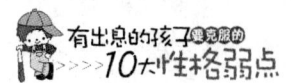
他之所以在完成登月后，却跌入人生低谷，是因为自己从此丧失了人生的目标，所以每天无所事事，醉生梦死。

巴兹·奥尔德林的经历让我们看到了，成功在给一个人带来收获的同时，也麻痹着这个人的人生。所以，希望孩子活出生命深度的家长，应该从小教育自己的孩子，让他们知道：所有的成功都将过去，不肯放下昨天的成功，就无法找到明天的方向。这样，不仅能够让孩子更轻松地获得成功，也可以让他们在成功之后能够轻松面对。

不幸的是，有些家长自己的内心就是空空荡荡，他们虽然物质富足，但是只能通过自我麻醉与逃避来打发自己的生命。希望这样的家长能够放下自己曾经的成功，改变自己肤浅的生活态度，与孩子一起去寻找人生新的方向，在自我的修养之中，找到人生更深刻的意义所在。

5. 教会孩子安顿自己的心灵

我的座右铭是：第一是诚实，第二是勤勉，第三是专心工作。

——戴尔·卡耐基

孩子在刚刚懂事的时候，就被告知要在人生的旅途中追求快乐和幸福。家长会怂恿他们去追求至高无上的权力，或者无穷无尽的财富。但是，当孩子到达自己人生旅途的终点时，往往已是身心俱疲，得到的快乐和幸福却少得可怜。

有许多这样的人，他们一方面希望自己的孩子能够生活得快乐、幸福，一方面又用各种各样的欲望折磨着孩子的心灵。这是因为，如果一个身为家长的人不懂得真正的快乐和幸福与他们手中的权力、金钱无关，那么，他们就无法教会孩子将自己知足的底线控制在自己能力的底线之下，更无法帮助孩子安顿他们幼小的心灵。

一次，一个年轻人去乡下拜访自己儿时的老师，看见自己的老师正在山谷里挑水。年轻人赶紧上前接过老师的扁担，师生二人一边走一边聊天。年轻人不停向老师诉苦，将自己在城里的不如意一一向老师倾诉。老师只是在一旁默默地听着，没有说什么。

为了不让气氛过于尴尬，年轻人只好转移话题，问老师："老师，您为什么不把水桶倒满水再挑呢？这些一次只挑回半桶水，多费劲啊！"

老师说道："正好你来了，不如你帮我把水接着挑满吧。"

年轻人很高兴地答应了，来到山谷里将两个水桶灌得满满的，挑着往回走。由于身上的担子太重，再加上山路崎岖，年轻人一路摇摇晃晃，水洒了一地。快到家时，两个水桶里的水都已经洒出了大半，年轻人又一不小心跌了一跤，结果摔破了自己的膝盖和水桶。他只好一瘸一拐地拿着两只破水桶回到老师的家里，垂头丧气地准备挨骂。

谁知，老师看到他的样子不但没有责怪他，反而安慰他，并笑着说："你现在知道我为什么每次只挑半桶水了吧？挑水的道理不在于贪多，而在于知足啊。"

年轻人诚恳地点头，并且问道："那么请问老师，挑多少算是知足呢？"

老师将一只破桶拿给自己的学生看，指着桶内的一条线说道："这就是底线，在这条线以下的事，我们要尽力而为；在这条线以上的事，我们要量力而行。"

从故事中老师的底线，我们可以明白，教会孩子知足常乐并不是让孩子放弃对人生努力，而是让孩子学会量力而行。因为，只有一个孩子对于自己力所能及的事情尽力而为时，他才能在享受幸福的时候心安理得。

有很多不知满足的家长，他们总是给孩子施加更大的压力，而从来不考虑孩子的内心感受。这是不明智的。如果一个人只顾着忙于满足自己的种种欲望，那么就会却忽略自己内心最原始的快乐。

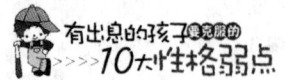
曾经有一位美国的旅行者，拜访了著名的波兰籍经师——赫菲茨。

让这位美国人大惑不解的是，赫菲茨经师住的房间里，除了放满了各种各样的经书，唯一的家具就是一张桌子和一把椅子。于是这位旅行者不禁问道："大师，你的家具在哪里？"

"你的呢？"赫菲茨经师没有回答他的问题，而是如此反问道。

这位美国人感到很奇怪，只好回答说："我只是路过这里，在这里做客，怎么会有家具呢？"

经师微笑着对他说："我同你一样啊。"

赫菲茨经师懂得心灵的安顿比身体的享受更重要，所以他没有在意人生旅途中的家具摆设，而是将自己的精力放在了研究经书上面。因为对于一个经师来说，真正的快乐并不来自于豪华的家具，而是来自于那一本本充满智慧的经书。

那么，对于一个孩子来说，快乐的真正来源应该是他们内心天生的好奇，而不是在家长的逼迫下盲目地追求各种自己并不需要的东西。所以，希望每一个家长都能够记住，尽管孩子的人生旅途中会有各种各样的风景，但是家长要让孩子知道自己的底线，懂得安顿自己的心灵。毕竟人生最美的风景，是内心的平淡与祥和。

6. 成熟的孩子不止看到事情的表面

当一个孩子的心理已经成熟，他会对世事抱着"一切是相对的"态度做人。

——戴尔·卡耐基

一个孩子思想的深度来自于他们思考的深度。大人之所以觉得孩子的想法幼稚，是因为孩子不懂得思考问题背后的真相，而是被事情的表面所迷惑。为了让孩子克服这种肤浅的性格，家长要引导孩子学会深入地思考，让孩子看到隐藏在事情表面之下的真相。

从前有两个水桶，每天陪伴着农夫挑水。这两个水桶并不完全一样，其中一个是完好无损的，而另一个水桶则有一条细细的裂缝。所以，农夫每次从山里把两个水桶挑回家中，都只剩下一桶半的水。因为那个完好无缺的水桶可以保存满满的一桶水而那个有裂缝的水桶到家时，就只剩下了半桶水。

有一天，完好无缺的水桶对自己的表现很自豪，就奚落有裂缝的水桶说："朋友，我们两个陪伴主人这么久了，每次你都只能保存半桶水，真是丢人啊！"

有裂缝的水桶听了，感到非常愧疚，它一言不发，为自己只能负起一半的责任，感到非常难过。

农夫听见了两个水桶的谈话，就悄悄地对那只有裂缝的水桶说，明天挑水时，希望你注意我们的脚下。

第二天，两个水桶又陪主人去挑水，回来的路上，有裂缝的水桶看见路旁盛开着缤纷的野花，觉得十分美丽，内心的悲伤也就缓解了许多。但是，当走回家的时候，它又开始难过了，因为又有一半的水洒在了路上。

有裂缝的水桶向农夫道歉，说自己没有完成使命。

农夫却笑着说："你不必道歉，我还要谢谢你呢。"

有裂缝的水桶更加不明白了，农夫解释道："你有没有注意到，我们回来的路上，只有你的那一边开满了野花，而完好无缺的水桶那边却一朵花也没有。"

有裂缝的水桶想起刚才经过的山路，的确是农夫所说的那样。但是他还是不明白这和自己有什么关系。

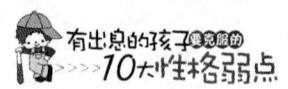
农夫笑着说："正是因为你有一条裂缝，所以每次我从溪边挑水过来，你都用自己桶里一半的水浇灌了这些野花，所以它们才会开得那么灿烂。而这些美丽的野花，也装饰了我的餐桌，让我的妻子每天不出家门也能够闻到大自然的气息。所以我要好好谢谢你呀。"

有裂缝的水桶听了农夫的话，再也不难过了，因为他知道，自己的裂缝成就了很大的功劳。

一个水桶的裂缝让它每次都会洒掉半桶水，却同样是这条裂缝浇灌了芬芳的野花。在读完这个故事之后，我们不仅惊叹于人生的惊喜，同时也要小心，不要因为自己的肤浅而成了嘲笑人家的那只水桶。家长应该从小就让孩子明白，事情的真相很可能不是我们第一眼看上去的样子。要想让自己的判断接近真相，那么孩子首先要学会静下心来思考。

虽然没有哪个家长可以自信地说，自己可以把纷纭复杂的大千世界给孩子完全解释清楚。但是，家长至少可以教会孩子，遇到事情时不要轻易去下结论，而是应该好好地去思考、品味、感悟。这样的孩子才能透过事务纷乱粗糙的表象弄清每一件事精致有序的本质，在自己的人生路上越走越成熟。

7. 长大的含义，就是学会控制自己

成年人和小孩子的区别就在于，面对诱惑的时候，能否控制住自己的内心。

——戴尔·卡耐基

《圣经》上说："务要谨守，儆醒。因为你们的仇敌魔鬼，如同吼叫的狮子，遍地游行，寻找可吞吃的人。你们要用坚固的信心抵挡它。"西班牙的一位智者也曾经说过："首先要学会控制你自己，然后你才能控制别人。"也许你并不想自己的孩子成为一名虔诚的基督徒，但是每一个家长都应该让孩子学会控制自己的欲望，让孩子内心获得永恒的宁静，这样，孩子才不至于永远长不大。

不论孩子还是大人，一旦失去了自制力，就像战场上失去盔甲的士兵，会被他人轻易地击倒。而每个人的内心都永远存在着理性和感性这两种截然不同的情感，而一个成熟的人能够用自己的理智来判断事物，这也是一个孩子不再肤浅的标志。

一天，小汤姆牵着爸爸的手来到商场，看到货架上形态各异的玩具，他一把拿过一只布老虎抓到手里。爸爸夺回汤姆手里的布老虎，重新放回货架。汤姆被爸爸的举动震惊了，顿时大哭大闹起来，缠着爸爸非买不可，爸爸却努力拉着汤姆离开商场。汤姆于是一屁股坐在地上，哭闹着死活不肯离开。

回到家里，爸爸把汤姆在商场的"英勇事迹"讲给姐姐凯瑞听。姐姐听完汤姆的故事哈哈大笑，显然她没有理解爸爸的用意。于是爸爸问凯瑞："你比汤姆大，可以算个小大人了，那么爸爸问你，长大意味着什么？"

凯瑞有点茫然地望着爸爸。"现在，你看到自己喜欢的东西，会像汤姆一样，不管三七二十一伸手就拿走吗？或者像汤姆一样在地上一边打滚一边大哭？"凯瑞笑着说："当然不会。"

"对，这就是长大的含义，成熟的人要学会控制自己！"爸爸温柔地说。

凯瑞又问："可如果喜欢上的是某件事物，又该怎么办呢？像汤姆那样，不管有没有条件，大哭大闹，不到手誓不罢休，还是学会用欣赏的眼光看待呢？"凯瑞静静地望着爸爸。

"以后你会遇到比这更难回答的问题，但是记住爸爸跟你说的，只要

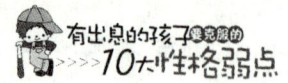
学会控制自己的欲望，并用心体验，你会自己找到答案的。现在你生活的圈子很小，以后你会发现，美丽的风景无处不在，而你，要有足够的心去欣赏这份美丽！"

看一个孩子是否成熟，就看他在情绪激动的时刻，是否能让理智主宰自己的大脑，而不是肤浅地率性所为。因为，只有能够战胜自己感情的孩子，才能证明自己有控制命运的能力。

其实，家长要教会孩子控制欲望并不难，当孩子在餐桌上的时候，要求他们做到保持优雅的姿态进食，而不是狼吞虎咽；当孩子因为高兴而忘乎所以的时候，要求他们冷静地分析前因后果，而不是盲目地大呼小叫。只要在生活的细节上给孩子养成良好的习惯，同时让他们认清什么是人生中最重要的事情，那么，孩子就会一天天成熟起来。

卡朋特是 20 世纪 80 年代风靡一时的歌星，也一位耀眼的才女，当时的美国总统尼克松甚至表彰她为"当代美国最杰出的青年"。她的婉转、沧桑的声音俘获无数年轻人的芳心。

卡朋特小时候非常喜欢听爸爸收集的唱片，她爸爸很喜欢听曲调优美的音乐和古典音乐，这为卡朋特的音乐生涯打下了基础。1963 年，卡朋特全家搬到了美国加州，她受哥哥的影响爱上了音乐，不过她选择的乐器却很奇特，因为很少有女孩子会喜欢鼓，但卡朋特偏偏选了这个不受女孩欢迎的乐器。

卡朋特的父母非常支持她的选择，有一年过圣诞节的时候还送了一套鼓作为圣诞礼物给她，从此兄妹两个就经常一起练习。经过几年的练习，卡朋特和哥哥所练乐器的技术都达到了炉火纯青的境界，于是他们进军歌坛。

在跻身歌坛的十余年间，她和哥哥一共推出了超过四十张唱片，并三次得到格莱美奖。可名利双收的卡朋特却在 1983 年结束了自己年轻的生命，走完了她短暂的一生。而让这颗巨星陨落的原因，竟然是为了保持苗条的身材而节食减肥。最后，患上了"神经性厌食症"的卡朋特白白葬送了自己的大好年华。

为了减肥失掉健康，这也算是一个没有长大的孩子犯了一个肤浅的错误吧。他的父母一定忘了从小告诉她：虽然演员要比普通人更注意保持体型，但不能忘了健康才是一切的根本。

所以，如果家长希望孩子能够健康成长，并有所成就，那么，让孩子自己成熟起来吧！如果孩子被眼前的浮华迷惑了双眼，给心灵蒙上一层扫不去的灰尘，那么这一切都是因为家长没能让孩子摆脱童年时的肤浅。而一个成熟的孩子，他能够理智地看待自己身边的一切和自己内心的欲望，同时懂得什么才是这个世界上最有价值的东西。

8. 要让孩子时刻保持勤奋

若想获得真正的愉快，只有努力扩展自己的见识，努力求知。因为知道得愈多，对生活的帮助也愈多，也会愈加快乐；同时，对事物的了解愈多，对社会越有用的人，也就越有价值。

——戴尔·卡耐基

孩子在父母的照顾下，无需为生活而烦恼、忙碌，于是在孩子的内心深处，慢慢滋生出了肤浅与懒惰的恶习。如此一来，孩子很难在未来的成长中取得成绩，家长的溺爱反而成了孩子成功的障碍。

所以，对于那些希望孩子有出息的家长，"勤奋出贵族"这是一句永恒的真理。那些能够克服肤浅的孩子都有一颗上进的心，都有一双勤劳的手，他们身上有一种令人尊敬的勤奋与敢为天下先的精神，这种勤奋和坚韧的品格闪耀着非凡的光芒。家长不必为孩子将来的收入或者地位

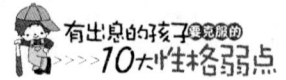

担心，而应该努力培养孩子勤奋的品格。因为，沧海桑田，世界总是无限变幻的，没有永远的贵族，也没有永远的穷人。如同万事万物都处在不停的运动、变化中一般，这种盛衰起伏的变化生生不息。而孩子的勤奋将会为他的人生创造无限财富，出身卑微和家境贫寒的孩子，通过自己的勤奋、执着，用自己的智慧创造出财富，同样能够功成名就、出人头地。

日本"推销之神"原一平在一次生日晚会上，有人问他，推销成功的秘诀是什么。原一平没有立即回答，只是脱掉鞋袜，请那位提问的记者上前来，对他说："请摸我的脚底板。"提问的记者虽然诧异却乖乖地摸了摸，然后他十分惊讶地说："您脚底的茧厚到可以当鞋穿了！"原一平笑着说："这就是我成功的秘诀。我走的路比别人多，跑得比别人快。"

提问者略一沉思，顿然醒悟，原来人生中任何一种成功都始之于勤并且成之于勤。勤奋是成功的根本，也是秘诀。

趋乐避苦是孩子的天性，懒惰像影子一样时常在孩子的左右徘徊，企图侵蚀他们的心灵。歌德曾经说过：我们的本性趋向于懒怠。但只要家长帮助孩子保持积极，并时常给予激励，那么孩子就能摆脱肤浅与懒惰的束缚。

的确，懒惰是孩子最可怕的敌人。在青春的大好时光里，本来有许多事情可以尝试，但因为一次次的懒惰、拖延而错过了机会。"懒惰"的本身充满了诱惑，孩子一生随时都会与它相遇。比如，早上想在床上多躺几分钟，起床后不及时洗漱，拖拖拉拉地出门，能拖到明天的事今天绝对不动手，最后，懒惰往往让孩子变得肤浅，一事无成，人生留下的只有遗憾。

所以，家长要鼓励孩子靠自己的努力去赢得他人的认同和尊重，只有这样的尊贵才能长久。出生在富裕家庭的孩子更要有进取精神。如果在父母创造的物质财富中养成好逸恶劳的习惯，最终只会变得一贫如洗，无论金钱还是精神财富都会离孩子远去。要想让孩子在生活的风浪中完善自己，就必须帮助孩子战胜懒惰。

首先，家长要帮助孩子认识到自己有拖延的习惯，这是处理问题的前提。只有正视问题才能解决问题。不承认自己懒惰，就不可能改正自己的错误。很多时候，孩子会因为拒绝改变而拖延，如果是这样，那么改变的方法就是让孩子强迫自己去完成，告诉孩子这件事非做不可。

其次，让孩子学会要严格地要求自己，磨炼自己的意志力。意志薄弱的孩子最常犯"拖延症"。磨炼意志可以从身边的小事做起，每天让孩子坚持做一件简单又感兴趣的事情。只要坚持下去，就能逐渐改正孩子懒惰、拖延的习惯。

再次，环境也很重要。让孩子在整洁的环境里学习，才能保证孩子集中注意力，也不容易拖延。监督孩子把身边的生活或者学习环境整理好，才能唤醒孩子内心对生活的热爱，从而产生积极的动力。同时，学习前做好准备工作，该准备的工具都准备好，这样才能专心工作，不会被打断思路，也可以避免拖延。

另外，给自己定好计划。对每天的生活和学习做出合理的安排，制定实际可行的计划，让自己严格按计划行事。如果可以的话，最好让孩子在朋友面前公开自己的计划，让身边的人对孩子起到监督作用，能让自己受到一些约束。

最后，如果孩子对手里的事情还是感到厌恶，就帮助孩子多想想完成后会得到怎样的回报，这样就可以让孩子感到愉悦一些。克服懒惰最好的办法，就是让眼前的事情对孩子有一定的诱惑力，家长可以给孩子制定一份奖励制度，以此来激励他克服肤浅和拖延。

对于每一个孩子来说，时间都是最宝贵的财富。时间对每个孩子也很公平，而偷懒无疑就是在浪费自己的时间，并且在拖延之后就会觉得时间不够用，接下来就会为自己的拖延感到后悔。所以，只有能够帮助

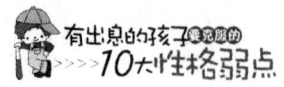

孩子战胜懒惰，改掉拖延的习惯，他们才能做时间的主人，才能从容不迫地度过丰富多彩的一生。

9. 别让欲望毁了孩子的人生

要牢记，快乐并非取决于你是谁，或你拥有的东西，它完全来自于个人的思想。因此，我们每个人都应该想想应该感恩的事。我们的思想决定了我们的未来。

——戴尔·卡耐基

有梦想的孩子，梦想常常把他们的人生之路点缀得丰富多彩；而与欲望同行的孩子，却往往被欲望逼入了人生的穷途末路。因为，对所有的孩子来说，梦想是人生不断前行的动力，而欲望和冲动却是心灵渐行渐远的深渊。梦想与欲望的区别，就在于孩子们是否经过理智的思考，是否知道自己的人生真正需要的是什么。

家长可以帮助孩子去分辨那些追求是好的，那些追求是有害。当孩子的需求是从自己的内心出发时，那么他们眼前的一切都是清澈而光明的，因为他们在努力追求着自己的梦想。当孩子的需求因为冲动而迷失了内心的本性，那么他们就陷入了欲望的无底深渊，最终只会在追逐了一个又一个欲望之后，身心俱疲，倒在人生的路上。

从前，有一个叫布里丹的人，他养了一头小毛驴。他对这头小驴十分疼爱，每天都向附近的农民买一堆上好的草料来喂它。

一天，为了感谢布里丹的光顾，送草的农民多送了一堆草料过来。这额外赠送的草料，无论在数量还是质量上，都和这头驴子每天吃的草料一样好。这下子，站在两堆草料之间的驴子开始左右为难了，因为，

204

它虽然有充分的选择自由，但两堆草料的价值相等，无法分辨优劣，也就无法决定先吃哪一堆好。

最后，这头可怜的毛驴站在原地，比较着两堆草料的数量、质量、颜色，直到自己被活活地饿死。于是，人们就把一个人被欲望驱使着、无所适从的现象称为"布里丹毛驴效应"。

驴子因为没办法平衡自己的欲望，最后竟然在两堆草料面前活活饿死。这就是因为冲动而迷失了自己内心的需求，最终陷入欲望深渊的下场。所以，家长应该让自己的孩子明白，梦想可以帮助他们把握眼前的机会，而因为冲动而产生的欲望却常常让他们产生非分之想。当孩子在自己的人生路上大步前行时，家长应该时刻提醒孩子问问自己的内心，脚下的路是通向梦想还是导向欲望。

他是一个私生子，父亲没有能力养活他们母子，所以他跟着母亲生活，后来母亲嫁给了另一个男人。而这个男人已经有十一个孩子。所以，他的童年生活十分艰辛，泪水远多于欢笑。

十一岁时，他就开始工作养家。十四岁时他借钱买了一条小船，到私人牡蛎场去偷牡蛎，结果被渔场巡逻队抓获，罚做苦力。十八岁时，他领导失业者组织到华盛顿游行，结果以"践踏国会草坪"被捕入狱。

但是，他并没有对自己的人生丧失信心，而是继续为自己的未来拼搏着。二十岁时，他考入了加州大学。二十一岁时，他因为交不起学费，被迫退学，然后到阿拉斯加淘金。后来，不但没有发现自己的第一桶金，还身染重病。回到家里后，每天卧病在床的他，突然萌发了写作的愿望。生活中的坎坷与艰辛，此时成了他丰富的写作素材。他发表了自己的第一篇小说：《给猎人》。从此，他开始把自己的精力投入到文学创作上，两年后，他出版了自己的第一部短篇小说集《狼之子》。

从此，这个命途多舛的年轻人终于爬过长长的黑暗，为自己的人生打开了一扇光明的小门。三十三岁时，他写出了自己的代表作《马丁·

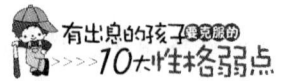

伊登》。而这本书完全是他自己一生的写照，书中的主人公伊登靠自己的努力，克服重重苦难，终于获得了成功。但是成名之后的伊登，丝毫感觉不到人生的欢乐，内心反而充满了空虚，最后以自杀的方式了结了自己的一生。

《马丁·伊登》让他获得了成功，名利双收。于是，他挥金如土，建造了游船和豪宅。而豪宅刚刚落成不久，就忽然发生火灾，于是他决定再建一座更大的别墅。为了赚钱，他开始大量创作，写了许多内容空泛、思想浅薄的作品，他甚至宣称自己是为了金钱而写作的。四十岁时，他已经像《马丁·伊登》中的伊登一样，只觉得空虚，而没有享受过幸福。于是，他最终选择了自杀的方式，来结束自己不平凡的一生。

他就是"世界四大短篇小说大师"之一的杰克·伦敦。

杰克·伦敦短暂的一生，充分诠释了梦想的可贵与欲望的可怕。当他怀揣梦想时，梦想帮助他走过成长中的重重苦难。可是，当他成名之后，却为了满足自己的欲望而堕落空虚，最终用自杀的方式结束了自己的人生。

所以，家长应该让孩子从小明白，当他们实现梦想，得到自己想要的东西之后，更要克服冲动、保持清醒，放下那些原本不属于孩子心中的欲望。因为，梦想可以让孩子冲破人生的黑暗，创造一个丰富多彩的世界；欲望却可以瞬间将这一切摧毁，把孩子的人生带入充满黑暗的深渊。

第八章

克服懦弱：
让孩子成为杰出的领袖

　　作为一名希望孩子有出息的家长，应该看到这样的事实：很多孩子心中都有理想，但是大多数孩子却没有为实现自己的理想做任何准备，更不用说勇敢地去奋斗。这是因为，在这些孩子心中，根本不相信自己会成功，也没有面对挑战的勇气。所以，家长应该从小培养孩子为人生理想而奋斗的勇气，让他们克服自己性格中的懦弱，成为可以独当一面的人。

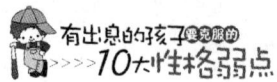

1. 克服懦弱才能成为领袖

　　延迟拖拉和优柔寡断，是人类弱点中最合乎人情的。但是，正因为它们合乎人情，没有明显的危害，也不违犯国法，所以无形中因此耽误的事情，引起的烦恼，实在比明显的罪恶厉害得多。

——戴尔·卡耐基

　　在家庭教育中，大部分父母都希望自己的孩子能够听话，却忽视了从小培养孩子的领袖气质，结果造成了孩子的懦弱性格，让他们在未来的人生道路上无法担当重任。

　　拿破仑曾经说过："一只狮子带领的一群羊，可以打败一只羊带领的一群狮子。"由此可见，领袖必须是无所畏惧的强者。但是，强大的领袖并不是天生的，而是需要家长从小培养。多给孩子制造机会去面对生活中的挫折和挑战，充分尊重孩子的观点和主见，这样，才能让孩子在成长中不断强化自己的领袖意识，在困难面前善于战胜自己的懦弱。

　　一代球王贝利，曾经只是一个在巴西街头踢足球的野孩子。他的父亲也是一名足球运动员，但这位人到中年的球员并未踢出名堂，只能以低收入勉强养家。贝利的母亲不希望贝利重走父亲的老路，她总是让贝利远离足球。但是，很快她就发现无法阻止儿子的天性，贝利也很快展现了自己在足球方面的天赋。十一岁时，贝利被巴西前国脚布里托带到了圣保罗州的一支球队，在那里踢了三年。后来，布里托又将贝利带到了巴西最有名气的桑托斯队，从此才开始了球王贝利的征服之旅。

　　但是，初到桑托斯足球队的贝利，因为害怕那些大球星瞧不起自己而紧张得一夜未眠。在刚开始训练的日子，他也会因为懦弱而无端地怀疑自己，恐惧他人对自己的评价。贝利的父亲鼓励他说："你在球队里的唯一价值就是能够打进一个又一个进球，所以，如果你想赢得队友的尊重，首先要忘掉自己对自己的怀疑。"

于是，贝利在父亲的鼓励下，努力战胜了自己的懦弱。他设法在球场上忘掉自我，专注于脚下的足球，从此才变得锐不可当，成为了桑托斯足球队的灵魂人物，并在桑托斯足球队踢进了自己的第一千个进球。

有人曾经评价贝利说："一名球员的真正伟大，体现在他能把一只默默无名的球队带到世界足坛的巅峰，那正是贝利在桑托斯所做的。"

贝利之所以能够成为一代球王，除了凭借自己的足球天赋和刻苦训练外，更重要的是他的父亲在他感到懦弱的关键时刻，给了他战胜自己的勇气，让他成为了桑托斯球队真正的领袖。而在不断战胜自己中成长，正是所有强者所共同遵守的信条。

与贝利的遭遇十分相似的是，一代拳王泰森也经历了十分痛苦的童年。他出生在纽约的布鲁克林区，那里以混乱和贫困著称。由于父母离异，没人照管，身体瘦小的泰森经常被街上的其他小孩欺负、殴打，他的眼镜每天都会被别人砸碎，然后扔在学校的垃圾桶里。

刚开始，泰森表现得十分懦弱，不论别人怎么欺负他，他都只是选择默默忍受。后来，被狠揍得忍无可忍的泰森，终于站了起来，用拳头捍卫自己生存的权利。但是，这并没有让他学会真正的勇敢，而是开始参与打架斗殴和许多其他不法行为。直到有一天，十三岁的泰森认识了他的拳击教练达马托，并将达马托当作自己一生中最信任的人。也正是达马托教会了泰森克服自己的懦弱，让他学会了自律、勇敢，努力去做一个坚强而善良的人。

二十岁时，泰森成为了最年轻的重量级冠军，仅用了六分钟就击败了前世界拳王柏比克，从此开始了自己传奇的一生，名誉和财富也接踵

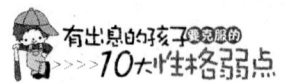
而至。

泰森的传奇，也开始于他遇见达马托，并开始战胜自己的懦弱那一刻。所以，在命运安排的困难面前，在众人的怀疑面前，在种种欲望的诱惑面前，只有战胜自己的懦弱和外面的诱惑的孩子，才能最终成为一个真正的强者，一个傲视群雄的领袖。

当父母过于关注现在孩子的活动，或者因为关心而把孩子保护在自己的羽翼之下时，孩子往往会变得胆小怕事，最终一事无成。这样的孩子往往并不缺乏能力和机会，但是却没有取得成功所必需的决心和勇气。聪明的父母应该让自己的孩子学会独立面对挑战，实在放心不下可以在一旁做一些防护工作，但是绝对不能事必躬亲，凡事代劳。因为，如果想让自己的孩子成长为一个强者，那么就要让孩子知道，他最终要战胜的敌人不是别人，正是他自己的懦弱；如果想让自己的孩子成为一个领袖，那么就要让孩子知道，领袖真正的伟大不在于战胜了多少敌人，而是能够最终战胜自我。

2. 告诉孩子：脚下的路要靠自己走

愿意担当责任的人，不论身处何地，都比别人容易脱颖而出。张开双臂，迎接责任吧！小事负责，大事也负责，成功必将属于你。

——戴尔·卡耐基

许多家长，常常羡慕那些可以让孩子含着金汤匙出生的人家，觉得他们的孩子一出生就有优越的生活和显赫的身世，而自己的孩子则只能是出身平凡的丑小鸭。其实，这样的羡慕完全没有必要，因为，决定一个孩子能否有出息的绝不是他的出身，而是他的心态。当家长无法帮助孩子选择自己的出身时，他们至少还可以帮助孩子选择自己的心态。更何况，命运对每一个孩子的安排也许别具深意，最关键的是让孩子在人生路上学会坚强。

一天，蜗牛妈妈领着小蜗牛赶路，小蜗牛忽然问妈妈："妈妈，为什么我们一直要背着这个壳走路呢，它又硬又重，背着好累呀。"

蜗牛妈妈笑着对小蜗牛说："傻孩子，这个壳是我们的家呀。我们的身体没有骨骼的支撑，又爬不快，所以要靠它保护我们呀！"

小蜗牛又问道："可是毛毛虫姐姐也没有骨头支撑身体，也爬不快，为什么她不用背这个又硬又重的壳呢？"

蜗牛妈妈耐心地说道："那是因为毛毛虫姐姐会长出翅膀，变成蝴蝶，到时候天空会保护她啊。"

小蜗牛又问道："可是蚯蚓弟弟也没骨头支撑身体，也爬不快，也不会长出翅膀，为什么他也不用背这个又硬又重的壳呢？"

蜗牛妈妈微笑着说："那是因为蚯蚓弟弟会钻土，他钻到大地里面，大地会保护他啊。"

听了妈妈的话，小蜗牛突然大哭了起来，说道："妈妈，我们好可怜啊！天空不保护我们，大地也不保护我们。"

蜗牛妈妈摸着小蜗牛的头，笑着安慰他说："傻孩子，但是我们有壳啊！我们不靠天，也不靠地，我们完全靠我们自己！"

蜗牛身体弱小，既不能靠天，又不能靠地，它只有靠自己。它所背负的厚重的壳，看起来像是负担，其实正是自己的保护伞。可见上天的安排总是有他的道理。为了让孩子能够坚强地走好自己人生中的每一步路，家长应该让孩子克服懦弱的性格，让他们从小就明白：每个人脚下的路，都必须靠每个人自己去走。当一个人在生活中什么都不能依靠的时候，至少还可以依靠自己。

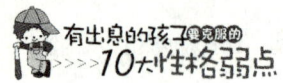

在一个偏远的小镇上流传着一个神奇的传说，传说小镇的山里有一眼神奇无比的泉水，可以医治世间的所有疾病，解答人们的一切难题。

一天，这个小镇上来了一个少年，他向镇上的每一个人打听泉水的事情。而镇上的人们都同情地望着他，因为他只有一条腿。

一个老人在少年的背后低声说道："可怜的孩子，难道他想让泉水给他变出一条腿来吗？"

少年听见了老者的话，回头对老人说道："我并不是想让泉水给我一条新腿，而是希望泉水能够告诉我，一条腿怎样生活。"

说完，少年继续着自己的寻找之旅，他用自己仅有的一条腿向大山深处走去。

一路上，少年从没放弃过希望，他渴了就喝山边的溪水，热了躲到大树底下乘凉。有时候听到山里樵夫的山歌，他也会高声地与他们对唱。不管走到哪里，少年总是唱着快乐的山歌。他所经过的每一个地方，人们都被他的乐观与自信感染着。有时，人们把他请进茶棚，听他讲故事，唱小曲。少年从来没有为自己只有一条腿而自卑过，他觉只要通过自己的努力，就一定能找到那眼神奇的山泉。

当少年听到别人的赞扬时，他的内心更加自信了，腰板挺得比别人都直，别人的嘲笑也不放在心上。他用自己的乐观感染着那些比自己更无助的人，激励他们向前看。一想到自己改变了那么多人对人生的态度，少年的心里就有一种快乐的成就感，他享受着自己艰辛的旅程。

有一天，少年在大山的深处，碰到了一个老人。少年见老人独自坐在石头上，嘴巴很渴的样子。于是，他赶紧拿出自己的水给老人喝，并且问道："老人家，请问您知不知道那眼神奇的泉水在山里的什么地方？"

老人没有回答他的问题，而是微笑着反问道："小伙子，你想找泉水做什么呢？"

少年答道："我想问一下神奇的泉水，怎样才能用一条腿生活下去？"

老人听罢少年的回答，大笑着说："你现在不就是在生活着吗？而且你的生活很快乐啊！其实，世上根本就没有什么神奇的泉水，但是你可以靠自己乐观的态度和宽广的心胸生活下去啊！"

少年仔细品味着老人的话，恍然大悟，马上唱着快乐的山歌回家了。

故事中的少年虽然没有找到传说中的山泉，但是他已经凭借自己的努力找回了生活的真谛：坚强的态度和宽广的心胸。这才是每个人生活下去的真正动力。

每个孩子的身体应该都比故事中的蜗牛和少年更强健，但是并不是每个孩子的内心都如同他们的内心那样坚强可靠。对于那些自身懦弱而希望依靠外界的力量来走路的孩子，家长必须让他们明白：孩子们自以为可以依赖的一切物质条件，都有靠不住的时候，而人生中，唯一可以依靠的只有孩子自己，孩子自己坚强的内心。如果家长想要让自己的孩子走出懦弱的处境，那就在孩子的心中下功夫吧！

3. 命运掌握在自己的手中

只要你下决心，就一定能克服任何恐惧，记住，恐惧只存在于人的内心。

——戴尔·卡耐基

孩子由于身体和心智都没有完全成熟，所以在很多事情上依赖家长，这本是情理之中的事情。但是，很多家长却因为过于溺爱孩子而忽略了过分依赖别人对孩子未来的影响。

如果一个孩子总是依赖大人的安排，不去做自己力所能及的事情，不去为自己的人生规划打算。那么，这样的孩子今后将离不开别人的照

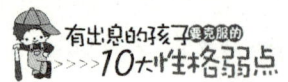
顾，自己也完全没有主见，自己的命运也总是等着别人来主宰。可是现实告诉我们，只有能够主宰自己命运的孩子，才能成为人生的胜者。虽然命运可以决定一个孩子的一生，但是主宰它的却是孩子自己顽强的决心与永不放弃的意志。所以，让孩子把命运掌握在自己的手中，克服孩子性格中的懦弱，需要家长和孩子一起付出努力，就如同在打一场没有硝烟的持久战，而这场战争的敌人就是孩子自己。

古希腊的思想家柏拉图在两千多年前就曾说过："命运是人生中的第一学问。"的确，随着孩子的不断成长，他们会开始为自己的人生目标而努力，为自己的人生理想而奋斗，而这一切都是在试图改变自己的命运，让自己成为命运的主人。每个孩子的一生都会经历很多坎坷，作为一个明智的家长，需要做的不是在自己力所能及的范围内为他们遮风挡雨，而是要让自己的孩子牢记：风雨之后才能见到彩虹。

爱德华·曼德尔·豪斯，人们习惯于称他为"豪斯上校"。他是美国历史上最成功的外交家之一，经常代表美国斡旋于世界其他大国之间。同时，他也是伍德罗·威尔逊总统的智囊人物，在拟定结束第一次大战的和平条约方面起过关键作用。

但是，拥有如此伟大成就的豪斯上校，却是一个身材矮小的人。他从小就为自己的身材感到自卑，每次他抬头仰视其他小朋友的时候，都埋怨自己的父母为什么把自己生得如此矮小。后来，他成为了一名军人，在崇尚男子气概的军队里，豪斯的身材更是成为了战友们的笑柄。他不但没办法与人交流，而且对自己的前途失去了信心。因为他知道，自己的外表就是自己向上发展的阻碍。

但是，豪斯上校并没有放弃自己的人生，他终于想明白了自己的出路。既然身材是无法改变的，那就改变自己的心态吧。于是，豪斯开始广交朋友，他把与人交往看成是自己最大的乐趣，用自己的幽默和深刻征服了很多人。很快，豪斯成为了军队里最受欢迎的人，并成了威尔逊的朋友，从此走上了自己辉煌的参谋之路。

如果没有爱德华·曼德尔·豪斯的改变，也就没有后来的"豪斯上校"。成就"豪斯上校"的并不是运气和命运，而是他自己克服了自己懦弱的性格，从内心开始了自己的改变。

当然，对于那些已经习惯于唯唯诺诺的孩子来说，改变并非易事，这也正是成功者在社会上属于凤毛麟角的原因所在。但是，对于希望自己孩子有出息的家长来说，改变孩子的懦弱性格势在必行，因为只有这样才能让孩子把自己的命运掌握在自己手里。要知道，命运从来不会像家长那样，因为孩子的怯懦、自暴自弃而改变对他的态度。在生活的挑战面前，家长应该让孩子像坚韧的荆条一样，坦然面对，但永不屈服，将自己生命的根深植于泥土中，这样才会让孩子为自己的未来经营出一个充实的人生。

4. 要有勇气推开成功之门

想要培养勇气，多做你所恐惧的事，一直到积累了许多成功的经验。这是目前所克服恐惧最快最有效的方法。

——戴尔·卡耐基

如今的孩子大多是独生子女，家长在他们的成长过程中总是关怀备至，对他们的要求也是百依百顺。但是，大多数家长却忽略了，在孩子的一生中，他们自己还有很长的路要走，他们还要进出于各种各样的门：有的门可以随意进入，比如羞怯、害怕、懦弱和失败；有的门却不肯轻易打开，比如财富、名誉、成功和奇迹。对于那些娇生惯养的孩子来说，他们只知道在门外苦苦等待，却不敢上前去敲门，更不敢用手去推一推，

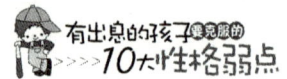

试一试。可是，命运从来就不会将哪一扇门关死，孩子们之所以觉得成功困难，是因为家长没有教会他们成功的勇气，让孩子走出懦弱的阴影。其实，不论奇迹之门还是成功之门，都可以随时为孩子打开，因为它们只是虚掩着的。

历史上，人们曾经认为地球是方形的。航海家们则相信，在地球的尽头，水会像瀑布那样落下去。直到 1519 年 9 月，麦哲伦对这一理论发起了挑战，他率领自己的船队，从西班牙塞维利亚城的港口出发，用了三年的时间，完成了人类史上的第一次环球航行。当他再次回到西班牙时，他已经发现了麦哲伦海峡，命名了太平洋，并且向全世界证明了地球是圆的。最重要的是，他让人们知道，这个世界上只有想不到的事情，没有做不到的奇迹。

在人类的历史上，创造奇迹的人来自方方面面，他们的人生经历与人格特征也不尽相同。但是，这些人有一个共同的特质，就是从来不会在成功面前畏首畏尾。他们敢于挑战全世界的偏见，他们愿意向全世界说出自己的假设，并用不懈的努力去证明自己的正确。所以，成功的大门总是愿意向他们敞开。

那么，希望自己的孩子在未来创造奇迹的家长，就应该从小培养孩子的勇气与决心，让他们敢于去挑战最艰难的任务，让他们能够有毅力去推开成功之门。

在 1954 年以前，没有人相信人类可以在四分钟之内跑完一英里（1.6 公里），当然，也从来没有人完成过这样的奇迹。

当时从事人体研究的医学家们认为，根据人类的身体结构，在 4 分钟内跑完一英里是不可能的，因为那已经超出了人类的体力极限。但是，英国的长跑者罗杰·班尼斯特却相信自己的潜能，他说："在四分钟内跑完一英里，是运动员和运动爱好者许多年来谈论的话题和梦想的目标，我一定要把这个目标变为现实。"

于是，1954 年 5 月，班尼斯特在牛津大学的跑道上，用 3 分 59. 4 秒的时间跑完了一英里，向全世界证明了人类的极限绝不是四分钟。神奇的事情发生了，就在两个月后的芬兰，澳大利亚的长跑选手约翰·兰迪用 3 分 58 秒的时间再次刷新了人类极限的纪录。事情还远远没有结束，在接下来的三年里，又有其他的十六名选手打破了这个神话。

这就让我们不得不产生了一个问题：为什么在罗杰·班尼斯特之前几百年的岁月里，没有一个人突破传说中的人类极限。而在罗杰·班尼斯特之后的三年内，世界各地的长跑选手纷纷成为了奇迹的创造者呢？因为在罗杰·班尼斯特之前，没有人相信自己的潜能，而在罗杰·班尼斯特之后，人们开始走出了思维里的局限。

英国的长跑者罗杰·班尼斯特推开那扇虚掩的大门之后，人类纷纷跟着他的脚步，开始了长跑运动的新纪元。其实，这个世界上，真正限制住人们的往往不是事情本身，而是人们内心的偏见。没有哪个孩子的懦弱是天生的，更没有哪个孩子是天生的失败者，每个家长都应该为孩子的未来负责，鼓励他们向着卓越去努力。当孩子们能够克服自己的懦弱，勇敢地去挑战和尝试的时候，他们会发现，其实成功没有人们想象中那么困难。

所以，在人生的种种大门面前，家长应该鼓励他们尝试去推一推财富、名誉、成功和奇迹之门，甚至应该大胆地用身体去撞一撞这些虚掩着的门。在成功的阻碍面前拿出勇气了，并不会让孩子头破血流，而胆怯地躲在父母身后才会毁了孩子一生的幸福。

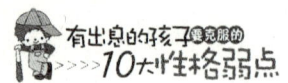

5. 勇气是战胜危机的良药

　　冒个险吧！人生本来就是一场探险，最有成就的是那些敢于尝试的人，"安稳号"船舶无法离岸远航。

　　　　　　　　　　　　　　　　　　　——戴尔·卡耐基

　　如同学游泳要从呛水开始一样，孩子的成长也要从战胜危机开始。不会游泳的人，会很害怕下水，于是他们永远也无法让自己从水里浮起来；有勇气战胜危机的孩子，才能让自己在人生路上披荆斩棘，最终实现自己的梦想。而家长所要做的，就是帮助孩子放下那些不需要的东西，比如胆怯和懦弱，带上那些必须的东西，比如勇气和信念。

　　法国作家罗曼·罗兰曾经说过，人生最可怕的敌人就是没有坚强的信念与战胜危机的勇气。追求梦想的孩子，就好比在海上航船的舵手。信念为他们提供了方向，勇气让他们可以面对海面的惊涛骇浪。

　　小小的跳蚤可是跳高界的冠军。它弹跳的高度能超过自己身高的400倍，如果动物界也举办奥运会的话，它肯定能摘得冠军的奖杯。

　　科学家曾经做过一个实验，把几只跳蚤放进玻璃杯中，它们立即就能轻松地跳出来，重复几遍，结果仍然相同。接下来，再次把跳蚤放进杯子，但这次科学家在杯子上加一个玻璃盖，跳蚤在试图跳出来的时候，就会不断地撞到玻璃盖上。一段时间之后，科学家发现跳蚤不再撞击到盖子了，而是调整了跳跃的高度，在盖子下面跳跃。

　　一个小时后，科学家再把盖子轻轻拿掉。由于跳蚤没有勇气去挑战原来的限制，也无法判断盖子是否还在，就保持原来的高度弹跳，这样即使不加盖子他们也跳不出玻璃杯了。最后，无论科学家加不加盖子，跳蚤依然如故。一天后，它们再也无法跳出玻璃杯了。

对于处处给孩子设限的家长来说，他们的孩子正经历着"跳蚤"的心路历程：虽然屡屡尝试，但屡战屡败，最终失去了继续挑战的勇气。孩子的心灵很容易在体验过几次碰壁以后，便开始怀疑自己的能力，结果被那虚拟的盖子所困住，让其成为自己无法逾越的高度。而家长所要做的，就是努力培养孩子的勇气，让他们多做自己所恐惧的事情，一直到积累了许多成功的经验。这是目前所有克服恐惧最快也是最有效的方法。

虽然我们都知道孩子的成功需要运气，但是不要忘了，在孩子有了运气之后还需要他们有勇气去尝试。如果没有勇气，不敢去尝试，那么孩子永远都不会拥有任何机会。因为危机会让他们失去所有的一切，只有那些有勇气战胜危机的孩子才能够逆风而进，而愿意冒风险的人往往有机会得到更好的回报。所以，当孩子正在考虑自己是否需要鼓起勇气去做某些事情的时候，家长不妨帮助孩子客观地把风险和回报做个对比，让孩子们明白，如果害怕风险，他们将永远无法前进。

巴克和塞西尔是一对好朋友，一次，他们相约一同去墨西哥旅游。便利的交通让两个年轻人的愿望很快就实现了。到了墨西哥的第二天，巴克和塞西尔便按计划去各个旅游景点游玩。本来他们说好了要徒步旅行，可是没想到由于平时习惯了开车，还没走多久就累得气喘吁吁了。两个人站在空旷的公路上，大眼瞪小眼，一时都没了主意。

这时候，一辆汽车迎面开来，塞西尔连忙跑上去挥舞着双手想搭个便车。对方停下来之后，塞西尔上前去说出了自己的请求，可是开车的是一位中年女性，因此对两个年轻小伙子抱有戒心，她无奈地耸耸肩膀，继续飞驰而去。

在随后的半个多小时里，塞西尔又拦了几辆车，可这些车辆里不是坐满了人，就是不愿意搭载他们。其中一个中年男人还恶意地对着塞西尔冷冷地哼了一声。看到这个场景之后，巴克心里非常不是滋味儿，他

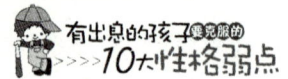

的自尊心受到了挫伤，但是又没有别的办法。

很快，公路上又只剩下了巴克和塞西尔两个人。巴克被刚才的事情打击到了，因此他劝塞西尔不要再拦车，咬紧牙关坚持走下去也可以的。塞西尔听完巴克的话，不停地摇头。

"我知道你的意思，你不是不想坐车，而是觉得陌生人的拒绝让你自尊心受到了伤害。可是一个人如果太在乎面子，往往就会更丢面子。因为你太在乎别人的看法，太在乎自己的形象，那么你就会受到牵绊。抱着这种心态做起事情来就会畏手畏脚，无法发挥出自己的能力。然而，一个不敢发挥自己的人是谈不上有面子的。"

塞西尔说完，又继续拦车。巴克站在原地，细细体会着塞西尔的那些话。最后，在塞西尔的努力下，这两个好朋友终于搭上了一辆车，愉快地到达了目的地。

在巴克和塞西尔面对困难的时候，不同的表现就会导致不同的结果。巴克不愿意放下自尊，他没有勇气面对陌生人的拒绝，而塞西尔则相反，于是他最终搭上了顺风车。其实，所谓的危机不过是人们自己吓唬自己，或者是为自己的懦弱找借口罢了。

父母应该通过自己的言传身教，让孩子别太在乎那些外在的东西，当危机摆在孩子面前的时候，父母应该鼓励孩子要敢于去面对自己所必需面对的一切，尽管这需要相当大的勇气，但是危机在给人带来危险的同时，也会给他们带来机会。

孩子的勇敢不是用强健的体格来证明，而是用坚强的意志去摆脱那些束缚自己的枷锁，用勇敢的胆识去战胜那些摆在自己面前的危机。这样的孩子才能让自己的才华彻底地挥洒，进而活出属于自己的风采。

6．用困难来磨炼孩子的意志

人生在世，总有需要立即应付的困难和问题，只有那些能够当机立断，勇于担负起责任的孩子，对于任何危急的局面，都可以应付自如。

——戴尔·卡耐基

优越的生活环境，给孩子们带来了安逸的童年，同时也让他们失去了坚强的意志，没有了与困难抗争的勇气和决心。尽管有很多孩子在家长的悉心教导下取得了不错的学习成绩，但是他们的内心却异常懦弱，近几年学生自杀比率的直线上升就是最好的说明。那么，这些被看作是天之骄子的孩子们，为什么放弃了美好的人生，而选择了用最草率的办法结束自己的生命？他们的家长在痛心疾首的同时，也应该好好反思一下自己平时的教育。

日本心理学家通过研究发现，自杀和自私者的心理特征有着密切的关系。比如，那些一直比较顺利、没有遇到过困难和打击的孩子，往往性格懦弱，意志薄弱，在遇到一时无法解决的问题时，往往会选择轻生来逃避问题。这项研究结果给每一个家长敲响了警钟，我们在为孩子提供生存的物质条件的同时，还要注意孩子心理上适应环境的能力。因为每一个孩子的人生才刚刚开始，在未知的旅途中会遭遇很多事情，但并不是每一处环境都能让孩子满意。因此，如果想要让孩子在困难中能够经营好自己的人生，就要让他们拥有坚强的意志，学会适应眼前的环境。用困难来磨炼孩子的意志，让孩子学会改变自己，然后去改变环境。这样，才能让孩子在未来的人生路上勇敢前行。

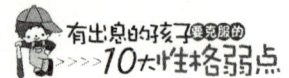

在加利福尼亚半岛上，生活着很多美洲鹰，可随着当地环境的破坏，美洲鹰的生存环境也逐渐减少，最后几乎快要灭绝了。于是，美国一位科学家决心挽救这些矫健的美洲鹰，当他去调查现存的美洲鹰的生存状态时，却意外地在南美安第斯山脉的一个岩洞里发现了它们。更让人惊奇的是它们生活在一些洞口非常的小的山洞里，还用很多棱角分明的石头把洞口围起来。

科学家感到有些不可思议，美洲鹰的两翼伸展开后可达三米长，体重可超过20公斤，然而在这些狭窄的山洞间，岩石与岩石之间的距离只有0.5英尺宽。美洲鹰能在这样窄的洞口中自由地出入实在超乎人的想象。

后来这位科学家用现代科技在岩洞中捕捉到了一只美洲鹰。并用它做了实验。科学家从录像上的慢镜头中发现了美洲鹰在只有0.5英尺大的洞口钻出钻进的秘密。原来，在它钻出小洞时，双翅紧紧地贴在肚皮上，双腿却直直地伸到了尾部，与同样伸直的头颈对称起来，就像一截细小而柔软的面条一样，就是这样，它才能在恶劣的环境中生存下来，才能自由自在地在天空飞翔。

美国的象征就是这种了不起的美洲鹰，每一个美国人，甚至全世界的人都应该学习这种不怕困难，勇于改变的精神。它们为了适应环境而改变了自己的生存习惯，作为高智商动物的人类，又怎能在困难面前自怨自艾，失去了迎接命运挑战的勇气？在纷繁复杂的社会环境中，家长若想让自己的孩子有所作为，就要鼓励他们积极主动地去适应环境，未雨绸缪，用意志与勇气去面对生活中的困难。

尼泊尔有一句名言说："请主赐给我们胸襟和气量，让我们能以平静的心态接受那些不可改变的事情；请主赐给我们勇气，去改变那些可以改变的事情；请主赐给我们智慧，让我们能区分什么是可以改变的，什么是不可以改变的。"对于每一个孩子来说，父母都应该在教育中赐给他们面对这个世界的勇气，在困难面前，在挫折面前，让他们彻底克服掉自己的懦弱，勇敢地把自己的人生路走到美好的终点。

有一名舞蹈演员，他的舞台生涯长达二十年，曾经风靡全球。可当他步入晚年时，却突然破产了。更糟糕的是，他在乘船出去游玩时，不小心摔了一跤。最后腿部因伤势严重，引起了静脉炎。医生认为只有把受伤的腿切除，才能保住舞蹈演员的性命。但他不敢把这个决定告诉这名演员，怕他承受不了这个打击。可是医生的担忧是多余的。这名舞蹈演员很平静地看着医生说："既然没有别的办法，那就只有接受了。"

手术那天，他拼尽全力表演了一段自己最爱的舞蹈。有人问他是否在安慰自己。他回答："不，我是在安慰医生。他们太辛苦了。"后来，这名舞蹈演员带着一副残缺的身体在世界各地演出。当人们诧异地问他如何能如此平静地面对那沉重的打击时，他微笑着说："我知道，接受无法改变的事实才能让自己好过。"

人生的苦难在带给人们不幸时，也往往给人们带来了面对苦难的智慧。在苦难面前，懦弱的孩子因为不能正视自己的遭遇，最终难免被一时的困难压倒，从此陷入无底的深渊。而勇敢的孩子则能够坦然地面对自己的失败，接受无法改变的事实，改变可以改变的心态，最终往往能够重新回到人生的坦途。

家长所要做的，就是在孩子的成长过程中让他们懂得困难的真正含义，不放过每次磨炼意志的机会，让孩子的内心足够强大。正如蚌的痛苦成就了珍珠，孩子所遇到的困难成就了他们坚强的意志。这让我们的孩子在人生遭遇意外或变故的时候，能够很快学会接受现实，并开始努力改变自己的命运。这样的孩子是任何人、任何事都打不倒的，他们的人生也注定要有所建树。

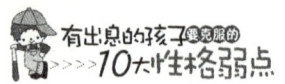
7. 要让孩子在跌倒的地方爬起来

　　成功者与失败者最大的差异，在于成功者会设法由失败中
获益，再尝试别的方法。

　　　　　　　　　　　　　　　　　　——戴尔·卡耐基

　　一帆风顺是每一个家长对孩子未来生活的美好期待，可是事实上，每个有出息的孩子都会与一些挫折不期而遇。这些挫折对于心智尚未成熟的孩子来说，就好像一艘轮船触到了海底的暗礁，让他们束手无策，焦头烂额，甚至懊悔得直想穿越时空回到过去。

　　但是，作为一位聪明的家长，必须要让孩子在自己跌倒的地方爬起来，让他们懂得，有作为的人并非从未遇到过困难，而是能够在失败中得到另一种收获，最终才能成为众人羡慕的佼佼者。对于孩子来说，学会接受挑战，学会在失败中变得坚强，学会克服自己的懦弱性格，这是每个孩子经营自己成功人生的必然前提。当一个孩子有勇气直面生命中的坎坷，能积极想办法解决遇到的难题时，那么，他的家长可以为自己的教育而感到自豪，因为这个孩子终将成为一个了不起的人。

　　从哈佛大学毕业的肯尼迪一直是全美国人的骄傲，同时他也是哈佛的骄傲，为了纪念这位伟大的人物，哈佛大学甚至专门建立肯尼迪政治学院。然而，肯尼迪总统的成功是与父亲对他的教导分不开的。肯尼迪的父亲从小就注意培养肯尼迪坚韧的性格和不怕失败的心态。

　　有一次父亲赶着马车带肯尼迪出去游玩。在一个拐弯处，因为马车速度快，猛地把肯尼迪甩了出去。当马车停住时，肯尼迪还保持摔倒的姿势躺在地上，因为他以为父亲肯定会下来扶他的。但父亲却坐在马车上慢悠悠地掏出烟斗，开始吸起烟来。

肯尼迪叫道："爸爸，快来帮我。"

"你摔疼了吗？"父亲问。

"是的，我觉得可能我的腿断了。"肯尼迪带着哭腔说。"那也要坚持站起来，重新爬上马车。"父亲斩钉截铁地说。

于是肯尼迪只好挣扎着自己站起来，摇摇晃晃地走近马车，艰难地爬上去。

父亲挥舞着鞭子问："你知道为什么我不去帮你吗？"肯尼迪摇了摇头。父亲接着说："以后你要走的路还很长，你的人生将会重复跌倒、爬起、奔跑、再跌倒、再爬起……因此，在任何时候你都不能害怕失败，要学会一切靠自己完成，没人会去扶你的。"

从那以后，父亲对肯尼迪的教育更为严厉，并经常带着他参加一些大型社交活动，教他学习怎样礼貌地向客人打招呼、道别等等。一次，一位客人问肯尼迪的父亲："他还这么小，您这么要求他，是不是太苛刻？"谁料肯尼迪的父亲回答："哦，我这是在训练他当总统呢！"

肯尼迪的成功，源自他从小就被父亲教导，要懂得在自己跌倒的地方爬起来。现在的家长也应该向这位总统的父亲学习，当意外突然降临到孩子的身上时，告诉孩子不要慌乱，不要逃避。让孩子明白，上天在给一个人磨炼的同时，作为回报，还会给这个人一种优秀的品质。只要一个孩子能够学会从自己跌倒的地方爬起来，那么他所遇到的许多麻烦，不但不会影响他的成功，而且会变成他推开人生中成功之门的宝贵灵感。

一个阳光明媚的早晨，一个小男孩高兴地走在上学的路上。由于没有留心脚下，他忽然踩到了一块香蕉皮，然后脚下一滑，最后四脚朝天地摔倒在了地上。在行人欢快的笑声中，小男孩马上站了起来，继续前行。但是心中一直没有忘记这个香蕉皮。

直到这名小男孩成了一名工程师，他仍然记得当年上学路上的香蕉

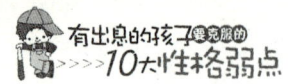

皮。回忆起香蕉皮那种滑溜溜的感觉，他一直在想：为什么踩到香蕉皮会滑倒，而踩到苹果皮、梨子皮就不会摔跤呢？

后来，他通过仔细观察，终于在显微镜下找到了答案。原来，香蕉皮由上百层薄膜构成，而每个薄膜之间含有非常丰富的水分，结构很松弛，所以脚下踩到香蕉皮就会被这天然的润滑剂滑到。

当年那个被香蕉皮滑到的小男孩，关于香蕉皮的思考并没有结束，他开始了大量的试验，根据香蕉皮的润滑原理发现了一种叫二硫化钼的化学物质。这种物质的结构和香蕉皮极其相似，也是由许多非常薄的薄膜组成。而且，二硫化钼的薄膜不但比香蕉皮的薄膜要薄得多，而且层数是香蕉皮的二百万倍。于是，他用二硫化钼为原料发明了一种工业润滑剂。由于这种润滑剂可以有效减少机器的磨损和噪音，大大提高机器的使用率，所以被广泛应用于工业和军事等领域。而这个因为摔跤而产生了重大发明的小男孩就是美国的润滑剂之父：惠特尼。

一个在惠特尼小时候把他滑倒的香蕉皮，成了惠特尼长大后发明润滑剂的灵感来源，这是因为他在自己跌倒的地方爬了起来。如果惠特尼在滑倒之后，只是躺在原地，那么，当年的香蕉皮将只是他人生中的一次不幸，而日后的惠特尼也将只是一个普通的工程师。

对于那些在孩子跌倒时，迫不及待想要扶起的家长来说，也许应该尝试一下"狮子型教育法"。面对险恶的森林，作为百兽之王的狮子常常把刚出生不久的幼狮推到岩石下，让幼狮从跌倒的困境中自己爬起来，并想办法找到爬上来的路。而小狮子的父母即使见到孩子遇到困难也只是远观而不干涉，只在面临生命危险时才伸出援手。所以，对于希望自己的孩子成功的父母，首先要让自己的孩子具有一颗狮子般强大的内心。

8. 让孩子站直了，别被痛苦打到

　　成功的人，都有浩然的气概，他们都是大胆的，勇敢的。
他们字典上，是没有"惧怕"两个字的，他们自信他们的能力
是能够干一切事业的，他们自认他们是很有价值的人。

——戴尔·卡耐基

　　孩子是父母在这个世界上最骄傲的作品，无论这些父母是伟大的政治家、企业家，还是普通的工人、农夫，他们都会用自己的全部去爱自己的孩子。但是，爱孩子是一回事，对孩子的教育则是另外一回事了。如果因为过分的溺爱，而把孩子变成了一个娇惯、懦弱的人，那么，我想这并不是那些父母的初衷。所以，一个眼光深远的家长，应该懂得理智地去爱自己的孩子，而不是亲手把他们培养成弱不禁风的失败者。因为，在痛苦面前，只有内心强大的孩子，才能挺直腰杆，不被痛苦打到。

　　在每个孩子未来的人生中，都要经历很多事情，开心的也好，悲伤的也罢，这些都不是家长能够左右的事情。但是，家长可以从小教会孩子勇敢地面对人生中的一切，让孩子再遇到痛苦时不至于深陷在痛苦的泥潭里，无法自拔。当孩子遇到可能改变的现实时，家长就要教育他们向最好的结局去努力、去拼搏；当孩子遇到不可能改变的现实时，不管它会让孩子多么痛苦不堪，家长都要让孩子学会勇敢地去面对，用微笑去掩埋所有的痛苦和懦弱。

　　在一个炎炎的夏日中午，火辣辣的太阳像是要把人晒化似的，热得让人感到烦躁不安。有一位少年急着去买铅笔，所以不得不骑着自行车向文具店奔去。他顶着烈日，半睁半闭着双眼，心里还在咒骂这鬼天气。

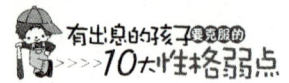
他一手握住自行车，一手用来擦脸上的汗。谁知，这时车子的前轮碰到了一块小石头，车子顿时失去了平衡，一下子摔倒在路旁，还撞倒了路边的一个小女孩。

少年忍着痛，咬着牙一骨碌从车子旁边爬了起来，连忙扶起了小女孩。她手里的冰棒碎了，奶油和尘土弄脏了她那洁白的连衣裙。少年细心一看，小女孩的小手也被划破了，还留着鲜红的血。"哇……"的一声，小女孩哭了。很快，周围聚集了好多人，都开始七嘴八舌地议论起来，纷纷指责那位少年。这时候，少年的头"嗡"的一声，知道自己闯大祸了。他一动不动地站在那儿，不知如何是好。

这时候，一位中年妇女挤进了人群，惊叫着扑向小女孩："怎么了，宝贝儿？"小女孩本来很小声的抽泣，顿时一发不可收拾。少年一看这情形，更加不知所措了，只好乖乖地站在那里，等待小女孩妈妈的一顿大骂。

可怎么也没想到的是，那位妇女拍了拍孩子身上的尘土，问了问事情的经过，又抚摸了下孩子划破的小手，说："不要紧，回家擦点药就没事了……"顿时间，少年忐忑不安的心终于可以平静下来了。过了一会儿，这位通情达理的妇女拉着小女孩的手，向少年点点头，并微笑着说："看，你把哥哥都吓坏了。孩子，没关系的，以后骑车小心点就是了。"

故事中的这位妇女，用一个真诚的微笑化解了一场矛盾，同时教会了两个孩子勇敢和坚强，这才是真正会爱孩子的家长。希望所有的家长都能明白这个简单的道理：对孩子真正的爱不是让他们因为逃避痛苦而变得懦弱，而是教会他们面对痛苦时应该表现出来勇气与坚强。当别人不小心踩到孩子的脚时，让孩子露出宽容的微笑，然后轻轻地说一声"没关系"；当别人不经意弄脏了孩子的新衣服时，让孩子露出宽容的微笑，然后淡淡地说一句"不要紧"；当别人因失误而给孩子造成身体上的痛苦时，让孩子露出宽容的微笑，然后平静地说一声"这也不能全怪你"；当别人因为心直口快而伤害了孩子的心理时，让孩子露出宽容的微笑，然后冷静地说一声"这一切都会过去"。因为，这个世界上最勇敢的孩子，是懂得用微笑来宽容别人的孩子。而这样的孩子，不仅是生活中的强者，更是生命中的智者。

9. 不被命运战胜的孩子，终将战胜命运

逆境是磨炼品格的最好导师，正如"需要是发明之母"一样。

——戴尔·卡耐基

没有哪位伟人的一生是风平浪静的一生，因为他们在降生到这个世界上的时候，命运就为他们安排了各种苦难和考验。每一个希望孩子有出息的家长，也应该让自己的孩子做好迎接命运挑战的准备，这并不是一种悲观的人生认识，而是提醒每一位家长和孩子：要想获得命运的祝福，首先要经过命运安排的考验。

培根在他的著作《人生论》里曾经说过："一切逆境并非没有希望。在幸福中会暴露人性中恶劣的品质，而人性中最优秀的品质却会在逆境彰显。"当命运对一个孩子痛下"毒手"时，也许并不是抛弃了这个孩子，而是对他格外眷顾。作为一位明智的家长所要做的，就是在孩子成长的道路上教会他们在逆境中突破自我，克服懦弱的性格，做自己命运的主人。

希望每一个家长都能够让自己的孩子明白，当孩子遇到失败时，不要埋怨命运，而要战胜命运；当他们获得成功的时候，不仅要感谢命运，更要感谢自己。

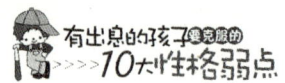
世界著名的小提琴演奏家帕格尼尼是一个传奇，他用琴弦把自己的天才演奏发挥到极致。但光环的背后永远充斥着苦难，帕格尼尼也不例外。

帕格尼尼的父亲是一个喜欢音乐的商人，在他三岁时，父亲就开始教帕格尼尼如何演奏小提琴，后来又让他师从小提琴家塞尔维托·科斯塔学习。帕格尼尼的天分让父亲很是得意，在他八岁那年他创作了人生的第一首小提琴奏鸣曲，并能演奏小提琴家、作曲家布雷尔的协奏曲。

十三岁开始，帕格尼尼在意大利北部旅行演出。1797年后，他的琴声又遍及法、奥、德、英等欧洲各国。他高超的演奏技巧，曾使在病中的老师罗拉跳下病榻，自愧无颜为师。法国著名小提琴家罗多尔夫·克罗采听了帕格尼尼的演奏，也为他惊人的技巧而目瞪口呆。人们曾经把帕格尼尼的演奏称作"恶魔的演奏"。

1800年，帕格尼尼已经在音乐界拥有了一席之地，无论去哪里演出都受到贵族的热烈欢迎。但帕格尼尼在艺术上取得成就的同时，却也备受疾病的折磨。他从小就被病魔缠身，一生中几度死里逃生。四十六岁那年，他的牙床突然长满脓疮，只好拔掉几乎所有的牙齿。牙病初愈，他的眼睛却又受到感染，几乎失明。于是幼小的儿子成了他的"拐杖"。

1828年以后，他的演出越来越少。五十岁的帕格尼尼身患多种疾病，关节炎、肠道炎、咽喉癌等不断侵袭他，后来他无法说话，只能靠儿子看他的口型帮助他与人沟通。可以说他的一生充满了波折，但他之所以有那样的成就，是因为他的坚强让他在逆境中崛起，最终成为了伟大的音乐家。

就像每一只漂亮的蝴蝶，都要经过破茧的挣扎，才能拥有炫目的色彩一样，每一个伟人在光环的背后也要经过痛苦的蜕变。对于孩子来说，成长便是被汗水沾满的翅膀。对于家长来说，教育就是让孩子找到战胜命运的勇气。

史泰龙是一位顶级的电影巨星，可他在成名前却经历了一番挫折。那一年，他穷困潦倒，身上所有的钱加起来都不够买一件像样的西服，可他仍坚持着自己心中的梦想，成为一名演员，成为大众认可的明星。

当时，史泰龙清楚地知道好莱坞共有多少家电影公司，他根据自己排好的名单顺序，带着为自己量身订做的剧本去一一拜访。但第一遍下来，所有电影公司没有一家愿意聘用他。

第一次毛遂自荐却全军覆没，但他没有灰心，从最后一家拒绝他的电影公司出来之后，他又从第一家开始，继续他的第二轮拜访。在第二轮的拜访中，所有的电影公司依然拒绝了他。第三轮的拜访结果依然如此。当他咬着牙开始第四轮拜访时，终于有一家电影公司答应愿意让他留下剧本先看一看。

几天后，史泰龙接到通知，请他前去详细商谈。就在这次商谈中，这家电影公司决定投资开拍这部电影。这部电影就是 1976 年的奥斯卡最佳影片，让史泰龙提名奥斯卡最佳男主角，导演约翰·艾维森夺得奥斯卡最佳导演的《洛奇》。

史泰龙的故事启示我们：成功需要不断地经历挫折，忍受不了挫折便成就不了事业；而不被命运战胜的人，最终将会战胜自己的命运。巴尔扎克把命运中的打击比喻成石头，他说："挫折就像一块石头，对弱者来说是绊脚石，使你停步不前，对强者来说却是垫脚石，它会让你站得更高。"而英国的民间也流传说："笨蛋才会给自己制造逆境，而聪明的人则会扭转逆境。"

由此看来，无论人生中的挫折还是逆境，都不是命运凭空安排的，而是孩子自己选择的结果。因此，对与命运的安排，家长应该教会孩子在坦然接受的同时，学会在逆境中找到出路。正如科学家贝佛里奇所说："最出色的工作往往是人们在逆境中做出的。思想的压力，肉体的痛苦，都是人生的兴奋剂。"对于明智的家长来说，有出息的孩子都是在逆境中

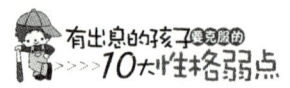

成长的，他们的勇气最终帮助他们战胜了命运。

10. 忍让不是懦弱，勇敢并非蛮横

不要为了让孩子学会忍让而把他们变得懦弱，也不能以勇敢为借口把孩子们训练得蛮横。因为教育孩子最终的目的是为了保证德行的存在，而使之具有仁爱之心。

——戴尔·卡耐基

要培养一个有出息的孩子并非易事，因为成功的孩子所需要具备的品质有很多种，但是，导致他们失败的原因却只需要一种就足够了，比如天生的懦弱。由于家长的娇生惯养，导致越来越多的孩子心理承受能力降低，不愿接受和面对生活中的挫折，最后形成了懦弱的性格。当家长意识到这一点时，想要培养孩子心中的勇敢，结果又因为矫枉过正，让孩子产生了蛮横的性格。

那么，家长究竟怎样做才能在培养孩子的性格时，不至于剑走偏锋呢？首先，我们应该分析一下孩子的行为模式。在人生漫漫长路中，每个孩子都必然会遭受许多不愉快的事情，而对待这些让人烦恼的事情，孩子通常只有三种方法可以选择：一是选择逃避，用懦弱来面对这个世界；二是与其抗拒，用蛮横来清理自己的生活；三是把那些已经发生的事，当作不可逃避的事实，学会接受并且去适应它。而聪明的家长当然会鼓励孩子选择第三种方法。

一只猛虎为害人间，伤了村里不少人畜，吓得农夫不敢下田耕地，商户无法外出经商，大人不敢让儿童独自上街嬉戏。到最后，村里的每个人都不敢外出了。

　　由于这只猛虎严重干扰了村民的生活，大家无奈之余，便到山上一位大师那儿去求救，听说这位大师讲道时连顽石都会被点化，无论多凶残的野兽都会被驯服。

　　不久之后，大师就用自己的修为驯服并教化了这只猛虎，不但教导它不可随意伤人，还教给了他许多为人处世的道理。而猛虎从此也仿佛有了灵性一般，不再与村民作对，反而变得温顺起来。

　　慢慢地，村民们发现这只猛虎完全变了，甚至还变得懦弱起来，于是带着复仇的心理纷纷欺侮它。有人拿竹棍打它，有人拿石头砸它，连一些顽皮的小孩都敢去逗弄它。

　　某日，猛虎遍体鳞伤、气喘吁吁地爬到大师那儿。"你怎么了？"大师见猛虎这副凄惨的德性，不禁大吃一惊。

　　"我……我……"猛虎一时间为之语塞，只留下两滴晶莹的泪珠儿。"别急，你可以慢慢说！"大师的眼神里满是关怀。"你不是教导我应该与世无争，要跟村民和睦相处，不要再继续伤害人畜吗？可是你看，自从我听了你的话，不再与他们为敌之后，他们却反过来伤害我，根本不尊重我。"猛虎气愤地说。

　　"唉！"大师叹了一口气后说，"我只是教导你不要伤害人畜，并没有不让你吓唬他们啊！要知道，一只懦弱的老虎无法得到村民的敬畏，因为你不再具有威胁性，人们自然也就不把你当回事啦。"

　　作为老虎，肆意妄为固然不好，但是表现得过于懦弱也会被人嘲弄、欺负。同样，当一个孩子因为胆小而不敢面对人生中的挑战时，他人自然也不会将其当成一个强有力的对手，甚至还会产生轻视的心理。而当一个孩子面对外界的压力时，也需要理智地选择对抗的方法，否则，为了克服懦弱而把蛮横当作勇敢，那么就会铸成自己一生的大错。

　　1965年，法国发生民变，巴黎的学生、市民纷纷走上街头，要求当时任总统的戴高乐下台。面对如此之大的压力，戴高乐也黔驴技穷，只

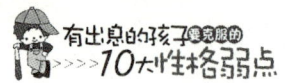

好来到了德国的巴登，而法军的驻德司令部当时就设在这里。

面对外界的压力，戴高乐要求驻扎在德国的法军司令带兵回到巴黎，用武力来平息民变。但是，在戴高乐两次提出这一要求之后，所收到的都是那位驻扎在德国的法军司令的拒绝，同时，这个抗命的司令还劝说戴高乐放弃这个命令。当然，后来戴高乐听从了这位司令的建议，并成功扭转了时局。在事件平息以后，戴高乐非常感谢那位司令，称颂那位司令勇敢地拒绝执行他的命令，是一位真正有勇气的军人。他还写信给那位司令的妻子，信中说：是上帝在他无能为力时让他来到巴登，又是上帝让他碰到这位勇敢的司令。不然，他很可能因为自己的蛮横而成为历史的罪人了。

面对民变，选择镇压的戴高乐不是勇敢，而是蛮横。面对当时作为法国总统戴高乐的错误命令，那位司令的拒绝执行才是真正的勇敢。所以，一个人是勇敢还是蛮横，不只是一种行为的体现，其中也包含着理性，包含着道义。家长一定要让孩子明白，懦弱固然无法成就大事，但是，没有理性与缺乏道义的勇敢，充其量也不过是没有头脑的匹夫之勇，更多的时候是让人铸成大错的蛮横。

所以，要想培养一个了不起的孩子，在让他们鼓起勇气，克服懦弱的同时，还要让他们保持理智，能够战胜自己的人才是真正的勇士。

第九章

克服狭隘：
让孩子把世界装入胸中

这个世界上最快乐的事，不是一个人获得了幸福，而是所有人都获得了幸福；这个世界上最成功的人，不是自己独占了财富，而是让全世界的人过上了好日子。当一个孩子具备了这样的胸怀，那么他的人生将不再平凡，他的成就将无可限量。所以，家长应该帮助孩子克服自己性格中的狭隘，让孩子把世界装入自己的胸中。而一个孩子心灵的宽度，往往就决定了他未来人生道路的宽度。

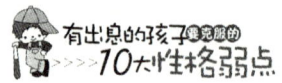

1. 比天空更广阔的，是孩子的心灵

法国人有句俗语说："能够了解一切事物，便能宽恕一切事物。"所以，我们真想做一个文明的人，便非得首先了解世间的事物不可。

——戴尔·卡耐基

法国作家维克多·雨果曾经说过："世界上最广阔的是海洋，比海洋更广阔的是天空，而比天空更广阔的是人的心灵。"每一个成就大业的人都是心胸宽广的人，所以每一个希望孩子有出息的家长，都应该从小培养孩子广阔的胸怀。

否则，一个心胸狭隘的孩子不但自己无法在自己未来的人生道路上取得成就，还会因为对别人的成就充满嫉妒和仇恨，最终为自己的狭隘付出惨痛的代价。

从前有两个邻居，因为常年生活在一起，难免产生摩擦，时间一久，摩擦变成了仇恨。

一次，其中一个人在山上行走时，不小心捡到一只瓶子，一阵青烟过后，瓶子里竟然出现了一个精灵。精灵对这个人说道："从现在起，你就是我的主人，而我将满足你任何愿望。前提只有一个，就是在你的梦想成真的同时，你的邻居将得到双倍的好处。"

这个人听了精灵的话，先是喜不自禁，但是接着就越想越气。他想：我的邻居每日与我为敌，现在捡到瓶子的是我，他却跟着沾光。要是我许愿得到一份田产，他就会得到两份；要是我许愿得到一箱金子，他就会得到两箱……

　　思来想去，这个人还是拿不定主意，因为他不是在想着自己将要得到的幸福，而是心中充满了对邻居的仇恨。最后，为了报复自己的邻居，他咬着牙对精灵说道："我只有一个愿望，请挖去我的一只眼珠吧！"

　　故事中的那个人，因为放不下心中的仇恨，最终不但没有得到幸福，反而失去了自己的眼珠。可见，心胸狭隘总是让人做出疯狂的事来，因为它就像燃烧的烈火，将我们的每一寸理智化为灰烬。而心胸狭隘的人不但没办法化解生活中的矛盾，而且还会毁掉了自己的人生。

　　所以，我们的敌人是无法用报复来消灭的，怨恨只会换来更多的怨恨。而彻底消灭敌人的办法只有一个，就是用爱和宽容去原谅和感化别人，最终一定能把敌人变成朋友。放下狭隘，用广阔的心胸去慈悲众生，是人生中很重要的一项修行，也是给自己的人生找到一条出路。

　　1944年冬天，第二次世界大战接近尾声。苏联方面获得了本土作战的绝对优势，每天，都有很多德国战俘从莫斯科大街上穿过。他们不但面容憔悴，饥肠辘辘，而且身处险境。

　　莫斯科大街的所有马路都挤满了人，围观者大部分是战争中剩下来的妇女。每一个妇女都和这些德国士兵之间有一笔血账，或者是父亲，或者是丈夫，或者是兄弟，或者是儿子。她们盯着在自己面前经过的德国战俘，两眼冒火，双手紧紧地攥成了拳头，整条街道上死一样的沉寂。

　　苏联当局害怕人民控制不住自己的情绪，导致大街上发生暴乱，于是每天都要出动大批的苏联士兵和警察，竭力地阻挡着街上围观的人群。

　　一天，令人意想不到的事情发生了。

　　一位白发苍苍的老太太，走到一个警察身边，希望警察能让她走近俘房。警察上下打量着这位老人，只见她满面沧桑，衣着朴素，穿着一双破旧的长靴，一只手缩在怀里。警察估计她这把年纪，也做不出什么出格的事情来，于是就同意了这位老人的请求。

　　老太太蹒跚地走到了战俘身边，从自己怀里掏出一个花布方巾的小

237

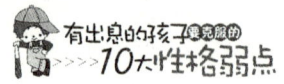
包裹。她用自己颤抖的双手打开了包裹，里面是一块不大的黑面包。老太太不好意思地拿出面包，走到了一个勉强支撑着身体的战俘面前，将这块面包塞在了他的衣袋里。

大街上依然死一样的沉寂，老太太转过身去，对那些充满仇恨的同胞们说道："当这些人手持武器出现在战场上时，他们是敌人。可当他们解除了武装出现在街道上时，他们是跟所有别的人，跟'我们'和'自己'一样具有共同外形、共同人性的人。"

于是，整个莫斯科大街的气氛改变了，紧握双拳的妇女们松开了自己的双手，她们从四面八方拥向战俘，把面包、香烟等塞进了这些战俘的手里、衣兜里。

故事中的老太太用自己的行动感动了街上的战俘和同胞，战俘们因为市民的慈悲而解除了危险，市民们也因为自己的慈悲而放下了仇恨。

生活中的苦难让凡人流泪，让智者微笑。凡人与智者的区别，就在于是否有足够宽广的心胸去包容别人。所以，想让自己的孩子成为智者，成为有出息的人，那么做家长的一定要从小培养他们豁达的心胸，让他们学会包容别人的错误。

黄昏的时候，教堂里总是静悄悄的，没有了白天的热闹，只有神父一个人在十字架前祈祷。

突然，一个年轻人悄悄地溜进大殿，他没有看到祈祷的神父而是径直来到了募捐箱前面，开始从里面往外倒钱。当年轻人拿好了钱准备离开时，神父突然睁开眼，说道："我的孩子，募捐箱里的钱是人们拿来供奉上帝的，现在你受了上帝的恩惠，怎么连声谢也没有呢？"

年轻人被老神父下了一跳，听神父如此说，只得对着面前的上帝画像说了声："谢谢。"然后拿着钱消失了。

没过多久，这个偷窃的年轻人又一次在黄昏的时候来到了这个安静的教堂。与上一次不同的是，这一次还有两名警察一同前来。原来小偷后来被警察抓获，承认了自己曾经在这个教堂里偷过钱，于是警察带着他前来与神父对质。

得知了警察的来意，神父说："这位先生并没有在这个教堂里偷过东西。"

警察们诧异地说："可是他自己已经招认了啊，就在前不久，他才偷了你们募捐箱里的钱啊。"

神父笑笑说："您是说那一次啊，可是那些钱并不是他偷的啊，而是上帝送给他的，而且他已经向上帝表示过谢意了。"

两个警察被神父的话弄得哭笑不得，因为找不到其他证据，只好将小偷无罪释放了。而小偷因为神父的宽容和慈悲，深受感动，就在这座安静的教堂里将自己的后半生交给了上帝，希望可以用勤奋的修行来赎回自己以前犯下的罪过。

因为神父的包容，世界上少了一个小偷，多了一个善良的修道士。由此可见，只有心胸宽广的人，才能够通过包容别人的错误来给对方提供改过的机会。因为，只有我们的善良融化了对方的心，我们的语言，才能够说到对方心里去。

所有，希望所有的孩子都能够学会包容别人，包容这个世界，让自己的心胸比天空更广阔。因为，只有包容才能还心灵一片清爽，原谅别人的错误才能让对方改过自新，慈悲自己的敌人才能让自己的心趋向无限。而心胸狭隘的孩子用以怨抱怨的方式来面对自己的人生，这样只会导致冤冤相报的结果。内心充满仇恨的孩子，不仅会让仇恨之火烧坏自己的身心，同时也会毁了自己未来的美好生活。

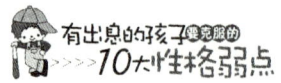
2. 让孩子学会争取双赢的结果

如果想要快乐，就不要去想别人是否会感恩，我们付出只为享受施与的快乐。

——戴尔·卡耐基

当一个孩子在与人交往的过程中，往往因为心胸的容量不同，会选择以下五种不同的交往模式：

第一种，损人利己模式。选择这种模式的孩子，秉持的是弱肉强食的信念。他们会运用自己的有利条件来压迫别人，从而达到自己的目的。这种孩子觉得，利益都应该是从别人那里掠夺而来。当其他人遇到这种孩子时，往往会选择敬而远之。

第二种，损己利人模式。这种孩子的信念与第一种模式的孩子完全相反，他们习惯于委曲求全，为了不伤害别人，或者得到别人的肯定，不惜牺牲自己的利益。这种孩子的缺点就是没有原则，容易受人左右。而建立在牺牲自我利益之上的关系，显然不会坚持太久，最终会因为无法忍受而彻底爆发。

第三种，两败俱伤模式。当两个很强势的孩子在一起时，常常会因为互不相让而拼个鱼死网破。这就是心胸过于狭隘，完全以自我为中心的孩子在一起的下场，结果注定会两败俱伤。而选择这种模式的孩子，显然是不够成熟，掌握不了自己的人生方向。

第四种，独善其身模式。这种模式也是心胸狭隘的孩子喜欢选择的行为模式，他们既不喜欢与人争斗，又不喜欢被人占便宜，所以选择了逃避的方式，主张个人自扫门前雪，休管他人瓦上霜。

第五种，双赢模式。这是与人相处时可以选择的最后一种模式，也是最理想的一种模式。选择这种模式的孩子不但心胸宽广，而且充满智慧。他们在为自己着想的同时，也不会忘记他人的权益，通过推己及人，最后想出一个两全其美的办法。在这种孩子的心里，生活是一个合作的舞台，而不是一个你死我活的角斗场。所以，在成全他人的同时，也成全了自己。

从前，有两个饥饿的孩子来到海边，他们遇到了一位善于钓鱼的老人。老人对他们说："我手上有两件东西可以让你们填饱肚子，一个是我的鱼杆，一个是这一篓活鱼。但是究竟能不能活下去，完全取决于你们自己的选择。"

其中一孩子毫不犹豫地选择了那篓鲜活的鱼，并开始马上生火，大吃起来。而另一个孩子则选择了老人的鱼杆，因为他觉得，自己可以靠这根鱼杆得到更多的鱼。

没过多久，那个得到鱼杆的孩子因为继续忍受着饥饿，最后还没等钓上鱼来，就一点力气也没有了，于是他只能带着无尽的遗憾撒手人寰。又过了一些日子，那个得到一篓活鱼的孩子也把自己得到的馈赠吃个精光，最后，连鱼汤都喝完了，只能饿死在空空的鱼篓旁。

后来，又有两个饥饿的孩子来到海边，老人给了他们相同的选择机会，而两个孩子也是一个选择了鱼竿，一个选择了活鱼。但是，得到馈赠的两个孩子并没有各奔东西，而是一起商量着接下来谋生的办法。于是，最后两个孩子觉得，每次一起出去钓鱼，在钓到鱼之前，每天煮一条鱼共同分享。

最后，两个孩子开始了自己快乐的渔民生活，并盖起了自己的房子，有了各自的家庭、子女，一直在互相支持中不断发展壮大着自己的事业。

同样的处境，同样的资源，前两个孩子却因为不愿合作而双双饿死，后两个孩子却因为愿意付出而获得了双赢。其实，凡事没有付出，也就

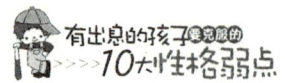
没有回报。"将欲歙之，必固张之；将欲弱之，必固强之；将欲废之，必固兴之；将欲取之，必固与之。"这是中国老子《道德经》中的智慧，三千年之后，其中的道理依旧熠熠生辉。即使是在科技发达的现在，也只有那些懂得了双赢的孩子，才能在成全别人的同时成就自己，最终能获得真正的成功。

第二次世界大战刚一结束时，以美英法为首的战胜国决定成立一个联合国。几经磋商，最后把办公地址定在了美国纽约。

二战刚过，各国政府都财库空虚，有些国家更是财政赤字居高不下，于是买地盖楼的钱就没了着落。况且，纽约的地价寸土寸金，如此大的数目让联合国也一筹莫展。

当时美国著名的家族财团，洛克菲勒家族得到了这一消息。他们马上出资870万美元，在纽约买下一块地皮，并将这块地皮无条件地赠送给了联合国。同时，洛克菲勒家族还将毗连这块地皮的大面积地皮全部买下。

当时许多美国大财团，对洛克菲勒家族的这举动，都大吃一惊。因为对于战后的美国和全世界来说，870万美元，都是一笔不小的数目。况且战后经济萎靡，大家都会视钱如命，而洛克菲勒家族却将巨款拱手赠出了，同时疯狂买地，着实让人摸不着头脑。

甚至有许多财团主和地产商嘲笑说："这简直是蠢人之举！"并不断传出预言："这样经营不要10年，著名的洛克菲勒家族财团，便会沦落为著名的洛克菲勒家族贫民集团！"

时间是最好的见证人，当联合国大楼竣工后，周围的地价立刻飙升，而这些土地的所有权当然是属于洛克菲勒家族的。最后那些看热闹的人全都傻了眼，相当于捐款十倍、百倍的财富源源不尽地涌进了洛克菲勒家族财团。此时，人们才明白为什么他们会如此慷慨，当大家纷纷想要投资这样的项目时，已经错过了最好的时机。

洛克菲勒家族因为懂得双赢的道理，所以把握住了一次绝好的商机，成为了美国的商业巨头。而生活中，家长应该让自己的孩子明白，在我们想要成功地从别人身上获得利益之前，也要问问自己，我们可以给对方提供什么帮助。只有将合作建立在互惠互利的基础上，成功才能保持长久；只有用双赢的模式来处理我们的人际关系，人生才能充满快乐。

3. 包容永远比仇恨更有力量

不要心怀恨意。遇到困难时，不要害怕让步，小人总是坚持己见以维持尊严；愿意主动伸出手与人言和、坦承自己的错误，并提议重新开始的人，才是气度恢弘的人。

——戴尔·卡耐基

生活中，我总是会遇到喜欢用仇恨来处理事情的孩子。他们总是对别人的错误怀恨在心，抱怨别人这样不对，那样不对，仿佛唯有自己才是对的。我常常反问他们：为什么不找找自己的原因呢？事实上，一个孩子要想实现自己远大的目标，首先需要采取正确的方法。因为没有人喜欢仇恨，所以处理任何事情都应该本着与人为善的态度，而不是为达目的不择手段。

太阳与风争辩着谁的力量更大，争来争去没有结果。这时，一位老先生迎面走来，风就与太阳打赌，谁能让这位老先生脱下自己的外套，谁就是最强的。

风得意地说："我先来，我马上就能把他的外衣脱下来。"说罢，他开始往那位老先生身上猛吹，以为可以靠自己的力量把他的外衣吹掉。

可是，风吹得越猛烈，那位老先生反而将外衣裹得越紧。最后风放

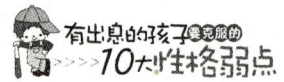
弃，并扬言说谁也没法让那位老先生脱下自己的外衣。

太阳见风放弃了努力，就从云端探出头来，暖暖地照在那位老先生身上。很快，那位老先生就已经满头大汗，于是他就脱下了自己的外衣赶路。

太阳这时微笑着对风说道："看到没有，不论何时何地，仁慈、友善终究是要比愤怒和暴力强大得多。"

在生活中，许多孩子往往不假思索地选择了风的做法，还总是困惑不解：为什么我们越是批评别人，别人越是远离我们的期望？为什么我们越是要求家长，家长越是不能满足我们的心愿？为什么我们越是与同学划清界限，同学越是挑战我们的底线？

其实，只有当我们把自己的内心换成太阳的态度时，我们才能让身边的环境改变。只有仁慈和友善的态度，才能给我们带来朋友和幸福。不论何时何地，包容永远比仇恨更有力量。

在古希腊的神话中，有一位英雄叫海格力斯，他力大无穷，无人能敌。

有一天，海格力斯在山路上行走，忽然发现路中间有个袋子似的东西，因为觉得很碍脚，便上去踢了一下。谁知那东西不但没有被踢开，反而留在原地，并且慢慢膨胀起来。

海格力斯心想自己一向力大无穷，今天竟然踢不开这个袋子，于是有点生气，便狠狠踩了那个袋子一脚，想把它踩破。结果更是让海格力斯大吃一惊，因为那个袋子不但没被踩破，反而又膨胀了许多。

恼羞成怒的海格力斯，随手拿起一条粗大木棒，使出浑身力气，朝那个袋子一阵狠砸。结果那个袋子竟然加倍地膨胀，到最后把山路都堵死了。

这时，刚好一位老者路过，看到这个情景，连忙对海格力斯说："朋友，这个东西叫仇恨袋，你还是快别动它，绕开它赶路去吧！"

海格力斯对老者的话不解，于是问老者是何缘故。

于是，老者说道："这个仇恨袋的特点就是，你不犯它，它便小如当初。如果你的心里老记着它，侵犯它，它就会膨胀起来，挡住你前进的路，专门与你作对！"

故事中的"仇恨袋"，正是我们生活中很多孩子的脾气。当我们记恨别人、态度恶劣的时候，对方心里的仇恨也就开始不断膨胀。细想起来，生活中的各种矛盾，往往都是由一些微不足道的小事引起的。之所以发展到不可收拾的地步，就在于双方都不能找回自己正确的态度，让仇恨和愤怒不断放大。最后，有许多人在愤怒的指引下干出后悔莫及的事情，葬送了自己的前程和幸福。而能够懂得放下仇恨，选择包容的人，往往很快走出了心灵的误区，在自己的人生中找到了光明。

卢梭是法国的著名思想家，他的著作《忏悔录》、《社会契约论》、《爱弥儿》是人类不朽的著作，但是年轻时的卢梭却经历过十分屈辱的生活。

在22岁那年，卢梭与村里的一个女孩坠入爱河，很快两个人准备结婚。婚礼当天，正当卢梭沉浸在亲戚朋友的祝福和爱情的甜蜜中时，他的未婚妻却牵着另一个小伙子的手对卢梭说："对不起，我爱上了别人，我们在一起不会幸福的。"说罢，两个人一起离开了婚礼，而此时的卢梭又羞又愧，在亲朋的目光中无地自容。

卢梭的情感风波并没有停止，而是传遍了整个小镇，不论他走到哪里，总有人在背后议论着他的婚礼。卢梭再也无法忍受这样的羞辱，他离开了自己生长的小镇。

于是，年轻的卢梭开始了自己的流浪生涯。他首先从自己的家乡瑞士来到了德国，接着又从德国跑到了法国。终于在三十年后，重新回到了自己的家乡小镇。

此时，当年负气出走的年轻人已经两鬓斑白，著作等身，是誉满欧

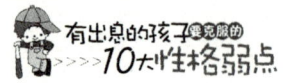
洲的思想家了。当他问候自己年轻时的熟人时，忽然有一位老朋友问他："你还记得艾丽尔吗？"

艾丽尔就是当年让卢梭羞愧不堪、最终离家出走的女孩。卢梭听人提起她，笑着说道："当然记得，她差一点儿做了我的新娘。"语气满是轻松，没有丝毫的怨恨。

那位朋友为了讨好卢梭，接着说道："当初她在婚礼上羞辱了你，如今自己也恶有恶报。这些年，她的生活贫困潦倒，只能靠着亲友的接济度日。这一定是上帝在惩罚她对你的背叛。"

朋友本以为卢梭听到这个结局，会感到高兴和解恨。可是卢梭却说："她的不幸让我觉得很难过。她并没有错，上帝不应该惩罚她。我这里有一些钱，请你转交给她。但是请不要说是我给的，以免她以为我在羞辱她而拒绝。"

朋友对卢梭的行为十分不解，追问道："你难道一点儿也不恨艾丽尔吗？当初，正是她让你丢尽了脸。"

"那些都是30年以前的往事了，我早已放下。如果这些年我还记恨她，岂不是在要在仇恨中生活30年？仇恨就像提着一袋死老鼠，一路上闻着臭味的只会是不肯放下的人。所以，我们最好把它丢得远远的。"

对于曾经毁掉婚约，当众给自己奇耻大辱的恋人，卢梭选择了包容，而不是仇恨。所以，卢梭最终成为了伟大的思想家和文学家，而不是心胸狭隘的小人物或者杀人犯。

正如卢梭所说，仇恨就像一袋死老鼠，总是提着它，只能使自己闻到臭味。如果我们的孩子总是背负着仇恨，对于陈年往事怀恨在心，那么不仅会因为一时冲动而伤害了别人，更会因为仇恨积聚在心里，最终毁了自己的一生。所以，希望孩子能够有出息的家长一定要以身作则，让孩子感受到包容的力量，放下狭隘的仇恨。

4. 宽容成就了孩子的风度

> 原谅敌人并将其抛诸脑后的最佳良方，是诉诸超越我们的一切思想。当我们执着于追求理想时，其他的一切屈辱都算不了什么。
>
> ——戴尔·卡耐基

很多家长从小就培养孩子对于艺术的审美，花费很多金钱送孩子去学习音乐、绘画方面的课程，希望他们长大以后可以成为风度翩翩的王子或者公主。可是，家长们往往忽略了，一个人的风度主要不是来自于这个人的衣着与技能，而是来自于他的内心。而一个心胸狭隘的孩子，无论如何难以给人留下风度翩翩的印象。而一个懂得宽容的人，他的爱心往往比任何光彩夺目的珠宝都更让人印象深刻。发生在下面这种场合的一个故事，就足以说明宽容的人格魅力。

有一次，前民主德国柏林空军俱乐部为了盛情招待一批空战英雄，特意举行了一次盛宴。在盛宴开始之时，士兵们都开始向自己的将军敬酒。有一位年轻的士兵在斟酒时，不小心将酒洒到了一位名叫乌戴特的将军头上，碰巧这位将军还是个秃头。

顿时间，所有的士兵都肃然了，整个会场一片寂静，都在等待这位将军大发雷霆。可是，这位将军非但没有发火，反倒哈哈大笑起来，他拍了拍士兵的肩头说："老弟啊，你是不是看我是秃头，想要用这种治疗方法，让我能再生头发呢？"将军刚一说完，全场立即爆发出了一片掌声和欢笑声。于是，人们紧绷的心弦顿时松弛下来了，整个盛宴保持了热烈、欢乐的气氛。

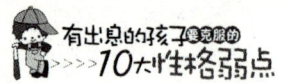
相信，乌戴特将军的魅力不但不会因为他的秃头形象而有所减损，反而会让人对他的宽容之心更加印象深刻。因为，心生宽容才有幽默之言，正因为这位将军的一句幽默，缓解了原本紧张的气氛。与其说宽容是一种至上的美德，不如说狭隘是一种大过。宽容他人所不能宽容之事，这才算得上是真正的宽容，同时也是人性胜利的一个极致。要知道，教会孩子懂得去宽容别人，恰恰是让孩子自己的生命得到了这个世界的宽容，从而拯救孩子自己内心的狭隘，让孩子享受到内心那一份祥和。

屠格涅夫曾说过："不懂得宽容别人的人，是不配受到别人的宽容的。但是，谁能说自己是不需要宽容的呢?"这句话不仅是家长用来教育孩子的名言，更是每个家长应该用以自省的警句。用宽容代替惩罚，才能给孩子以尊重和耐心。请看下面一则故事:

布兰妮是一个既聪明又漂亮的女孩子，但就是有一个缺点——不够诚实。无论遇到大小事，她都喜欢撒谎，不愿意说出真相。为此，她妈妈也一直在想办法，帮女儿改掉这个坏习惯。

有一天早晨，布兰妮的妈妈接到一个莫名其妙的电话，对方自称是凯瑟琳的母亲，并指责布兰妮妈妈，说她没有管教好自己的女儿，弄得布兰妮妈妈一头雾水。等凯瑟琳妈妈的心情平静下来后，布兰妮妈妈才明白了事情的前因后果。

原来，周末出去度假的凯瑟琳一家回来后发现，家里的玻璃被打碎了，地上、墙上都撒满了打碎的鸡蛋，而这些就是布兰妮带人做的。因为布兰妮的男朋友威尔逊最近和她闹分手，起因就是凯瑟琳，心有怨恨的布兰妮气不过，于是就带了几个朋友来报复凯瑟琳。

布兰妮的妈妈听完凯瑟琳妈妈的讲述，也清楚自己女儿的作风，她开始相信这是女儿的作为，于是她说:"等布兰妮回来，我先跟她谈谈，然后再给你回电话，好吗?"等到布兰妮回到家，妈妈问布兰妮:"刚才凯瑟琳的妈妈打电话来了，说你把好多鸡蛋扔进了他们的屋子里，你能告诉我到底发生了什么事吗？""没什么事儿，妈妈。"布兰妮十分肯定地说。"哦，那我知道了，我现在给凯瑟琳妈妈回个电话。"很快，布兰妮妈妈拨通了凯瑟琳家的电话，说："你好，我是布兰妮妈妈；我想你是误会了我女儿，我相信她不会做这样的事情，所以，我希望你能向我和我的女儿道歉，因为你们错怪了她……"

一旁的布兰妮听到母亲这样为自己辩护，顿时间觉得无地自容。她觉得她应该把事情的真相告诉妈妈，而不应该让妈妈为自己背黑锅。于是，她做了个手势告诉妈妈挂断电话。妈妈照做了，因为她早就从布兰妮不自然的表情中看出了事实的真相，但是她决定把这个坦白的机会留给女儿。布兰妮含着泪说出了事实的真相，她等着妈妈大发雷霆，但出乎意料的是，妈妈并没有发火，反而跟她讲起自己过去的类似经历。

经过一翻推心置腹的谈话后，布兰妮感觉到了母亲的爱与理解，也给了她纠正错误的勇气。于是她勇敢地打电话给凯瑟琳的母亲，承认了错误，并表示愿意为自己所做的一切做出补偿。这件事情之后，布兰妮就真的很少再撒谎了，因为她觉得无法面对对她如此宽容的妈妈。

希望每个家长在对待自己犯错的孩子时，都能够像布兰妮的妈妈那样，给予孩子理解和宽容，让他们自己认识自身所犯的错误，同时体会宽容的力量。如果家长平时一味地以强硬的方式来解决问题，甚至希望用自己的狭隘之心教会孩子宽容的话，那么，恐怕达不到家长心里所预期的目标，反而会使孩子与家长产生隔膜。

因为，生活如同一面镜子，我们如何面对它，它就会如何馈赠我们。虽然我们无法改变命运，但我们可以选择怎样面对现实。所以，当孩子犯了错误时，家长一定要学会宽容；当孩子遇到烦恼时，家长一定要教孩子学会宽容。这个世界上永远不变的真理就是：爱永远比恨更伟大，宽容永远比惩罚更有力量。

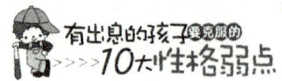
5. 容得下别人的错误，孩子才能走得更远

没有什么比仇恨更消耗体力，甚至痛苦、疾病、有缘由的烦恼都望尘莫及。因为，一旦仇恨潜入心中，我们应该立即用欢乐的思想取而代之，为有价值的事省下上天赐予我们的宝贵精力。

——戴尔·卡耐基

真正能够体现一个人修养的时候，往往不是他们春风得意、受人尊敬之时；而是当他们被人误解，或者发现了别人的错误之时。由于现在的孩子过于强调自己的利益，心里只装着自己，完全装不下别人，所以，当他们的利益受到了侵犯，或者看到别人的错误，孩子很容易让自己的愤怒与怨恨一触即发。

但是，聪明的家长会从小培养孩子乐于吃亏的心胸，不论是被人占了便宜，还是看到了别人的错误，用宽广的心胸来包容，远比用狭隘的心胸来报复要好得多。

在一个空气清新的清晨，一头大象独自在森林里漫步。无意中，它踩塌了老鼠的家。大象为此表示惭愧，一再跟老鼠赔礼道歉。可是，老鼠却以为大象是故意破坏它的家，所以一直对大象耿耿于怀，不肯原谅大象。

有一天中午，老鼠看见大象正躺在地上午休，心想：这下机会来了，我一定要报复大象。可是，老鼠看看眼前的这个庞然大物，实在不知道从哪下手。突然，老鼠灵机一动：我有一嘴锋利的牙齿，我可以狠狠咬它一口，让它也尝尝痛的滋味儿。想到这里，老鼠便扑到大象身上，使劲地咬大象的屁股。可是，没想到的是，大象的皮特别厚，老鼠根本就咬不动。

老鼠不甘心就这样放过大象，围着大象转了几圈，突然发现大象的鼻子那么长，就把象鼻子当做一个进攻点。老鼠也没再多想，就扑腾一下钻进了大象的鼻子里，狠劲地咬了一口大象的鼻腔粘膜。

这时候，大象被惊醒了，它感觉鼻子里一阵刺激，于是忍不住打了一个喷嚏，没想到这个喷嚏是如此之猛烈，竟然将老鼠射出好远。这下，老鼠可惨了，被摔了个半死，连续好几天都出不了洞。它的同类们都来探望它，老鼠忍着浑身的伤痛，意味深长地对大家说："你们一定要记住我的惨痛教训，有理也要让三分，得饶人处且饶人啊！"

现实生活中，就有一些得理不让人的孩子。他们一旦觉得自己有理，就抓住别人的错不放，不留一点情面，对别人穷追猛打，仅仅为了享受胜利者的那份喜悦。这样的结果往往是激怒了对方，或者给自己留下了一个潜在的陷阱，总有一天要为自己的狭隘付出惨重的代价。但是，这个世界上还有一部分人能够做到得理也让人，他们不仅给自己留下了继续发展的余地，而且还把曾经的对手或者敌人变成了自己最忠心耿耿的朋友。因为，一个懂得宽容的领袖，必将受到自己下属的爱戴。

拿破仑，作为全军统帅的他，批评士兵的事时有发生。但是，每一次他的士兵犯了错误，他都不是盛气凌人地去训斥士兵，而是很平静地指出士兵的错误之处。所以，士兵们对他的批评也总是欣然接受。这不仅大大增强了他的军队的战斗力和凝聚力，最后还让他的军队成为欧洲大陆的一支劲旅。

在征服意大利的一次战斗中，士兵们都打得非常辛苦，个个都筋疲力尽了。因为拿破仑防范意识很强，经常在夜间亲自巡岗查哨。这一天，他在巡岗过程中，发现一名站岗的士兵倚着大树睡着了。拿破仑正想发怒，但他转念一想，连续作战让士兵们几天几夜都没有合眼，难免会犯

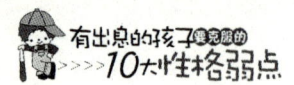
困，就让他休息一会儿吧。于是，他没有叫醒士兵，而是悄悄拿起枪，替哨兵站起了岗。大约过了半个小时，哨兵从沉睡中醒来，发现替自己站岗的竟然是全军的最高统帅，一时间惶恐至极，不知所措。

拿破仑非但没有训斥，反而和蔼地对他说："朋友，这是你的枪，你们艰苦作战，又走了那么长的路，睡着了是人之常情。但是，你要牢记你的责任，关键时候疏忽不得，一时的大意可能会断送全军。我正好不困，就替你站了一会儿，下次一定小心。"士兵听后，不仅马上改正了自己的错误，而且在以后的作战中变得更加英勇。

故事中的拿破仑，没有大声训斥，也没有摆出元帅的架子，而是用宽广的心胸，包容了士兵的错误。有这样宽容大度的元帅，士兵们怎能不英勇作战呢？如果拿破仑是一个心胸狭隘的人，动不动就对自己的士兵破口大骂，那么，他只会增加士兵的反抗意识，丧失了他在士兵中的威信，从而削弱了他的军队的战斗力，甚至还会被怨恨的士兵倒戈相向。

所以，每个希望自己的孩子能够成就大事的家长，都应该从小培养他们广阔的心胸，让他们学会宽容。因为，宽容不仅是一种博大的胸怀，更是一种特殊的魅力，只有具备了这种魅力的孩子，才能在自己的人生路上走得更远。

李斯特是匈牙利著名的作曲家、钢琴家、指挥家，是浪漫主义音乐的主要代表人物之一，还曾获得"钢琴之王"的美称。有一次，一个酷爱音乐的女孩想要开一场自己的音乐会，于是在海报上自称是李斯特的学生。

演出前的一天，李斯特去找这个女孩，女孩看着眼前的李斯特，顿时惊恐万状，然后抽泣着说："我冒充是您的学生，完全是为了生计，绝对没有其他意图，您能原谅我吗？"李斯特微笑着说："你先把你要演奏的曲子弹给我听一下。"那位女孩小心翼翼地弹奏完曲子，怀着忐忑的心情等待李斯特的评价。李斯特听完后，微微点了点头，指点了一番之后，爽快地说："你可以大胆地上台演奏了，你现在已经是我的学生了。你可以向剧场经理宣布，晚会最后一个节目由老师为学生演奏。"

在音乐会上，李斯特为这个女孩弹了最后一曲，他的表演和胸怀赢得大家热烈的掌声。能够宽容并帮助一个素不相识的姑娘，这就是一个钢琴大师之所以成为大师的根本原因。

很多家长以为，孩子的成功靠的是知识、技巧，甚至有些家长认为孩子的成功需要跟别人竞争、拼抢。其实，这些都不是成功的根本，甚至会把孩子引入歧途。在这个世界上，能够取得并保有成功的，只有心胸宽广、懂得包容的那部分人。

因为，宽容是那样美好和强大，它可以把每个孩子的不如意变为一次交朋友的机会；把每个孩子的吃大亏变成一次升华自己的锻炼。在无数次的锻炼和升华当中，孩子的心胸会越来越宽广，他们也会在成功之路上越走越远。

6. 心宽的孩子，道路也宽

我们若已接受最坏的，就再没有什么损失。

——戴尔·卡耐基

如果家长不注意培养孩子的心胸，那么孩子很容易养成鲁莽武断、心胸狭隘的不良性格。当这样的孩子与伙伴或者同学发生矛盾时，他们很容易恶语相讥或者挥拳相向；当父母或者老师对他们好言相劝时，他们也是无动于衷甚至拂袖而去。长大后，当这样的孩子面对人生中各种矛盾与困惑时，他们很难把控好自己的情绪，因为心胸狭隘而乱发脾气，结果不仅给别人带来永远的伤害，更让自己的内心陷入痛苦和折磨之中。

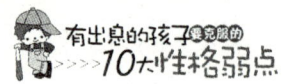

所以，每一个希望孩子有出息的家长应该从小就让孩子拓宽自己的心胸，当他们发脾气时，家长应该引导他们放宽心胸去宽容和帮助别人，其实这也是在宽容和帮助孩子自己。

有一个旅行者喜欢用自己的双脚丈量这个世界。一天，他走到了一个荒僻的村落中，天色已晚。在漆黑的街道上，仍然有一些村民在走动，由于街道狭窄，经常有人撞在一起。

旅行者转过一条小巷，看见远处有一盏闪烁的灯光，虽然不是十分明亮，但是在黑暗的街道中显得格外刺眼。只听旅行者身边的一个村民说道："是瞎子过来了。"

那灯光渐渐近了，是一个闭着眼睛走路的老人，左手拿着一根竹竿，右手提着一盏灯笼。旅行者百思不得其解，便开口问道："老人家，您的眼睛真的看不见吗？"

老人停下脚步，悠悠地说道："是的，一来到这个世界，我的眼睛就看不见东西了。"

旅行者接着问："既然您自幼双目失明，那么，为什么要提着一盏灯笼走路呢？"

老人笑了笑，问道："现在应该是黑夜吧？"

旅行者点头回答："是的。"

老人接着说道："我听说双眼能看见的人在黑夜里也是看不见东西的，也就是说，没有灯光的映照，现在全世界的人都和我一样是盲人，所以我要提着一盏灯笼上街。"

旅行者惊讶地说："原来您点灯笼是为了照亮别人？"

老人又笑了笑，说道："我可没有你说的那么伟大，我点灯笼完全是为了自己！"

年轻人又陷入了疑惑，问道："可是您点了灯笼也看不见路呀。"

老人反问道："那么，你是否在黑夜的街道里撞到过人？"

旅行者说："是的，就在刚才，还被两个人撞到了，险些摔倒。"

老人听了，对旅行者说："我晚上在街道上走，从来没有被人撞到过，完全是因为我提着这盏灯笼的缘故。虽然这盏灯笼发出的灯光没办法让我看见脚下的路，却可以让别人看见黑暗中的我。这样，他们就不会撞到我了。"

旅行者听了老人的话，回想起自己旅行路上的经历，心有所悟，自言自语道："原来人性就像一盏灯，只要这盏灯亮着，不但可以照耀别人，更可以照亮自己啊。"

也许有些孩子百思不得其解：对于一个双目失明的盲人来说，既看不到鸟语花香，又看不到高山流水。盲人对白天和黑夜完全没有概念，甚至不知道灯光是什么样子的。那么，又何必在黑夜里提着一盏灯笼呢？

但是，故事中的盲人却告诉了我们答案：在黑暗里为别人点燃一盏灯，也可以照亮我们自己。所以，不论是正常人还是盲人，都需要在黑暗中点一盏灯，照亮自己，也照亮别人。每个孩子从小就应该让自己的心灯保持光明，包容和谅解别人，也给自己的内心带来平和幸福。

教会孩子与人为善，就是要让孩子拥有一颗温润的心，向外散布慈悲的力量。因为，生活本身已经存在着那么多的尔虞我诈、彼此伤害，所以，为了孩子把人生的道路越走越宽，家长需要帮助孩子主动从心胸狭隘中超越出来。

阿根廷有一位著名的高尔夫球手，罗伯特·德·温森多。他不仅球技精湛，而且是一个非常善良又豁达的人，因此赢得了别人的尊重。

有一次，温森多赢得一场高尔夫锦标赛的冠军，当然，这也使他收获了一笔不小的奖金。领到奖金的支票后，他微笑着从记者的重围中走出来，到停车场准备开车回俱乐部。这时候，一个年轻的女子挤出人群，向冠军走来。

她首先向温森多表示了祝贺，然后一脸哀愁地说："我可怜的孩子得

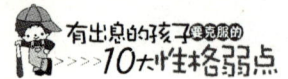
了重病，正躺在医院里，随时可能会死掉。而那笔昂贵的医药费对于我来说实在是难以承受，我感到自己的人生痛苦极了。"说罢，流下眼泪来。

温森多心中最柔软的那一部分被这些眼泪打动了，他立刻掏出笔，在刚赢得的支票上签了名，然后塞到那个女子手里，同时说："这是我的一点心意，请你务必收下。祝你可怜的孩子早日康复。"说罢便驾车离去了。

一个星期后，当温森多正在俱乐部吃午餐时，一位职业高尔夫球联合会的官员走过来，一脸焦急的样子问温森多："一周前，您是不是在停车场遇到一位年轻女子，自称孩子病得很重？"

温森多很诧异地问："你是怎么知道的？"

"停车场的孩子们告诉我的。"官员说。

温森多点了点头，说："一件小事，不值一提。"转念又想起那个病重的孩子，马上问道："那个孩子的情况还好吧？"

"恐怕对您来说是个坏消息，根本就没有什么病重的孩子！"官员烦躁地说，"更糟糕的是，那个女人甚至还没有结婚！"

温森多眼里闪烁着光芒，问道："你是说根本就没有一个小孩病得快死了？"

"是这样的，根本就没有。"官员十分沮丧地回答。

温森多如释重负，长吁了一口气，说道："这真是我这个星期以来听到的最好消息。"

温森多的这份情怀，实在令人赞叹。有更多的孩子能够如此想问题，人类才能够有福气，也才能有前途。如果想让孩子未来的人生之路越走越宽，家长应该让孩子的心胸越来越广，包容世界上的一切，那么孩子就可以更成功。心宽的孩子道路也宽，所说的就是这个道理。

7. 让孩子增加自己内心的容量

一个人的心胸有多大，他的舞台就有多大。

——戴尔·卡耐基

很多家长在培养孩子的时候，总是将孩子的"聪明"当成了智慧，这无疑是错误的。其实，智慧不仅仅是一种超强思维的能力，更是一种来自人性的品格深处的一种真善美的力量，那即是宽容。

聪明的人也许可以用自己的聪明去欺负别人，但是，具有智慧的人却懂得：人心不是靠武力征服的，而是要靠爱和宽容来感化。让孩子在生活中不断增加自己内心的容量，才是真正帮孩子扫清了人生的障碍，因为，家长无法安排孩子的人生路上遇到什么，但是却可以教会孩子用一种深沉、从容的气度去面对人生路上的一切。

一个年轻人向一位智者学习生活幸福的秘诀，但这个学生老是爱抱怨，不论如果开导，总是无法包容生活中的缺陷。

有一天，智者就派这个学生去集市买一袋盐。学生在心里抱怨道：厨房的盐明明还有，何必多此一举呢。但是又不敢顶撞自己的老师，只好去买了一袋盐回来。

智者见他回来了，就吩咐他把盐放一些在杯中的清水里。

"现在，你尝一尝这杯水，味道如何?"智者又吩咐道。

"又咸又苦，难喝死了!"学生皱着眉头抱怨道。

智者没有理会他的抱怨，又把这个学生带到了湖边，并且吩咐他把剩下的盐全部撒进湖里。学生不懂老师的用意，之后照做。然后听见智者说道："现在，你再尝尝湖水。"

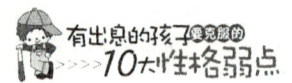

学生心想，今天什么也没学到，总做这些无聊的事。心里虽然这样想，嘴上却只好答应着，弯腰捧起湖水尝了尝。

智者问学生："这湖水是什么味道？"

"就是湖水原来的味道啊，清凉甘甜。"学生答道。

智者接着问："这回你尝到咸味了吗？"

"一点咸味也没有。"学生答道。

智者点头微笑，对学生说道："人生中的烦恼就像这盐，我们的心灵就像盛它的容器。你愿做一杯水，还是一片湖？"

学生这次终于听懂了老师的教诲，再也不抱怨了。

同样的盐，撒一点在杯子里，就会满口苦涩；撒一袋在湖水里，却不改甘甜。可见生活中的诸多烦恼，表面上好像是来自于生活，其实则是由于一个人内心的容量太小了。所以，聪明的家长应该让自己的孩子学会做湖水，轻松稀释掉各种各样的烦恼，保持良好的心态，毕竟量大者福大，心宽者智宽。

纳尔逊·罗利赫拉赫拉·曼德拉，南非第一任黑人总统，曾经获得诺贝尔和平奖。

年轻时，曼德拉因为反对种族隔离政策而奔走斗争，后来被捕入狱。统治者十分憎恨曼德拉的观点，所以把他关押在荒凉的罗本岛上，他在一个简陋的牢房里面壁27年。

罗本岛是大西洋上的一个荒岛。岛上布满岩石，野兽丛生，生存环境十分艰苦。而关押曼德拉的牢房是一个"锌皮房"，居住条件特别简陋。

曼德拉每天早晨要和自己的狱友们一起排队到采石场，然后被解开沉重的脚镣，开始了一天繁复的工作。他们有时要用尖镐和铁锹挖掘石灰石，有时要到冰冷的海水里去捞取海带。每一天所尝到的生活都是痛苦与疲惫的混合物。

因为曼德拉是要犯，所以，有三个专门看押负责看守他。这三个无聊的看守不时就拿曼德拉解闷，把曼德拉折磨得死去活来。

1991 年，曼德拉出狱了，并且从阶下囚一跃成为南非第一任黑人总统。当选总统以后，他在就职典礼上的一件事情震惊了全世界。

总统就职仪式热烈而庄重，前来参加的是来自世界各地的政界要人。曼德拉为仪式致辞，他首先欢迎了现场的各位来宾，然后介绍了来自世界各国的政要后。接着，曼德拉十分高兴地说，今天最令他高兴的是三位特别的贵客的到来，当曼德拉一一介绍当初看守他的 3 名狱警时，整个会场响起了热烈的掌声。在众人的掌声中，曼德拉缓缓起身，恭敬地向 3 名看守致敬。此时，在场的所有来宾，以至整个世界，都安静了下来。

曼德拉用自己的心胸征服了世界。当他向看守自己的三位狱警致敬时，不仅融化了不同种族之间的仇恨，而且赢得了整个世界的尊敬，同时安慰了三位狱警，并且升华了自己的心灵。

所以，当孩子为了生活中的一点小事而愤怒时，不妨让他们想想自己的苦涩是谁造成的，同时给他们讲一讲南非总统曼德拉在就职仪式上的所作所为。让孩子意识到，只有增加自己内心的容量，才能消除痛苦、获得幸福。

8. 让孩子学会向困境感恩

和一般庸俗的普通人正相反，我们应该明白，艰难的时世，恶劣的命运，面子的失去，安逸的失去、职业的失去。一切逆境，都不是生活方面的最大不幸。

——戴尔·卡耐基

孩子的心胸宽广还是狭隘，最主要的来源就是自己的家长。因为，

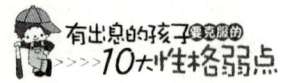

每个孩子最初都是从自己的家长那里学习待人接物的方式的。家长宽容大度，孩子也就会学着父母的样子去处理与同学、伙伴之间的关系；家长心胸狭隘，孩子也就会被生活中的困境左右一生。

所以，一个负责任的家长，不但要教育好自己的孩子，更要处理好自己的内心世界。那些心胸狭隘的家长，双眼只顾盯着一件事情，即让自己受损失的地方，而不懂得向困境感恩，更无暇顾及事情背后的道理。其实，凡事都可以变好，也可以变坏。如果家长总是对好的事情沾沾自喜，一副完全没有后患之忧的样子，对不好的事情怨天尤人，就像得了问题扩大综合症一般，那么，孩子又怎么能够轻松地跨过生活中那些小小的坎坷，又怎么能够在命运考验自己的困境面前，交上一份让人满意的答卷呢？

在很久以前，有一位国王外出打猎，不小心弄断了自己的一节手指。国王为此非常难过，不仅是因为肉体上所遭受的痛苦，更因为他觉得威严的国王因为打猎失去了一节手指，是一件很不光彩的事。而一位年高德劭的大臣却不认为这是坏事，反而劝国王要乐观地去看待这件好事。国王当然无法理解大臣的话，听了之后非常生气，认为大臣是在幸灾乐祸，奚落自己，于是一气之下，就将他关入了大牢。

一年之后，当地土著居民活捉了再次出外打猎的国王。土著居民好不容易抓到一个外族人员，因此准备将他杀死祭神。然而，主持祭祀的巫师突然发现这个祭品少了一截手指。如果拿一个不完整的祭品去祭神，是对神的不尊重，于是就将国王释放，而改用随行的大臣来献祭。国王逃回本国之后，想起了那个说自己断指是好事的大臣，大臣确实没有说错。国王为自己把他打入大牢而心感愧疚，立刻将大臣释放，并对他道歉。不料，这位大臣却说："一年的牢狱之灾对我来说也是好事，如果我不是坐牢，那个被送上祭坛的人将是我。"

由于心胸不够宽阔，所以智慧有限。人们已经习惯于在顺境的时候

"大喜"，在逆境的时候就"大悲"而不知道得意不忘形，失意不变形的智慧了。

所以，家长应该用自己的行动告诉孩子，无论遇到顺境或是逆境，我们都要有一个平和的心态，相信这些成功和失败都会过去。只有拥有了平和的心态，才能保证孩子在面对成功或是失败时表现得更有风度，更有气质，也才能够保证处理好这些事情。

有一次，美国前总统罗斯福一家利用假日去国外度假，当他们回来时才发现家里被盗，检查发现，丢失的都是一些很值钱的东西。没过几天，他的一位好朋友就听到这个消息了，立马写信安慰他，还劝他不必太在意。

接着，罗斯福给这位朋友写了一封回信，信的内容是这样的："亲爱的朋友，谢谢你来信安慰我，我现在一切都好。首先我要感谢上帝：第一，贼虽然偷走了我家里的东西，但却没有伤及到我和我家人的性命，这必须得感谢；第二，贼并没有偷走我家里所有的东西，还留了一小部分给我，这也得感谢；第三，最值得我庆幸的是，做贼的人是他，而不是我，这最应该感谢！"

对于任何一个人来说，被盗绝对无法理解为一件好事，更不是一件值得我们去感谢的事。但是，罗斯福却找出了感恩的三条理由，也许这正是他能够成为美国总统的主要原因吧。相信罗斯福之所以能够在美国总统的位置上坐得那么安稳，和他懂得向困境感恩的胸怀是分不开的。

根据心理学专家的研究表明，当面对疾病或充满压力的环境时，积极感恩的人更能应付自如。因为他们知道，人生中有很多事情是无法避免与改变的，当身处困境时，最重要的是学会感恩，用宽广的胸怀去包容生活中的一切，并努力做好自己眼前应该做的事情。

所以，一个有智慧的家长应该教会孩子感谢自己所走过的每一天，感谢每个给过自己帮助的人，感谢所有爱自己的人，同时感谢那些自己

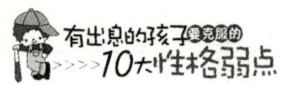

所经历过或者正在经历的困境。因为这些人或事，总是对孩子的人生有一定程度的帮助。一个有出息的孩子，一定要有广阔的胸怀，他们在成功的时候，不会忘记那些帮助过自己的人；在失败的时候，也会去感恩自己所经历的苦难。因为他们知道，无论顺境逆境终将成为过去，而困境会比顺境教会他们更多。

9. 退一步，海阔天空

原谅你的敌人，并忘掉对他的仇恨，有一个很好的方法，那就是诉诸超越我们的一种理想。当我们把精力都放在追求自己的理想时，哪里还有时间来考虑敌人所带给我们的屈辱呢。

——戴尔·卡耐基

人生是一个复杂的舞台，孩子身在其中难免会与别人发生磕碰。蛮横、霸道、自私、狭隘的孩子很容易受到别人孤立，将来在自己的人生舞台上吃大亏。那么，明智的家长就应该利用孩子与人发生冲突的契机，让他们想一想，是退一步皆大欢喜，还是据理力争毫不退让，因为这两种选择的结果是大不一样的。然后再向孩子解释，为什么在人生中要学会退步与忍让，为什么要学会包容他人的过错。

在茂密的亚马逊热带丛林里，生活着一种奇特的鸟类——蜂鸟。它是世界上最小的鸟，也是世界上唯一能倒退飞行的鸟。据说蜂鸟从前是不会倒着飞的。它们的家族很庞大，并且有严格的制度，其中一条就是不准后退，如果有胆小的蜂鸟临阵退缩，就会被围攻而死。而且蜂鸟以前是杂食鸟类，遇到什么就吃什么，这个规矩延续了很多年。

一年夏天，森林发生了火灾，由于蜂鸟不许后退的规矩，它们只能一群群地向烈火扑去，结果全都惨死在烈火中。眼看整个家族就要覆灭，这时有一只蜂鸟动摇了，它试图往后退，蜂鸟王很恼火，它指挥其他蜂鸟向那只退缩的蜂鸟进攻。可是这次，那些蜂鸟却跟着那只蜂鸟往后退去，就这样，这部分蜂鸟存活了下来，并延续了蜂鸟的家族。后来蜂鸟便延续了这个习惯，可以倒着飞，并且性情变得特别温和，生活得快乐自在。

家长可以用蜂鸟的故事来告诉孩子，有时候人会陷入一种盲目追求而不知退步的处境，如果能懂得退一步海阔天空的道理，那么就能找到一条新的出路。在与别人发生冲突时，无休止的争辩只会徒增烦恼，倒不如让孩子学会向后退一步，事情的发展总是会证明这一不变的真理，那就是肯于吃亏的人，才能有胸襟容纳福气。

富兰克林年轻时也喜欢与人争辩，经常纠正别人的错误，人家心有不甘，最后就免不了发生争辩。直到有一天，一位朋友把富兰克林叫到一旁，对他说："你真是无可救药。你已经打击了每一位和你意见不同的人。你的意见变得太珍贵了，使得没有人承受得起。你的朋友发觉，如果你不在场，他们会自在得多。你知道的太多了，没有人能再教你什么；没有人打算告诉你些什么，因为那样会吃力不讨好，又弄得不愉快。因此你不可能再吸收新知识了，但你的旧知识又很有限。"

伟人就是伟人，富兰克林很快学会了放下，懂得了不与人争对错的道理，他在自己的自传里写道："好争辩的癖性，容易使人养成很坏的习惯：把那种不切实际的争论带到伙伴之间，会使人很不愉快，其结果不仅破坏交谈的气氛，引起人们的厌恶，甚至会使本来可以成为朋友的反而彼此结仇。我从父亲那些有关宗教信仰书籍的争辩中看到了这个事实。据我观察，除了律师、大学堂的绅士以及在爱丁堡受教养的各种各样的人以外，一个有头脑的人很少有此癖性。"

富兰克林在朋友的提醒下终于明白了，争辩对错，不但让自己失掉

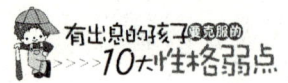

朋友，同时也失掉了学习的机会。而不随便与人争论，处处忍让，看上去似乎是吃亏，却赢得朋友与更多的学习机会。所以说，吃亏就是有福。

当一个孩子太过自以为是，总想在争论中战胜对手，或者心胸太过狭隘，在与别人发生摩擦时不懂得退步时。家长就应该及时转变孩子的心态，让他们明白，人生很多时候不是在宽阔的大路上行走，而是在过一条很窄的独木桥：当我们走到独木桥的一半，而迎面也有人踏上这座独木桥时，最好的处理方法不是狭路相逢勇者胜，而是后退一步，让对方先过，这样才不至于在争执中让自己和对方一起掉到桥下的河里。所以，只有让孩子舍去自己的固执，才能得到真正的智慧；只有让孩子学会后退一步，包容不同的人和事，才能成就他们圆满的人生。

10. 关爱他人就是关爱自己

不要错过任何一个做好事的机会，每天都思索一下它对你的意义。你也许不能体会所有的意义，但至少，你帮助了别人，就是一种友好的表示，别人起码也会回报某种程度的友善。

——戴尔·卡耐基

教养孩子与耕耘土地是一样的道理，如果农夫想让自己的土地不生杂草，最好的办法不是去不停地除草，而是在土地上种满庄稼，不给杂草生长的空间；如果家长想让自己的孩子克服狭隘，最好的办法不是去不停地纠正孩子，而是让孩子学会关爱他人，不断拓宽自己的心灵。因为，人生在世，只有学会与人为善，才会享受到人生中的爱和快乐。一个孩子，只有懂得了怎样处理"自我"与"他人"的关系，才能对别人的错误释怀，对别人的处境关怀。

　　从前有一个小男孩，在和同伴一起玩耍的时候闹不愉快了。由于心胸狭隘，所以愤怒使他的心情非常糟糕，于是他一个人跑进了山谷，对着幽深的空谷怒吼道："我恨你！我恨你！"话音刚落，"我恨你！我恨你……"的回声从山谷的另一端连续不断地传来。

　　男孩继续叫道"我恨你，我恨你"，山谷里继续传来"我恨你，我恨你"的回声。终于这个小男孩喊累了，只好沮丧地回到家里，还伤心地向母亲哭诉："世界上所有的人都恨我。"

　　母亲问明原委之后，又把男孩带到山谷，说："孩子，现在你对山谷说：'我爱你！'"孩子照母亲说的做了，顷刻间宁静的山谷传来了不绝于耳的"我爱你，我爱你……"于是男孩激动地跳了起来，很快就破涕为笑了。

　　这个故事形象地诠释了一个简单而又不应该被家长们所忽视的道理：如果想要让自己的孩子被人爱，那么必须先教会自己的孩子去爱别人。在生活中，当孩子懂得把一份关爱传递给别人时，孩子的内心就会存留一份欣慰；同时，当别人得到孩子的关爱后，同样也会回报给他同等甚至更多的关爱，这就是以爱换爱的道理。

　　洛克菲勒年轻时曾经一无所有，过着流浪的生活。不过，洛克菲勒是带着一个伟大的梦想在四处流浪。为了实现这个梦想，洛克菲勒首先来到一个离自己家很远的偏僻小镇。

　　在这个小镇上，洛克菲勒结识了镇长杰克逊先生。杰克逊先生在这个小镇上生活了很多年，虽然这个小镇谈不上繁华，但却能够给他亲切感。他担任这个小镇的镇长已经很多年了，镇上的人们也从没提起过要选举新的镇长。他们觉得杰克逊是担任镇长的最佳人选，因为他和蔼可亲，心地善良。无论是当地人还是来到这个小镇上的人，只要与杰克逊有过一定接触的，都会深切地感受到杰克逊的热情和善良。

　　那时候，洛克菲勒住的小旅馆离杰克逊家不远。每天清晨，当洛克菲勒站在旅馆旁的大门前向远方遥望时，都会看到杰克逊家门口那片长

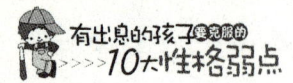

满各色鲜花的花圃。每次遇到洛克菲勒时，杰克逊都会停下脚步问这个独在异乡的年轻人有什么需要帮忙的地方，还时不时让家人送来一些日常用品和好吃的点心。

在小镇上住了一段日子，洛克菲勒感到一无所获，于是决定离开这个小镇。离开小镇之前，他要去感谢镇长这段日子给予他的关照。就在他准备向镇长告别的前几天，小镇迎来了连续几天的阴雨天气，使洛克菲勒不得不在这儿多留几天。

这一天，天还下着雨，当洛克菲勒走出旅馆大门时，看到镇上来来往往的人们把镇长家门前的那个花圃践踏得不成样子。洛克菲勒为此感到气愤不已，于是站在那里指责那些路人的行为。

可是第二天，路人依旧踩踏镇长家门前的那片花圃。洛克菲勒更没有心情继续在这儿待下去了，他受不了这些路人的举动，于是想冒着雨离开这里。

到了第三天，洛克菲勒拎着行李准备出发时，却在半路碰到了镇长，只见镇长一手拿着一袋煤渣，一手扛着一把铁锹，来到那段泥泞的道路上。他首先用铁锹把袋子里的煤渣一点点地铺到路上。

洛克菲勒对镇长的行为感到很不解，于是他走上前去问镇长："您这是在做什么呢？"镇长笑了笑，说："我想用这煤渣铺好路，这样的话，那些路人就再也不用踩着我家花圃走过泥泞的道路了。关爱别人就是关爱自己嘛！"洛克菲勒终于有点明白了。

"关爱别人就是关爱自己"，这是镇长送给洛克菲勒先生最有价值的礼物。希望每一位家长也能够让自己的孩子懂得这个珍贵的道理。在孩子的身边，虽然不是一切事情都能如意，他们每天都会遇到各种烦恼和困惑，但是无论何时，用关爱去面对身边所有的人，用宽广的心胸去包容世界上的一切的事，那么这样的孩子一定会被所有人喜欢，同时也会得到命运之神的眷顾和赐福。

第十章

克服忧虑：
让孩子享受乌云背后的阳光

当天空中乌云密布的时候，我们应该让孩子知道，阳光就藏在乌云的背后；当窗外大雨滂沱的时候，我们应该让孩子知道，彩虹不久就会挂上天空。对于性格忧虑的孩子，家长应该告诉他们：我们的一生可以用来为成功而奋斗，可以用来为成功而等待，但是绝不能浪费在为失败而忧虑上。因为，当一个人在忧虑的时候，其实他的心中正在盼望着不好的事情降临。而命运对于每个人的盼望，不论成功还是失败，总是会让他梦想成真。

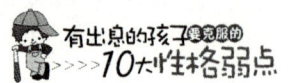
1. 教会孩子一次只想一件事情

　　我们大多数人不是为昨天懊恼，就是为了明天担忧，偏偏不肯好好把握今天！

　　　　　　　　　　　　　　　　　——戴尔·卡耐基

　　很多孩子每天忙个不停，累得晕头转向，却又不知道自己到底在忙什么。这就是对人生、对生活缺乏规划的后果。面对各个学科的作业与任务，还有各种各样的特长班、补习班，孩子常常被弄得十分忧虑，不知所措。而在长大之后，孩子也无法避免地要处理各种琐事、杂事，如果家长不教会他们事先安排好自己的生活，为自己制定了一个有效可行的计划，孩子就会被琐事弄得筋疲力尽、心烦意乱。

　　如果想要改变孩子这种"无头苍蝇"似的生活状态，就要让他们学会掌握高效能的做事方法。毕竟每个人的精力是有限的，而工作和琐事却是永远无法做完的。那么，有些应该马上做的事情，就应该毫不迟疑；而对于那些可以推迟的事情，则可以先放一放。总之，让孩子的大脑里每次只想一件事情，就可以解决他们内心的焦虑了。

　　纽约的中央火车站是人口流量最密集的地方，这里的问讯处可能是美国最繁忙的地方了。这里每天都人潮拥挤，匆匆而行的顾客争抢着询问各种问题，并且都希望自己的问题能够立刻获得答案。这对问讯处的服务人员来说，紧张和压力简直让他们感到崩溃。

　　然而，有一位服务人员却是个例外。他能保持镇定自若地面对混乱的旅客。当一位瘦高个的妇女问他问题时，他认真地给予解答，对旁边试图插话的旅客却完全无视。这个妇女的问题解答完毕后，他就将注意力集中在下一位顾客身上。

有人问他："能否告诉我，您是如何在这个喧闹的地方保持冷静的呢？"那个出色的服务人员回答："我并不认为我是在跟一大群旅客打交道，我只是简单地回答每一位旅客，忙完一位，就轮到一位。在一整天里，我每一次只解答一位旅客的问题。"

这个故事的真正含义在于，有些孩子之所以会效率低，而且自己还忙得焦头烂额，疲惫不堪，只是因为他们没有掌握一个简单的工作方法，就是一次只解决一件事。如果孩子试图同时完成很多事，试图用各种办法来提高自己的效率，那么结果可能会适得其反。

所以，家长要帮助孩子学会把重要的事情摆在第一位，一次只解决一件事，如果有很多事情混杂在一起，就要先理清头绪，找出最重要的事情。不能胡子眉毛一把抓、不分轻重缓急地去做事。法国哲学家布莱斯·巴斯卡说："懂得什么应该放在第一位，是最难得的事情。"事实上，许多孩子之所以总是处在忧虑之中，就是因为他们不知道要把生活中的事情按重要性排列。

伯利恒钢铁公司的总裁舒瓦普对公司员工的工作效率并不是太满意，于是他找到效率专家艾维利，希望在他的指导下能提高员工的效率。艾维利说："我给你一样东西，这个东西能至少能使你的员工提高50％的工作效率。"然而他递给舒瓦普的却是一张白纸。

他说："你在这张纸上写下你明天要做的最重要的事情。"舒瓦普照做了。

艾维利接着说："现在，你将每件要做的事，用数字标出先后顺序。"

在舒瓦普做好之后，艾维利又说："明天你到公司后，先做上面最重要的那件事，对其他的事情要"视而不见"。当你完成一件事后，再用同样的方法做第二件事，直到你下班为止。"

舒瓦普同意了，艾维利接着说："你从明天起，每天都这样做。当你

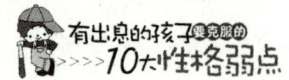

认可这个方法的时候，可以在你的员工当中推广，让他们也按这个方法去完成工作，相信这能满足你的心愿。"

相信每个孩子都听说过小猫钓鱼的故事，可是在生活中，孩子们又难免去做那只一会儿追蜻蜓、一会儿捕蝴蝶的小猫。结果，到晚上睡觉之前，老师布置的作业、家长交代的事情一件也没有完成，看着被自己荒废的一天，孩子的忧虑心态就开始滋生出来。

其实，要让孩子克服自己的忧虑性格很简单，就是让他的生活变得有条不紊。从小培养孩子把每天自己要做的重要事情逐条记录下来，然后按照紧迫性和重要性分类，这样，每天应该先做什么，再做什么就一目了然了。接下来就是按这个计划去做事，每次只想一件事情，相信孩子的学习和生活都会变得有条理，再也不会出现忧虑的心情。

2. 教会孩子消除忧虑的 5 个技巧

如果你被悲伤、不幸、灾厄压得透不过气来，赶快让自己忙碌起来，不要给你的手和心空闲的时间，这是最有效的方法。

——戴尔·卡耐基

很多孩子虽然年纪很小，但是他们内心所担心的事情可是着实不少。因为孩子的心智尚处在成长时期，所以有很多事情都能引起他们的好奇，当然，也会有很多事情在他们的内心里引起忧虑。如果家长没有发现孩子的忧虑，或者发现了而置之不理的话，那么孩子就会在忧虑中慢慢形成自己的性格，而且这种性格将会伴随孩子一生，让他们在未来的人生中也总是思前想后，无法专心做事，很难取得成就。

那么，面对孩子的忧虑应该怎么办呢？针对这个问题，我们总结出来帮助孩子克服忧虑心态的 5 个技巧。

技巧一：让孩子保持热忱与积极的心态。

对于处在成长期的孩子而言，他们现在所经历的一切，决定了他们未来对人生的态度。所以，家长要尽一切可能让孩子学会享受生活的美好。

如果家长希望自己的孩子能够成为一个有出息的人，那么就应该从小让孩子懂得：生活中的美好总是多过那些让人不愉快的事情。不论我们眼下遭遇了什么，只要保持热忱与积极的心态，那么美好的生活就在前方不远处等着我们。

技巧二：让孩子阅读自己感兴趣的书。

一个人可以通过一本吸引人的好书，将烦恼抛弃。所以，从小让孩子养成阅读的习惯，对孩子的一生都会有很重要的影响。刚开始的时候，可以让孩子根据自己的兴趣，随便阅读。当阅读已经成为他们的一种习惯之后，家长可以引导孩子去读一些对他们一生有益的书籍，比如诵读经典和一些名人传记。

技巧三：当孩子处于忧虑时，可以让他们做一些运动。

成功学大师卡耐基曾说过自己的切身体会，当他的精神因为失败而变得十分沮丧时就强迫自己必须每天拿出一小时做剧烈的运动。他每天早上都要打五六场激烈的网球，然后洗澡，吃中午饭，接下来再打 18 洞的高尔夫球。星期五晚上，他会一直跳舞跳到凌晨一点。他强迫自己流了许多汗，最后惊喜地发现沮丧和忧愁也全都随汗水流走了。

所以，当孩子已经处于某种忧虑而无法自拔的时候，让他们去参加运动是一个不错的方法。在运动中，他们不但可以转移注意，忘掉忧虑，更可以培养新的兴趣，重新找回人生的动力。

技巧四：让孩子适当地放松自己。

由于希望孩子长大后能够有出息，很多家长把孩子的日程排得很满，

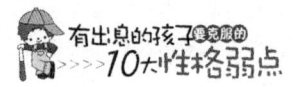

结果让他们不但没有的休息的时间，更失去了对生活的兴趣，每天只是为人生而感到忧虑。

所以，聪明的家长应该懂得适当地安排孩子的作息时间，给孩子留出适当的时间和空间来放松自己，这样，不但不会影响孩子的进步，而且可以让他们在接下来的学习中事半功倍。

技巧五：教会孩子用时间和耐心来解决问题。

很多孩子在忧虑的时候，往往把一件小事看得很大，把一件琐事看得很重。其实，面对孩子的天真和幼稚，家长完全没有必要着急，因为，耐心和时间能解决我们的所有烦恼。

当孩子为了不必要的事情而忧虑时，家长可以耐心地向他解释，这件事情没什么好烦恼的，同时向他保证，两个月后他所忧虑的件事情自己就会解决掉，请孩子耐心地等上两个月，相信，到时候孩子的所有烦恼和忧虑也会奇迹般地消失不见。

3. 让孩子拥有积极的人生态度

世上人人都在寻找快乐，但是只有一个确实有效的方法，那就是控制你的思想，快乐不在乎外界的情况，而是依靠内心的情况。

—— 戴尔·卡耐基

对于孩子而言，未来的生活就像一场比赛，每个家长都无法改变这场比赛的规则，但是每个家长都能够并且必须让自己的孩子掌握这些规则，并且利用这些规则来发挥孩子们最大的潜能。

但是，很多人却因为从小养成的忧虑性格，让他们无法拥有积极的人生态度，结果他们的人生里总是充满着痛苦。其实，真正让一个人心力交瘁的并不是事情本身，而是他们自己内心的忧虑，它不但影响一个人在生活中追求自己的目标，严重时甚至会影响人们的生命。

美国的科学家曾经做过一个试验，用来证明人的忧虑心理到底有多大的破坏力。试验的内容是，首先找一个被判了死刑的囚犯，然后蒙住囚犯的双眼，让他平躺在一张床上。接下来，在囚犯的脉腕上用无刃器具划一下，同时让水龙头开始滴水。进行试验的科学家告诉犯人，他所听到的滴答声是正在给他放血的声音，其实囚犯的动脉完好无损，连一条小伤口也没用。但是，几个小时过后，科学家们发现犯人的心脏停止了跳动，因为他已经被自己的忧虑活活吓死了，而尸检时居然真的有失血症状存在。

所以，真正让孩子忧虑的事情，有时候并不是他们自己的动脉出血，而是自来水的滴答声罢了。人生的路上，每个孩子都难免遇到所料不及的困境，如果心生忧虑，甚至惊慌失措，最终就算孩子没有被忧虑害死，也会因为手足无措而难以过关。每个家长都应该让自己的孩子从小就克服忧虑的性格，在遇到困难时，用积极的人生态度去应对，静下心来想想办法，很多问题都会得到妥善解决。在孩子的一生中，成功和失败之间仅仅只有人生态度的毫厘之差。

接下来的故事发生在1814年，故事的主人公出生在德国法兰克福的一个富豪家庭，我们的主人公在那里度过了自己无忧无虑的少年时代。

但是月有阴晴圆缺，人有旦夕祸福，因为二战爆发，加上政治迫害，我们的主人公不得不和他的家族一起逃往瑞士。正如中国那句老话：由俭入奢易，由奢入俭难。家道中落使他的性格变得十分忧虑。

有一天，我们的主人公路过一块土地，由于经过一次洪水的侵袭，地里一片狼藉，长势良好的庄稼被无情地毁坏，惨不忍睹。眼前的景象不由让他联想到自己的命，于是开始在心里对自己的遭遇不满，为自己

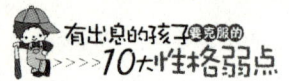

的前程忧虑。

忽然，一个辛勤劳作的农民闯入了他的视线，引起了他很大的好奇。他心想：庄稼已经成了这样了，他还在忙什么呢？仔细观察之下，发现那个农民正在补种庄稼，而且干得非常卖力，脸上看不到一点沮丧的神情。

"这么好的庄稼就这样被洪水毁掉了，你难道一点也不生气吗？"他向农民问道。

"生气如果有用的话，我会考虑的，但是显然它不起一点效果。而且那样只会使事情变得更糟糕，不努力工作，我们全家都要饿肚子了。"农民幽默地说道，"孩子，你知道吗？其实这一切都是上帝的安排，不要以为洪水只是毁坏了我的庄稼，其实是上帝让洪水给这片土地带来了丰富的养料，你看吧，今年一定是个少有的丰收年。"说完，农民快乐地大笑起来。

少年呆立在那里，农民的话给他上了人生中的最重要一课：忧虑不仅对于事实无补，而且还会使事情变得更糟。他对农民深深地鞠了一躬，感谢他的教诲，因为此时积攒在他心中多年的阴云都随着农民的笑声而消散了。

后来，我们的主人公通过努力，成了一名药剂师助手。那时，由于市场上没有合适的奶制品，婴儿的死亡率很高。于是这个不再忧虑的年轻人开始研究可以减少婴儿死亡的奶制品。

1867年，我们的主人公成立了自己的食品公司，公司的主要产品是他研制的一种将牛奶与麦粉混合而成的婴儿奶粉。正是这一产品，挽救了无数因营养不良而濒临死亡的婴儿生命。这家公司也从此开创了自己辉煌的百年历程。故事中这个小男孩的名字叫做亨利·内斯特莱，而他所创立的公司叫"雀巢"。

故事中雀巢咖啡的创始人，亨利·内斯特莱也曾经在忧虑中迷失自己，但他终于学会用积极的人生态度来面对这个世界，从而走出了内心的阴霾，获得了美好的人生。

由此可见，积极的人生态度是一个人获得成功的一项重要原则，家长可以引导孩子将此原则运用到任何事情上。如果一个孩子不了解如何应用积极的人生态度，那么他就无法从人生中得到最大的效益。如果一个孩子能够掌握自己的心态，并引导它为自己的人生目标服务，那么积极的人生态度就会为他带来成功、生理和心理的健康、独立的经济、内心的平静、长寿而且各方面都能取得平衡的生活，了解自己和他人的智慧。既然积极的人生态度对孩子有如此众多的益处，明智的家长又怎能放过孩子成长中的这个关键点呢？

4. 帮助孩子解开忧虑之谜

你忧虑吗？散步是最好的药方。带着你的烦恼去散个步，它们极可能插翅而飞呢！

——戴尔·卡耐基

孩子的生活大部分是甜蜜的，但是甜蜜之中也掺杂着一些苦涩，这些苦涩就是成长的烦恼。但孩子在成长的路上，为了某些不必要的烦恼而忧虑重重时，家长似乎只能在一旁袖手旁观，尽管心里着急，却无法帮助孩子解开内心的忧虑之谜。

对于关心孩子的家长来说，要想帮助孩子解开内心的忧虑，首先要了解孩子的心理。心理学家曾经做过一个实验，让试验者每周日晚把下一周的烦恼写下来，投入烦恼箱，三周后再打开箱子。结果超过90％的烦恼都没发生。据统计，一般人的忧虑40％属于过去，50％属于未来，

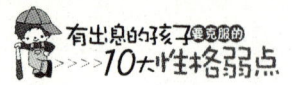
只有10％属于现在，而92％的忧虑从未发生过，剩下的8％则是能够轻易应付。

所以，孩子的大部分忧虑都是自寻烦恼罢了，就像有些孩子总喜欢盯着白纸上的那一颗黑点，却忽略了自己已经拥有的整张白纸。针对这样的情况，家长应该帮助孩子把注意力集中到自己已经拥有的幸福上，而不是每天为自己失去的而苦恼。

米洛斯的维纳斯雕像是希腊划时代的一件杰作，人们一方面陶醉于她卓越的雕刻技巧和完美的艺术形象，同时更会因为她失去的双臂而进入一种诗意的境界。她那残缺的双臂，不但不是美中不足，反而具有一种慑人心魄的魅力，散发一种缺憾的美。

当断臂的维纳斯刚刚被挖掘出来时，曾有人想把她失去的双臂复原。但是人们觉得"十全"的维纳斯并不是"十美"的，因为没有双臂的维纳斯给人以无限的想象空间，有一种不可思议的抽象艺术效果和一种难以描绘的神秘气氛。

因为残缺的双臂，维纳斯才具有更高的美感。家长可以用这件艺术品来告诉孩子，完全没有必要为了自己的美中不足而忧虑。很多时候，家长只知道督促孩子追求成功，却不明白，在孩子创造生命奇迹和生活惊喜的过程中，有所保留也同样重要。

我曾经遇到过一位成功的企业家，在退休之后，他便四处讲学，把自己的成功经验传授给更多的年轻人。一次，有一个渴望成功的年轻人向这位企业家请教："您所获得的成功，正是我此生的追求，我一直把您视为偶像。不知道您能否告诉我，在成功的路上，最重要的是什么？"

企业家看了看这个满怀壮志的年轻人，没有直接回答他的问题，而是随手在纸上画了一个有缺口的圆。年轻人在心里猜测着企业家的寓意，但是百思不得其解，于是只好问道："这是什么？"企业家反问道："你觉得它是什么呢？"年轻人喃喃地说："像零、像圆、像成功，可是又有一个缺口，难道是您没有完成的事业吗？"

企业家笑道："你很聪明，但是没有说对问题的答案。其实，这只是一个未画完整的句号。你想知道我为什么会成功，其实道理很简单，就是我从来不会把事情做得很圆满。就像画个句号，一定要留个缺口，好让其他人去填满它。"

我觉得，这位企业家之所以成功，是因为他懂得不能把事情做得太满。因为完美的背后总有考虑不到的隐患，倒不如留下空白，给别人无限的创造空间。对于追求完美的家长来说，过于要求孩子的完美，难免把孩子逼入性格叛逆的死角，倒不如给孩子留白，让他活出自己的精彩。而对于因为生活有所空白便把自己放在忧虑之中的孩子来说，家长要让孩子懂得：不要让自己的人生太满，太满的人生充满了孩子无法躲避的欲望与陷阱。让孩子适当地给心灵留几处空白，给生活留一些遗憾，这样不仅能够避免物极必反的悲剧，更可以解开孩子内心深处的忧虑。

5. 教会孩子"活"好今天

把握现在，不必哀悼过去，更不要忧愁未来。

——戴尔·卡耐基

在前进的路上，孩子难免对前方的情况充满了为难和恐惧。因为，对孩子而言，未来的世界是一个完全陌生的环境，随着年龄的增长，孩子会开始担心自己是否能够适应未来的环境，因而产生忧虑，最后阻碍了他们前进的脚步。

而家长应该做的，就是帮助孩子找到自己内心忧虑的根源，并成功克服这种忧虑的性格。孩子的大部分忧虑都是源于他们内心有太多的顾

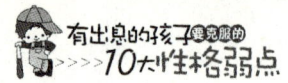
虑，而家长要做的就是告诉孩子，这些顾虑往往对现实毫无益处，而且容易把事情搞砸。这样，孩子就会明白，与其每天活在对未来的忧虑之中，倒不如清空自己的大脑，放松自己的心灵，踏踏实实地把今天活好。

在蒙特瑞医院有一名年轻的学生，他对自己的未来充满了忧虑，害怕自己不能通过期末考试，觉得明天会发生可怕的事情，忧虑自己未来没有好的前途，恐惧自己无法面对未来的生活。

后来，正是这个年轻人创建了世界知名的约翰霍普金斯医院，成为了牛津大学医学院的教授。此外，他还被英国皇室册封为爵士。这个青年的名字叫做威廉·奥斯勒。

1913年，威廉·奥斯勒爵士在耶鲁大学发表了演讲，他对耶鲁的学生们说，像他这样一个人，曾经在四所大学过当教授，写过一本很受欢迎的书，常常被人认为拥有"特殊头脑"。但其实不然，如他的朋友都知道的那样，他的智力其实是"最普通不过的了"。他之所以能够取得今天的成绩，完全是因为42年前的一次偶然经历。那是1871年的春天，他每天活在对未来的忧虑之中，直到他拿起了一本书，看到了那句话："最重要的就是不要去看远方模糊的事，而是要做手边清楚的事。"

说到这里，奥斯勒爵士停顿片刻，又讲起了自己几个月前的经历。在到耶鲁大学演讲前的几个月，威廉·奥斯勒爵士正在一艘轮船上横渡大西洋。一次，他在舵房里看见船长按下一个按钮之后，整个轮船马上被隔成了几个完全独立的防水舱。奥斯勒爵士语重心长地接着对耶鲁的学生们说道：你们每一个人的结构都比那艘轮船要精美得多，所走的路程也要远得多。所以，我希望各位学会怎样去控制生活，让自己活在一个"完全独立的今天"里面。按下按钮，用铁门把过去隔断在已经死去的昨天；按下另一个按钮，用铁门把未来也隔断在尚未诞生的明天。这样，你就确保了自己的今天是安全的。不要为明日的事情而忧虑，但是要为明天做好准备，最好的方法就是集中你所有的智慧，所有的热诚，把今天的工作做得尽善尽美，这是你能应付未来的唯一方法。

威廉·奥斯勒爵士用自己的经历教育着孩子们，要把今天的工作做得尽善尽美。其实，让孩子只活在今天里，并不是毫无计划的目光短浅，相反，活好今天正是对于明天未知情况的最好准备。因为，不论家长和孩子在内心中对孩子的明天如何地筹划，都只是一厢情愿罢了，要想真正地改变未来，只有通过克服忧虑的性格，学会珍惜现在的时间才能做到。

只有自己内心没有忧虑的家长，才能让孩子真正地明白，完全没有必要为明天的事情而忧虑，也无需为未来的生活而迷茫。因为，在孩子的手中还有今天，只要孩子能够做好今天的事情，那么，他一定能够拥有一个光明的未来。而一个能够安稳住自己内心的孩子，无论遇到什么样的境况，他都可以心安理得地说："我已经做到问心无愧了。"

6. 不要让孩子轻易判自己死刑

> 放下内心的忧虑，看看处面的世界多么精彩。美好的风景等着我们去欣赏。晚上到户外去看看星空、闪烁的星光及自然界瑰丽的奇景。
>
> ——戴尔·卡耐基

生活的智慧告诉我们，谁能笑到最后，谁就笑得最好。所以，不到最后一刻，在这个世界上没有什么事情能够把一个孩子打倒，除非孩子因为自己的忧虑而提前判了自己的人生死刑。而一个内心装满了忧虑的孩子，就像一个易碎的玻璃杯，无法承受生活的敲敲打打，更没有耐心去迎接自己跌入低谷之后的一飞冲天。

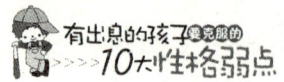

所以，聪明的家长不会让自己的孩子在困境面前判自己死刑。家长除了要培养孩子性格中的坚毅和乐观，更要注意观察孩子平时的心理变化。当孩子处于忧虑之中时，家长一定要让孩子有勇气去面对人生的挑战，因为，事情的结局往往并没有孩子心中所想象的那么糟糕。

英格丽·褒曼出生在瑞典，曾出演过《卡萨布兰卡》、《爱德华大夫》、《东方快车谋杀案》等影片，先后三次获得奥斯卡金像奖。有一次，曾经有记者问她人生中感触最深的事情时，她回答说："有一件事影响了我的一生，让我的人生得到启发，让我学会永远不要过早地宣判自己。因为转机随时都有可能发生，一切都有可能改变，一切都有可能是另一个样子!"

在英格丽·褒曼很小的时候，她的母亲就去世了，是她的叔叔抚养她长大。十五岁时，在一次学校的演出中，她发现了自己的表演才华，在心中为自己确定了成为一名优秀演员的理想。但是，她的叔叔是个很保守的人，并不支持英格丽·褒曼的梦想。在叔叔的眼里，当演员是没什么出息的表现，他觉得自己的侄女应该找个售货员或秘书之类的职业。

十八岁时，英格丽·褒曼想报考斯德哥尔摩的皇家戏剧学校，但是首先要征得叔叔的同意。当她向叔叔说明了自己的想法之后，英格丽·褒曼的叔叔对她说："我只给你这一次机会，如果考不上，你就得按照我的安排去做。"她十分高兴地答应了，因为叔叔能够给她一次机会，已经做出了巨大的让步。于是，英格丽·褒曼开始精心地为考试做准备，自己在家里反复排练，甚至连做梦时都在练习自己的节目。

考试的日子终于到了，英格丽·褒曼早早地来到了考场。当轮到她上台表演时，她发现自己只演了一半，台下所有的人就开始不停地相互议论，同时用手指指点点，根本没注意她的表演。这让英格丽·褒曼很焦躁，她觉得自己失去了唯一的机会，做演员的梦想肯定没戏了。正在慌乱的时候，评判团的主席对她说："谢谢你的表演，现在请下一个人上来表演吧。"

英格丽·褒曼不得不走下台来，她知道自己永远地失去了这个机会，于是懊悔和忧虑占领了她的内心，她想一死了之。当天晚上，她整理好了自己的东西，并写好了遗书。按照她的计划，她打算第二天去商店买一种药水来结束自己的生命，离开这个让她绝望的世界。

第二天早上，当英格丽·褒曼正要出门去买药水的时候，她遇到了邮差，并接到了一封来自皇家戏剧学校的信件。当她打开精美的信封时，摆在她眼前的竟是录取通知书。这一切都像是在梦里一样，为了弄清事情的真相，英格丽·褒曼拿着录取通知书就跑到了学校，找到了考试的那个评判团主席，问道："我昨天表现得那么差，你们对我那么失望，可为什么今天还录取了我呢？"

评判团主席被她问得莫名其妙，回答说："你昨天的表现相当出色啊！在昨天所有的考生中，你的表现是最好的，所以你上来演了没几分钟，我们大家便在下面纷纷议论，都认为你有出色的表演天赋，都为你高兴。当时，有个评委说这样的能力就不用再演了，直接录取吧，于是我就让你停下，换下一个上来。"

知道了真相的英格丽·褒曼内心又是惊喜又是后怕。她想，如果自己因为忧虑而结束了自己的生命的话，那么自己真的就永远失去了这次机会。于是，从那以后，她选择彻底放弃自己的忧虑性格。在学校时，她勇敢地尝试；毕业后到电影厂，她大胆地表演。她终于凭着勇气和勤奋，成为了光芒四射的国际巨星。

英格丽·褒曼差点因为自己的忧虑而失去了自己人生中最重要的一次机会，险些为了自己的忧虑付出生命的代价。其实，在每个孩子幼小的心灵里，都很有可能因为一时的遭遇而变得脆弱，为了明天的事情而忧虑不已。如果家长不能及时发现，并改变孩子的忧虑性格，那么很可能会导致孩子未来的失败，甚至当时就铸成大错。

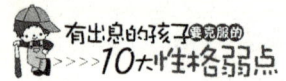

所以，每一个希望孩子健康成长，并且能够有出息的家长，都应该告诉孩子，孩子的未来掌握在他们自己的手中。无论多少的困境和挫折，都不能代表孩子人生的完全失败，除非他们自己判自己死刑；一切的忧虑性格都可以通过孩子的努力去克服，只要他们在困难面前保持乐观，永远向前看。

7. 倾听孩子心底的烦恼

如果希望成为一个善于谈话的家长，那就先做一个认真倾听的家长。

——戴尔·卡耐基

从孩子来到这个世界的那一刻起，在最开始的一年或者更长的时间里，他们无法开口说话，只能用哭和笑来表达自己的情绪。当孩子逐渐长大后，遇到的烦恼和忧虑需要找一个发泄的出口，而懂得倾听的家长，无疑是孩子人生路上的良师益友。

但是，大多数家长因为急于表达自己的意见，忙于述说自己的要求，却往往忽略了倾听孩子的忧虑。于是孩子的世界开始与大人的生活减少交集，家长也开始因为不知道孩子内心在想些什么而困扰不已。其实，只有大人懂得尊重孩子的心灵，从小注意对孩子的倾听，那么他们就可以帮助孩子解决心里的大部分烦恼。

周六，丽萨在家看电视，漫无目地的换台之后，发现一个娱乐频道正在播放一段访谈节目，一个女主持人正访问一名小女孩，问她："你长大了有什么愿望呢？想成为一名什么样的人呀？"小女孩天真地回答："我要当一名飞行员！"女主持人接着问："如果有一天，你的飞机正飞到大海上空，所有引擎都熄火了，你会怎么办？"小女孩想了想说："我会先告诉飞机上的人都绑好安全带，然后我背上降落伞就跳下去。"

当现场的观众笑得东倒西歪时，女主持人继续注视着这个小女孩，没想到，小女孩被观众的笑惹急了，她有点恼怒地低下头，不再说话。女主持人觉得小女孩的话似乎还没说完，便问她："你为什么要这么做呢？难道你不管那些还在飞机上的乘客了吗？"小女孩的回答既幼稚又真实："我是去拿燃料的，我还会回来的！"

丽萨想，这位女主持人真的很与众不同，她能耐心地让女孩把话说完，并且当现场观众的笑声打断了女孩的说话时，仍保持着倾听的姿态，保留了一分亲切、一分耐心，让这名小女孩说出了最善良、最纯真的心语。

如果不是女主持人的耐心倾听，也许观众就听不到女孩那份最真挚的语言，只会认为这是一个自私的小女孩。如果没有主持人的耐心倾听，也许女孩会在观众的笑声中受到伤害。所以，对于每一个家长和孩子来说，倾听和被倾听都是一件非常重要的事情。

很多家长觉得，倾听就是用自己的耳朵听孩子在说什么，这远远不够，倾听要用心才能听懂。管理大师彼得·德鲁克曾经说过："沟通中，最重要的不是听对方主动说出口的话，而是要去听那些话中隐藏的东西。"只有在听明白了孩子内心真正的想法之后，家长才能知道孩子烦恼的根源，然后针对孩子的忧虑对症下药。

其实，孩子的大部分忧虑都是因为自己太过紧张，而又没有人愿意倾听自己造成的。如果家长能够多与孩子沟通，让孩子学会表达和放松自己，那么孩子的内心就能够重新充满力量。

从前有一个猎人，他的箭法百发百中，对各种动物的习性十分了解。但是他每天都生活在对生活的恐惧之中，一会儿害怕自己得病无法再打猎，一会儿害怕动物被自己猎光失去生活的来源。

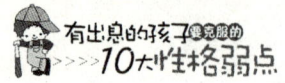

　　直到有一天，这位出色的猎人发现村里一位老人在和几只可爱的小鸡做游戏。猎人慢慢靠上前去，想看个究竟，结果发现那位老人原来正是平时一脸严肃的村落首领。只见他一会儿和小鸡说话，一会儿又和它们唱歌，天真烂漫得就像一个不懂事的孩子。

　　猎人简直不敢相信自己的眼睛，实在是无法把眼前的这个老人跟平日里那个生活严谨、不拘言笑的村落首领联系在一起。带着疑问的猎人来到首领面前问道："尊敬的首领，您为什么像个孩子一样的游戏呢？"

　　老人反问猎人道："你为什么不把你的弓时刻带在身边，并且把箭时刻扣在弦上呢？"

　　猎人回答说："时刻把弦扣上，那么弦就会失去它的弹性，最后也就无法打猎了。"

　　老人便笑着说："我现在和小鸡们游戏，也是一样的原因呀。"

　　相信故事中的猎人听了村落首领的话，一定能够放下自己的忧虑心理，让自己的紧张神经得以放松。

　　生活中，家长也要能够扮演老首领的角色，对于优秀但是忧虑的孩子，家长要通过倾听他们的烦恼来让他们明白：如果一个人对生活事无巨细地全力以赴，那么他只会让自己疲于奔命；而有出息的孩子应该懂得不要超越自己内心所能承受的极限，以免引发身体或者心理的疾病。为了培养出一个有出息的孩子，家长应该在孩子的成长中注意倾听孩子的每一个烦恼。

8. 让孩子明白，忧虑比事情本身更可怕

> 如果我们将忧虑的时间用来寻找解决问题的答案，那忧虑就会在我们智慧的光芒下消失。
>
> ——戴尔·卡耐基

在孩子的一生中，让他们与成功无缘的很大一部分原因，不是生活中的坎坷，而是他们自己患得患失的情绪。因为，在一件事还没有落实之前，就开始产生忧虑的心态，最终就很可能会导致事情的失败。不论是考试之前，还是参加竞赛，孩子取得的成绩往往取决于他们临场的状态，忧虑的心态很可能成为孩子发挥自己正常水平的障碍。

所以，家长一定要让孩子克服自己的忧虑性格，没有必要让孩子的忧虑毁了孩子的前程。当孩子因为压力而产生忧虑时，家长可以试着让孩子把自己的注意力集中在事情本身，而不是提前集中在事情的后果上。当孩子无法集中自己的注意力时，不妨让孩子用行动去打断自己的犹豫与恐惧，勇气往往随着孩子迈出的第一步而产生，在心理学上，这叫做"瓦伦达心态"。

心理学上的"瓦伦达心态"源自一个真实的故事：瓦伦达是美国一个著名的杂技演员，他的绝技就是走钢丝。但是，他却在一次表演中发生了意外，不幸失足身亡。

事后，他的妻子说："我早就觉得他这次演出一定要出事。因为在以前每次表演之前，他只是想着走钢丝这事的本身，而不去管这件事可能带来的一切。但是，他在这次出场前就不断地说，'这次太重要了，不能失败'。所以，我一直觉得这次表演一定要出事故。"

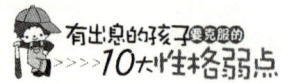
后来，人们就把专心致志于做事，而不去管这件事可能导致的结果，不患得患失的心态，叫做"瓦伦达心态"。

的确，孩子索要面临的很多挑战就像走钢丝一样危险。要想帮助自己的孩子化险为夷，家长除了训练孩子具有精湛的技巧之外，还要让孩子具有平静的内心。只有内心强大的孩子，才能在未来的生活中掌控复杂的局面。

有一个心理试验，是关于人的忧虑心理的。实验是在一间黑暗的屋子里进行的，共有九个人参加。

负责试验的教授对九名志愿者说："首先，你们九个人要通过面前的小桥走到对岸，尽量不要让自己掉下去。当然，不小心掉下去也没关系，因为桥离地面很近，底下就是一点水而已。"九个人按照教授的指示，全部成功地走到了对岸。

此时，教授打开了一盏灯，并对九名志愿者说道："现在，请你们从新再走一次。"透过微弱的灯光，九个人看到桥底下不仅有一点水，还有几条可怕的鳄鱼。一边庆幸自己刚才没有掉下去，一边为自己的经历而后怕，根本没有人敢走回去。教授只好接着说："你们已经成功了一次，这次只要想象自己走在坚固的铁桥上，就一定也能成功。"最终，有三个尝试了走回去的挑战。第一个人两腿发抖，慢慢前行，过桥的时间比第一次多了一倍。第二个人不时看看脚下的鳄鱼，走到一半时就趴在桥上，再也走不下去了。第三个才刚一迈步上桥，就再也不敢向前，后悔地退了回来。

于是，教授又打开了一盏灯，大家又发现，在桥和鳄鱼之间有一层保护网。于是，刚才的三个人都顺利地通过了小桥，剩下的几个人也都快速地走过来了。最后只有一个人留在对岸，教授问他："你为什么不过桥？"这个回答说："虽然我看到了保护措施，但是我担心网不结实，还是会掉到鳄鱼的嘴里。"

教授最终打开了所有的灯，这时人们才看清楚，原来桥下的鳄鱼并不是真的，而是塑料的仿制品。于是最后一个人也快步通过了试验。

教授通过这个实验向我们揭示了忧虑心态对一个人能力的影响。虽然脚下的小桥没有发生任何变化，但是，志愿者们却因为桥下的境况不同，而产生了不同的心态。而这些心态也最后影响了他们能否通过小桥的行为。由此可见，同一件事的难易程度，会根据一个人的心态不同而产生不同。

所以，希望孩子有出息的家长应该从小培养孩子内心的承受能力，让他们克服自己的忧虑性格。虽然我们都知道，孩子心态的好坏本应该完全取决于孩子自己。但是，大多数时候，孩子是无法自制的，他们无法控制自己的心态是因为对事情的结果看得太重，对于自己的成绩过于担心。当孩子面对艰难的抉择时，家长不妨主动给孩子减压，告诉孩子：爸爸妈妈看重的不是你的成绩，而是你的勇气。这样，孩子就会在家长的鼓励下拿出无所谓的精神，在战略上藐视自己的压力，在战术上重视眼前的考验，最终取得一个让大家都满意的成绩。

9. 让孩子把柠檬变成柠檬汁

朝着一定目标走下去是"志"，一鼓作气中途决不停止是"气"，两者合起来就是"志气"。一切事业的成败都取决于此。

——戴尔·卡耐基

很多孩子在面对挫折时向自己的忧虑投降，不断地重复着自己的绝望和泪水，从没想过怎样走出困境，也从没相信过自己有走出困境的能力。伟大的心理学家阿德勒穷其一生都在研究人类及其潜能，最终他发

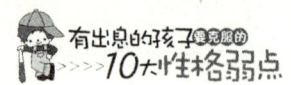

现了人类具有最不可思议的一种特性："人具有一种反败为胜的力量"。

其实，每一个孩子都能够把自己的困境变为对自己有利的事情，这正是耶稣诞生前 500 年希腊人发现的真理："最美好的事往往也是最困难的。"而哈里·爱默生·福斯迪克在 20 世纪再次重述它："真正的快乐不见得是愉悦的，它多半是一种胜利。"所以，面对充满忧虑的孩子，家长没有必要像孩子一样忧虑，而是应该引导孩子去相信，他一定可以战胜困难，将生活中的柠檬榨成酸甜可口的柠檬汁。

把柠檬榨成柠檬汁的智慧来自于芝加哥大学的罗伯特·哈金斯校长。有人向他请教他是如何解决忧虑的。他意味深长地回答说："我一直遵循已故的西尔斯百货公司总裁朱利斯·罗森沃德的建议：'如果你手中只有一个柠檬，那就做杯柠檬汁吧！'"

这正是那位芝加哥大学校长所采取的克服忧虑的方法，也是他能够管理一所杰出的大学而丝毫没有任何烦恼的原因所在。但是，一般的家长却不明白这个道理，对孩子的教育也是反其道而行之。如果家长发现命运送给他的孩子只是一个酸柠檬，那么他会立即放弃，并说："我完了！我的命怎么这么不好！这个孩子一点机会都没有。"于是孩子也开始相信家长的话，并且陷于自怜之中。如果是一个聪明的家长得到了一个柠檬，他会告诉自己的孩子说："我们可以从这次不幸中学到什么？怎样才能改善我们目前的处境？我们怎样把这个柠檬做成柠檬汁呢？"结果孩子也在家长的带动下学会了用乐观和思考来战胜自己的忧虑。

我曾造访过一位住在佛罗里达州的快乐农夫，他就是将一个酸柠檬做成了可口的柠檬汁。事情的起源是他用自己和家人的全部积蓄买下了一块农地时，他们的心情马上开始变得十分低落。因为这块土地贫瘠，不适合种植果树，甚至连养猪也不适宜。除了一些矮灌木与响尾蛇，什么都活不了。

后来这个农夫忽然有了主意，他决定将自己的负债转为资产，他要利用这些响尾蛇。于是不顾大家的惊异，他开始生产响尾蛇肉罐头。几年后我去他的农地里拜访他时，他告诉我，每年有平均两万名游客到他的响尾蛇农庄来参观，他的生意好极了。我亲眼目睹毒液抽出后送往实验室制作血清，蛇皮以高价售给工厂生产女鞋与皮包，蛇肉装罐运往世界各地。更让我不可思议的是，当我买了一些当地的明信片到邮局去寄时，发现邮戳上刻着"佛罗里达州响尾蛇村"的字样，可见当地人很是以这位把酸柠檬做成柠檬汁的农夫为荣。

农夫的故事告诉我们，如果一个人因为忧虑而灰心的话，那么他的眼里就看不到任何转变的希望。但是，聪明的家长总是能够在孩子感到忧虑和绝望时，为他们找到试一试的理由。第一个理由：如果孩子现在开始努力着手改变情况，那么结果就有可能会成功。第二个理由：即使孩子的努力未能成功，但是这种努力的本身已迫使孩子向前看，同时可以驱除孩子脑海中那些消极的想法，而代之以积极的思想。有这两个理由作基础，我相信，家长可以保证自己的孩子在尝试过后只会让自己的心态变得更好，不会更坏。

回首历史上那些了不起的大人物，他们都是在命运给予的酸柠檬中榨出了柠檬汁的人：贝多芬因为耳聋才得以完成更动人的音乐作品。海伦·凯勒的创作事业完全是受到了耳聋目盲的激发。如果柴可夫斯基的婚姻不是这么悲惨，逼得他几乎要自杀，他可能难以创作出不朽的《悲怆交响曲》。托尔斯泰与陀思妥耶夫斯基都是因为本身命运悲惨，才能写出流传千古的动人小说。如果亚伯拉罕·林肯生长在一个富有的家庭，得到哈佛大学的法律学位，又有圆满的婚姻，他可能永远不能在葛底斯堡讲出那么深刻动人、不朽的词句，更别提他连任就职时的演说。他说："对人无恶意，常怀慈悲于世人。"这句话可算得上是一位统治者最高贵优美的情操。而福斯迪克在其著作中提到："有一句斯堪的维亚地区的俗语：冰冷的北极风造就了爱斯基摩人。我们什么时候看到过人们因为舒适的

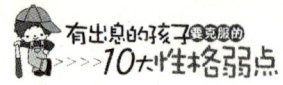

日子，没有任何困难而觉得快乐过？刚好相反，一个忧虑的人即使舒服地靠在沙发上，也不会停止忧虑。反倒是不计环境优劣的人常能快乐，他们极富个人的责任，从不逃避。我要再强调一遍：坚毅的爱斯基摩人是冰冷的北极风所造就的。"

　　如果你的孩子在因为自己遇到了一点不如意的事情而忧虑不已的时候，请告诉他们以上伟人的故事，同时强调那句斯堪的纳维亚地区的俗语：冰冷的北极风造就了坚毅爱斯基摩人。也正是命运中的逆境和困难造就了那些有出息的孩子。